"十三五"江苏省高等学校重点教材（编号：2019-2-086）

普通高等教育计算机类课改系列教材

Web 前端技术

主　编　张晓如　诸　峰

西安电子科技大学出版社

内 容 简 介

本书紧密结合互联网行业发展对 Web 前端开发工程师岗位的技术和能力要求，以通俗易懂的语言及大量实例，循序渐进地介绍了 Web 前端开发的基础知识与前沿技术。全书共 13 章，主要内容包括前端技术概述、HTML 语言基础、CSS 层叠样式表基础和进阶、JavaScript 语言基础、DOM 与 BOM 编程、HTML5 基础、HTML5 图形与图像、HTML5 音频与视频、HTML5 文件与数据处理、HTML5 网络通信与多线程、HTML5+CSS3 页面布局、前端框架技术等。每章都配有相应的习题，以帮助读者更好地理解所学内容，巩固所学知识，达到学以致用的目的。

本书结构严谨，兼有普及与提高的双重功能，既可作为应用型本科院校计算机科学与技术、软件工程、信息管理与信息系统、通信工程相关专业"Web 前端技术""Web 应用程序设计""网页设计与开发""网页制作"等课程的教材，也可作为高职高专院校相关专业的教材，还可作为 Web 前端应用开发人员和前端技术爱好者的参考用书。

图书在版编目(CIP)数据

Web 前端技术 / 张晓如，诸峰编著. —西安：西安电子科技大学出版社，2020.11(2022.4 重印)
ISBN 978-7-5606-5907-7

Ⅰ. ① W… Ⅱ. ① 张… ② 诸… Ⅲ. ① 超文本标记语言—程序设计—高等学校—教材
② 网页制作工具—高等学校—教材 ③ JAVA 语言—程序设计—高等学校—教材
Ⅳ. ① TP312.8 ② TP393.092.2

中国版本图书馆 CIP 数据核字(2020)第 200691 号

策划编辑　高　樱
责任编辑　李　蕾　雷鸿俊
出版发行　西安电子科技大学出版社(西安市太白南路 2 号)
电　　话　(029)88202421　88201467　　　　邮　　编　710071
网　　址　www.xduph.com　　　　　　　　电子邮箱　xdupfxb001@163.com
经　　销　新华书店
印刷单位　陕西天意印务有限责任公司
版　　次　2020 年 11 月第 1 版　2022 年 4 月第 3 次印刷
开　　本　787 毫米×1092 毫米　1/16　印张　21
字　　数　496 千字
印　　数　2001～5000 册
定　　价　57.00 元

ISBN 978-7-5606-5907-7 / TP

XDUP 6209001-3

如有印装问题可调换

前　言

随着 HTML5 规范的完善和普及，Web 前端开发技术也越来越引人注目。如何开发 Web 应用程序，设计精美、独特的网页已经成为当前的热门问题之一。

Web 前端是软件产品中不可缺少的组成部分。从广义上讲，所有用户终端产品与视觉和交互有关的部分，都属于前端工程师的专业领域。从狭义上讲，Web 前端就是使用 HTML、CSS、JavaScript 等专业技能和工具将产品的 UI（User Interface，用户界面）设计稿实现成网站产品，涵盖用户 PC 端、移动端等。Web 前端所包含的知识模块很多，就目前而言，HTML、CSS/CSS3、JavaScript、HTML5、前端框架库是前端开发中最为基础也是最为重要的技术。

本书共 13 章。第 1 章是前端技术概述，主要介绍前端技术发展历程、学习路线、开发工具以及就业前景；第 2 章是 HTML 语言基础，主要介绍 HTML 基本概念、常用元素和表单元素；第 3 章是 CSS 层叠样式表基础，主要介绍 CSS 基本概念、CSS 选择器、CSS 常用属性、CSS 盒子模型以及 CSS 元素布局与定位；第 4 章是 CSS3 层叠样式表进阶，主要介绍 CSS3 新增选择器、CSS3 新增盒子属性、CSS3 渐变属性、CSS3 字体与文本效果、CSS3 2D/3D 变换以及 CSS3 过渡与动画效果；第 5 章为 JavaScript 语言基础，主要介绍 JavaScript 语法规则、数据类型、运算符、流程控制语句、函数和对象；第 6 章为 DOM 与 BOM 编程，主要包括 DOM 编程、BOM 编程、表单编程与正则表达式；第 7~12 章围绕 HTML5 新技术，分别讲解 HTML5 新增元素与属性、图形图像绘制、音频与视频、文件与数据处理、网络通信与多线程、页面布局等内容；第 13 章介绍前端框架技术，包括 jQuery、Bootstrap、Vue 和 React。

本书在内容选择、深度把握上充分考虑初学者的特点，内容安排上力求做到循序渐进。每章节各个知识点都对应相应示例，方便读者阅读、调试和运行。同时，每章都配有相应的习题，可使读者更好地掌握所学内容，学以致用。

本书不仅适合作为应用型本科院校相关专业 Web 应用开发或网页设计制作类课程的教材，也适合作为高职高专院校相关专业的教材，亦可作为 Web 应用开发人员和前端技术爱好者的参考用书。

本书在编写和出版过程中，得到江苏科技大学计算机学院、西安电子科技大学出版社等各部门领导的关心和大力支持，江苏科技大学教材科陈海关老师、西安电子科技大学出版社高樱老师给予了很多帮助，并提出了许多宝贵意见，在此向他们表示衷心的感谢。

由于作者水平有限，书中难免存在不足之处，敬请各位专家、老师和读者批评指正。

作　者
2020 年 6 月

目　　录

第1章　前端技术概述 1

1.1　前端技术发展历程 1

  1.1.1　起源阶段 2

  1.1.2　第一次浏览器之争 2

  1.1.3　动态页面技术的兴起 3

  1.1.4　第二次浏览器之争 4

  1.1.5　HTML5 的发展 4

1.2　前端学习路线 6

  1.2.1　HTML 6

  1.2.2　CSS/CSS3 7

  1.2.3　JavaScript 7

  1.2.4　HTML5 7

  1.2.5　前端框架 8

1.3　前端开发工具 9

  1.3.1　Nodepad++ 9

  1.3.2　Visual Studio Code 9

  1.3.3　WebStorm 10

  1.3.4　HBuilder X 11

1.4　前端就业前景 11

习题 12

第2章　HTML 语言基础 13

2.1　HTML 基本概念 14

  2.1.1　HTML 概述 14

  2.1.2　HTML 元素 14

  2.1.3　HTML 文档的基本结构 15

  2.1.4　HTML 中颜色的表示 16

2.2　页面头部元素 16

  2.2.1　标题元素 17

  2.2.2　元信息元素 17

2.3　页面主体元素 18

  2.3.1　网页文字和背景颜色 18

  2.3.2　网页背景图片 19

  2.3.3　网页边距 19

2.4　文字与段落元素 19

  2.4.1　文字内容的输入 19

  2.4.2　字体元素 20

  2.4.3　文字修饰元素 20

  2.4.4　标题与段落元素 21

  2.4.5　预格式化文本元素 21

  2.4.6　换行与水平线元素 22

2.5　列表与表格元素 22

  2.5.1　有序列表 22

  2.5.2　无序列表 24

  2.5.3　表格元素 24

2.6　图片与多媒体元素 27

  2.6.1　图片元素 27

  2.6.2　嵌入音视频文件 28

  2.6.3　嵌入 Flash 动画 28

2.7　超链接元素 29

  2.7.1　定义超链接 29

  2.7.2　链接路径 30

  2.7.3　超链接类型 30

2.8　表单元素 31

  2.8.1　form 表单元素 31

  2.8.2　input 输入元素 31

  2.8.3　select 列表元素 33

  2.8.4　textarea 文本域元素 34

  2.8.5　fieldset 分组元素 35

习题 36

第 3 章　CSS 层叠样式表基础 39

3.1　CSS 基本概念 40

 3.1.1　CSS 概述 40

 3.1.2　CSS 基本语法 41

 3.1.3　在页面中使用 CSS 41

3.2　CSS 选择器 43

 3.2.1　元素(标签)选择器 43

 3.2.2　类选择器 43

 3.2.3　ID 选择器 44

 3.2.4　后代选择器 45

 3.2.5　子元素选择器 46

 3.2.6　相邻兄弟元素选择器 47

 3.2.7　兄弟元素选择器 47

 3.2.8　复合选择器 48

 3.2.9　属性选择器 50

 3.2.10　伪类选择器 51

 3.2.11　伪元素选择器 52

3.3　CSS 常用属性 53

 3.3.1　字体属性 53

 3.3.2　文本属性 54

 3.3.3　颜色与背景属性 56

 3.3.4　列表属性 58

 3.3.5　表格属性 60

3.4　CSS 盒子模型 61

 3.4.1　盒子组成 61

 3.4.2　盒子边框属性 62

 3.4.3　盒子内边距属性 63

 3.4.4　盒子外边距属性 64

3.5　CSS 元素布局与定位 65

 3.5.1　标准文档流 65

 3.5.2　元素在标准流中的定位 67

 3.5.3　元素的定位属性 68

 3.5.4　元素的浮动属性 71

 3.5.5　元素的显示属性 73

 3.5.6　元素的可见性属性 75

 3.5.7　元素的溢出处理属性 76

习题 77

第 4 章　CSS3 层叠样式表进阶 80

4.1　CSS3 新增选择器 81

 4.1.1　E:not() 81

 4.1.2　E:target 82

 4.1.3　E:first-child, E:last-child 83

 4.1.4　E:only-child 84

 4.1.5　E:nth-child(n), E:nth-last-child(n) 84

 4.1.6　E: first-of-type, E: last-of-type,

    E: only-of-type, E:nth-of-type(n),

    E:nth- of-last-type(n) 85

 4.1.7　E: empty 86

 4.1.8　E:checked 87

4.2　CSS3 新增盒子属性 87

 4.2.1　圆角边框属性 87

 4.2.2　边框图片属性 90

 4.2.3　盒子阴影属性 92

 4.2.4　盒子背景属性 94

4.3　CSS3 渐变属性 97

 4.3.1　线性渐变 98

 4.3.2　重复线性渐变 100

 4.3.3　径向渐变 100

 4.3.4　重复径向渐变 101

4.4　CSS3 字体与文本效果 101

 4.4.1　使用字体 101

 4.4.2　文本阴影 102

 4.4.3　文本溢出处理 103

4.5　CSS3 2D/3D 变换 103

 4.5.1　平移变换 103

 4.5.2　旋转变换 105

 4.5.3　缩放变换 107

 4.5.4　倾斜变换 108

 4.5.5　perspective 属性 109

 4.5.6　变换应用案例 110

4.6　CSS3 过渡与动画效果 111

4.6.1 过渡效果 111

4.6.2 动画效果 113

4.6.3 图像滤镜效果 114

4.7 CSS3 应用案例 116

4.7.1 导航条 116

4.7.2 下拉菜单 117

4.7.3 响应式图片与媒体查询 119

4.7.4 关键帧动画 122

4.7.5 旋转照片墙 123

4.7.6 轮播图效果 125

习题 128

第5章 JavaScript 语言基础 130

5.1 JavaScript 简介 131

5.2 基本语法 131

5.2.1 代码书写规范 132

5.2.2 标识符与保留字 132

5.2.3 常量与变量 133

5.2.4 数据类型 133

5.2.5 运算符 134

5.3 流程控制语句 136

5.3.1 赋值语句 136

5.3.2 条件判断语句 136

5.3.3 循环语句 138

5.4 函数 140

5.4.1 函数的定义 141

5.4.2 函数的调用 141

5.4.3 常用内置函数 143

5.5 自定义对象 144

5.5.1 自定义对象的创建 144

5.5.2 对象成员的访问与操作 145

5.6 内置对象 146

5.6.1 Array 对象 146

5.6.2 String 对象 148

5.6.3 Math 对象 149

5.6.4 Date 对象 150

5.7 JavaScript 脚本的编写 152

5.7.1 脚本直接嵌入在 script 元素中 152

5.7.2 在事件响应中嵌入和执行脚本 152

5.7.3 链接外部脚本文件 153

5.8 JavaScript 脚本的调试 153

5.8.1 使用 alert 方法调试脚本 154

5.8.2 使用 console.log 调试脚本 154

5.8.3 使用断点调试脚本 155

习题 156

第6章 DOM 与 BOM 编程 158

6.1 DOM 概念与基础操作 159

6.1.1 DOM 概述 159

6.1.2 获取节点 159

6.1.3 创建与插入节点 162

6.1.4 复制、删除和替换节点 163

6.1.5 获取、设置和删除属性 164

6.2 DOM 级别与 DOM 事件 165

6.2.1 DOM0 级事件 165

6.2.2 DOM2 级事件 166

6.2.3 DOM3 级事件 166

6.2.4 DOM 事件流 167

6.3 BOM 编程 168

6.3.1 window 对象 169

6.3.2 history 对象 173

6.3.3 location 对象 173

6.3.4 screen 对象 174

6.3.5 navigator 对象 174

6.4 表单编程 174

6.4.1 表单元素及其相关操作 174

6.4.2 文本框编程 176

6.4.3 列表框编程 177

6.4.4 选择框编程 179

6.5 正则表达式 179

6.5.1 基本符号 179

6.5.2 正则表达式的使用 181

6.5.3 常用正则表达式 182

习题 183

第7章　HTML5 基础 185

7.1　HTML5 概述 185

 7.1.1　HTML5 新特性 186

 7.1.2　HTML5 文档基本结构 187

7.2　HTML5 新增元素与属性 188

 7.2.1　新增语义元素 188

 7.2.2　其他新增元素 190

 7.2.3　新增属性 194

7.3　HTML5 中新增表单功能 195

 7.3.1　新增 form 属性 195

 7.3.2　新增 input 类型 196

 7.3.3　新增 input 属性 198

习题 200

第8章　HTML5 图形与图像 202

8.1　前端页面中的图形图像 203

 8.1.1　图形图像绘制方式 203

 8.1.2　前端页面坐标系统 203

8.2　Canvas 图形与图像绘制 205

 8.2.1　Canvas 元素的定义 205

 8.2.2　直线线条的绘制 205

 8.2.3　曲线线条的绘制 206

 8.2.4　矩形的绘制 207

 8.2.5　圆的绘制 208

 8.2.6　图像的绘制 211

 8.2.7　文字的绘制 211

8.3　Canvas 图形变换 212

 8.3.1　平移变换 212

 8.3.2　缩放变换 213

 8.3.3　旋转变换 214

 8.3.4　状态的保存与恢复 215

8.4　Canvas 绘图效果 215

 8.4.1　渐变填充效果 215

 8.4.2　图案填充效果 217

 8.4.3　透明度效果 218

 8.4.4　阴影效果 219

 8.4.5　图形组合效果 220

8.5　Canvas 综合应用 222

 8.5.1　时钟绘制 222

 8.5.2　雪花粒子特效 224

8.6　SVG 图形绘制 226

 8.6.1　SVG 线条绘制 226

 8.6.2　SVG 矩形与多边形绘制 227

 8.6.3　SVG 圆与椭圆绘制 229

 8.6.4　SVG 路径绘制 229

 8.6.5　SVG 文本绘制 230

 8.6.6　SVG 模糊和阴影效果 232

习题 233

第9章　HTML5 音频与视频 235

9.1　HTML5 音频元素 235

 9.1.1　Audio 元素 235

 9.1.2　Audio 对象 236

 9.1.3　个性化音乐播放器 239

 9.1.4　Web Audio API 243

9.2　HTML5 视频元素 245

 9.2.1　Video 元素 245

 9.2.2　Video 对象 246

 9.2.3　视频作为页面背景 247

习题 248

第10章　HTML5 文件与数据处理 249

10.1　HTML5 文件操作 249

 10.1.1　FileList 对象和 file 对象 249

 10.1.2　BLOB 对象 251

 10.1.3　FileReader 接口 253

 10.1.4　元素与文件的拖放 255

10.2　数据交换格式 JSON 260

 10.2.1　JSON 概述 260

 10.2.2　JSON 与 JavaScript 261

10.3　本地数据存储技术 262

 10.3.1　Session Storage 262

 10.3.2　Local Storage 264

 10.3.3　WebSQL Database 265

 10.3.4　IndexedDB 267

10.4　离线应用和客户端缓存 272
　　10.4.1　离线状态检测 272
　　10.4.2　应用缓存 273
　　习题 274
第 11 章　HTML5 网络通信与多线程 277
11.1　WebSocket 277
　　11.1.1　WebSocket 协议概述 277
　　11.1.2　WebSocket 连接过程 279
　　11.1.3　WebSocket API 280
11.2　XMLHttpRequest 281
　　11.2.1　XMLHttpRequest 对象 281
　　11.2.2　改进的 XMLHttpRequest 对象 282
11.3　Web Worker 284
　　11.3.1　Web Worker 对象 284
　　11.3.2　Web Worker 应用实例 285
　　习题 287
第 12 章　HTML5+CSS3 页面布局 289
12.1　弹性盒子布局 289
　　12.1.1　弹性盒子基本概念 289
　　12.1.2　弹性容器属性 291
　　12.1.3　弹性项目属性 296

12.2　网格布局 298
　　12.2.1　等宽度网格布局 298
　　12.2.2　百分比网格布局 299
　　12.2.3　多列布局 301
12.3　页面布局应用 302
　　12.3.1　双飞翼布局 302
　　12.3.2　瀑布流布局 304
　　习题 305
第 13 章　前端框架技术 307
13.1　jQuery 307
　　13.1.1　jQuery 概述 307
　　13.1.2　jQuery 基本语法 308
　　13.1.3　jQuery 选择器 309
　　13.1.4　jQuery 中的 DOM 操作 312
　　13.1.5　jQuery 对象和 DOM 对象 316
　　13.1.6　jQuery 效果 316
13.2　Bootstrap 317
13.3　Vue 321
13.4　React 323
　　习题 324
参考文献 326

第 1 章　前端技术概述

本章主要对前端技术进行概述，包括前端技术发展历程、前端学习路线、前端开发工具以及前端就业前景等四个方面。通过本章的学习，有利于从整体上把握前端技术的发展历史、当前现状以及未来的发展趋势，为后面的深入学习奠定基础。图 1-1 是本章的学习导图，读者可以根据学习导图中的内容，从整体上把握本章学习要点。

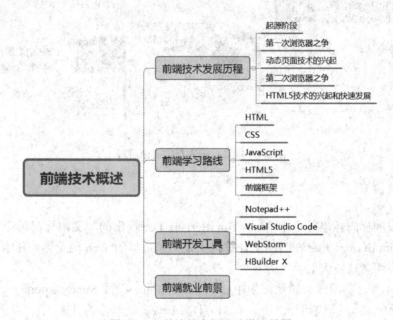

图 1-1　"前端技术概述"学习导图

1.1　前端技术发展历程

前端开发是通过 HTML、CSS、JavaScript 以及衍生出来的各种技术、框架和解决方案来实现 Web 页面、APP 等前端界面的过程，它从网页制作演变而来，名称上有很明显的时代特征。在互联网的演化进程中，网页制作是 Web 1.0 时代的产物，早期网站主要内容都是静态的，以图片和文字为主，用户使用网站的行为也以浏览为主。随着互联网技术的发展和 HTML5、CSS3 的应用，现代网页更加美观，交互效果显著，功能更加强大。另一方面，移动互联网带来了大量高性能的移动终端设备以及快速的无线网络，随着 HTML5 的广泛应用，各类框架类库层出不穷。

　　以时间为主线，前端技术的发展可以分为五个阶段，如图 1-2 所示。第一个阶段是起源阶段(1990—1994 年)，以 HTML 的提出和第一个 Web 浏览器的开发为代表。第二个阶段是第一次浏览器之争(1995—1999 年)，表现为微软 IE 浏览器与网景 Navigator 浏览器的市场竞争。第三个阶段是动态页面技术的兴起(2000—2004 年)，表现为 PHP、JSP、ASP.Net、AJAX 等动态页面技术的发展。第四个阶段是第二次浏览器之争(2004—2013 年)，表现为 Firefox、Chrome 等浏览器与 IE 浏览器的市场竞争。第五个阶段是 HLML5 的发展(2008 年至今)，以 HTML5 技术的兴起和快速发展为代表。下面介绍每个阶段的重要事件。

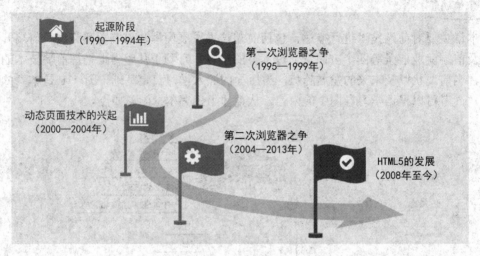

图 1-2　前端技术发展的五个阶段

1.1.1　起源阶段

　　起源阶段的标志性事件是 1990 年 Tim Berners-Lee 提出的超文本标记语言 HTML，在此基础上，Tim Berners-Lee 在 NeXT 计算机上发明了最早的 Web 浏览器，其本人也因此成为万维网的发明者，被人们称为万维网之父。

　　1993 年 4 月，美国国家超算应用中心(National Center for Supercomputer Applications)发布了名为 Mosaic 的浏览器。1994 年 11 月，Mosaic 浏览器的开发人员创建了网景公司(Netscape Communications Corp.)，并发布了 Mosaic Netscape 浏览器，后改名为 Navigator。1994 年年底，由 Tim Berners-Lee 牵头的万维网联盟(World Wide Web Consortium)成立，简称 W3C，这标志着万维网的正式诞生。

　　此时的网页以 HTML 为主，是纯静态的和"只读"的，信息流只能通过服务器到客户端单向流通，也就是我们常说的 Web 1.0 时代。

1.1.2　第一次浏览器之争

　　第一次浏览器之争是微软的 IE(Internet Explorer)和网景 Navigator 浏览器的市场竞争。

　　1995 年，网景工程师设计了 JavaScript 语言，起初这种脚本语言叫作 Mocha，后改名为 LiveScript，后来为了借助 Java 语言的影响力而最终改名为 JavaScript，实际上 JavaScript

和 Java 语言并没有任何关系。随后，网景公司把这种脚本语言嵌入 Navigator 2.0 之中，使其能在浏览器中运行。

1996 年，微软发布了 VBScript 和 JScript。JScript 是对 JavaScript 进行逆向工程的实现，并内置于 IE3 中。但是 JavaScript 与 JScript 两种语言的实现存在差别，因此程序员开发的网页不能同时兼容 Navigator 和 IE。IE 开始抢夺 Netscape 的市场份额，这导致了第一次浏览器之争。

1997 年，欧洲计算机制造商协会(European Computer Manufacturers Association, ECMA)以 JavaScript 语言为基础制定了 ECMAScript 1.0 标准规范，自此浏览器厂商都开始逐步实现 ECMAScript 规范。1998 年，ECMAScript 2 规范发布。1999 年，ECMAScript 3 规范发布。在此后的十年间，ECMAScript 规范基本没有发生变动。ECMAScript 3 成为当今主流浏览器最广泛使用和实现的语言规范基础。

第一次浏览器之争以 IE 完胜 Navigator 浏览器而结束，IE 开始统领浏览器市场，所占份额在 2002 年达到最高峰 96%。随着第一轮大战的结束，浏览器的创新也随之减少。

1.1.3 动态页面技术的兴起

JavaScript 诞生之后，可以用来更改前端页面的样式，实现一些类似于时钟之类的小功能。此时的 JavaScript 功能仅限于此，大部分的前端界面还很简单，显示的都是纯静态的文本和图片，这种静态页面不能读取后台数据库中的数据。为了使 Web 更加充满活力，以 ASP、ASP.NET、PHP、JSP、AJAX 为代表的动态页面技术相继诞生。随着这些动态服务器页面技术的出现，页面不再是静止的，而是可以获取服务器数据信息并不断更新。

1996 年，ASP 1.0(Active Server Pages)版本发布，引起了 Web 开发的新革命，它极大地降低了动态网页开发的难度。以前开发动态网页需要编写大量繁杂的 C 代码，编程效率非常低下，而且需要 Web 网页开发者掌握非常高的编程技巧。而 ASP 使用简单的脚本语言，能够将代码直接嵌入 HTML，使设计 Web 页面变得更简单。另一方面，ASP 借助 ADO 等组件技术，使得在网页中访问数据库易如反掌。这一切都推动了动态网页的快速发展与建设，同时使 ASP 得到迅速流行。

2001 年，ASP.NET 浮出水面，它最初的名字为 ASP+，后来改为 ASP.NET。ASP.NET 是微软公司新体系结构 Microsoft.NET 的一部分，它不是 ASP 的简单升级，而是新一代的 Active Server Pages。借助于 ASP.NET，可以创造出内容丰富的、动态的、个性化的 Web 站点。ASP.NET 简单易学、功能强大、应用灵活、扩展性好，可以使用任何.NET 兼容语言。

PHP 原为 Personal Home Page 的缩写，现在已经正式更名为 Hypertext Preprocessor，即"超文本预处理器"。PHP 是一种通用开源脚本语言，其脚本可以在服务器端运行。作为一种语言程序，PHP 混合了 C、Java、Perl 以及其自创的语法，利于学习，使用广泛，主要适用于 Web 开发领域。同时，PHP 语言具有较高的数据传送处理水平和输出水平，可以广泛应用在 Windows 系统及各类 Web 服务器中。如果数据量较大，PHP 语言还可以与各种数据库相连，缓解数据存储、检索及维护压力。

JSP(JavaServer Pages)是由 Sun Microsystems 公司主导创建的，以 Java 语言作为脚本语言的动态网页设计技术。JSP 脚本将 Java 代码和特定变动内容嵌入静态的页面中，以静态页面为模板，动态生成其中的部分内容。JSP 部署于网络服务器上，可以响应客户端发送的请求，并根据请求内容动态地生成 HTML、XML 或其他格式文档的 Web 网页，然后返回给请求者。此外，JSP 还能与服务器上的其他 Java 程序共同处理复杂的业务需求。

随着动态页面技术的不断发展，后台代码变得庞大臃肿，后端逻辑也越来越复杂，逐渐难以维护。此时，后端的各种 MVC 框架也逐渐发展起来，以 JSP 为例，Structs、Spring 等框架技术层出不穷。

从 Web 诞生至 2004 年，一直处于重后端、轻前端的状态。在 Web 最初发展的阶段，前端页面要想获取后台信息需要刷新整个页面，这是很糟糕的用户体验。为了避免页面的刷新，人们推出了 AJAX(Asynchronous JavaScript and XML)技术，即异步 JavaScript 和 XML，这一技术的使用大大提升了用户体验。随着 AJAX 的流行，越来越多的网站使用 AJAX 动态获取数据，这促进了 Web 2.0 的发展。

1.1.4　第二次浏览器之争

IE 在第一次浏览器大战中击败 Navigator 赢得胜利，垄断了浏览器市场。为了打破微软 IE 在浏览器市场的垄断地位，Mozilla Firefox(中文俗称"火狐")浏览器于 2004 年 11 月首次发布，并且在 9 个月内下载量超过 6000 万，获取了巨大的成功，IE 的主导地位首次受到了挑战。之后 Firefox 浏览器一路奋起直追，逐渐蚕食 IE 市场份额，这引发了第二次浏览器之争。到 2008 年年底，Firefox 的市场份额达到了 25% 以上，IE 则跌至 65% 以下。

受 Firefox 浏览器的鼓舞，挪威 Opera Software ASA 公司制作的 Opera 浏览器也加入了竞争阵营。Opera 是一种支持多页面标签式浏览的网络浏览器，具有跨平台特性，可以在 Windows、Mac 和 Linux 三个操作系统平台上运行。Opera 浏览器因为其快速、小巧和比其他浏览器更佳的标准兼容性获得了一些用户和业界媒体的承认，并在网上受到很多人推崇。

随后，网络巨头谷歌公司也加入浏览器市场的竞争，并在 2008 年发布了自主研发的 Chrome 浏览器。Chrome 浏览器的特点是简洁、快速。它支持多标签浏览，每个标签页面都在独立的"沙箱"内运行，在提高安全性的同时，一个标签页面的崩溃也不会导致其他标签页面被关闭。此外，Chrome 基于更强大的 JavaScript V8 引擎，这是当时 Web 浏览器所无法实现的。到 2013 年，Chrome 已超过 IE，成为市场份额最高的浏览器。2016 年，Chrome 占据了浏览器市场的半壁江山。

第二次浏览器之争中，随着以 Chrome、Firefox 和 Opera 为首的 W3C 阵营与 IE 对抗程度的加剧，浏览器碎片化问题越来越严重，不同的浏览器执行不同的标准，为了解决浏览器兼容性问题，Dojo、jQuery、YUI、ExtJS、MooTools 等前端框架相继诞生。其中，jQuery 独领风骚，几乎成了所有网站的标配，Dojo、YUI、ExtJS 等提供了很多组件，这使得开发复杂的企业级 Web 应用成为可能。

1.1.5　HTML5 的发展

1999 年 W3C 发布了 HTML4 版本，在此之后的近十年中，没有再发布 Web 标准。随着 Web 的迅猛发展，旧的 Web 标准已不能满足 Web 应用的快速增长。为此，部分浏览器厂商宣布成立网页超文本技术工作小组，以继续推动 HTML 规范的开发工作，到 2008 年 1

月，第一份 HTML5 草案正式发布。

自 2008 年以来，浏览器中不断提供的 HTML5 新特性让开发者激动不已。HTML5 新增了很多新的元素和属性，特别是在表单的设计上，功能更加强大，如 input 类型和属性的多样性大大扩充了表单形式，再加上新增加的一些表单标签，使得原本需要 JavaScript 来实现的功能，可以直接使用 HTML5 的表单来实现。另外，一些如内容提示、焦点处理和数据验证等功能，也可以通过 HTML5 的表单属性标签来完成。

在图形图像绘制方面，HTML5 的 canvas 元素使得浏览器无需 Flash 或 Silverlight 等插件就能直接显示图形或动画图像，而且利用该元素可以实现画布功能，即通过自带的 API 结合使用 JavaScript 脚本语言，在网页上绘制处理图形，具有绘制直线、弧线以及矩形，用样式和颜色填充区域，书写样式化文本，以及添加图像的功能，且使用 JavaScript 可以控制其每一个像素。

在多媒体支持方面，HTML5 通过增加的 audio 和 video 两个元素来实现对多媒体中的音频和视频使用的支持，只要在 Web 网页中嵌入这两个元素，无需第三方插件(如 Flash)就可以实现音视频的播放功能。HTML5 对音频和视频文件的支持使得浏览器摆脱了对插件的依赖，加快了页面的加载速度，扩展了互联网多媒体技术的发展空间。

在数据存储方面，HTML5 允许在客户端实现较大规模的数据存储。为了满足不同的需求，HTML5 支持 DOM Storage 和 Web SQL Database 两种存储机制。其中 DOM Storage 适用于具有 key-value 对的基本本地存储；而 Web SQL Database 是适用于关系型数据库的存储方式，开发者可以使用 SQL 语法对这些数据进行查询和插入等操作。

在移动定位方面，HTML5 通过引入 Geolocation 的 API 以及 GPS 或网络信息实现用户的定位功能，使定位更加准确、灵活。通过 HTML5 进行定位，除了可以定位自己的位置，还可以在他人对你开放信息的情况下获得他人的定位信息。

HTML5 还提供了很多高级功能。例如，通过创建一个 Web Worker 对象就可以实现多线程操作；通过 Web Socket 对象可以实现前端与后台的双工通信，方便网络应用程序的开发；通过 WebGL 可以创建 Web3D 网页游戏；等等。2014 年，W3C 正式发布 HTML5 标准。

随着 HTML5 技术的日益发展，前端不再是人们眼中的"小玩意"，以前在 C/S 中实现桌面软件的功能逐步迁移到了前端，前端的代码逻辑逐渐变得复杂起来。在架构上，以前只用于后台的 MV*等架构在前端逐渐使用起来，随着这些 MV*框架的出现，网页逐渐由 Web Site 演变成了 Web App，并出现了复杂的单页应用(Single Page Application)。

随着 iOS 和 Android 等智能手机的广泛使用，移动浏览器也逐步加强了对 HTML5 特性的支持力度。移动 Web 面临着更大的碎片化和兼容性问题，jQuery Mobile、Sencha Touch、Framework7、Ionic 等移动 Web 框架也随之出现。相比于原生 Native App，移动 Web 开发成本低、跨平台、发布周期短的优势愈发明显，但是原生 Native App 的性能和 UI 体验要胜于移动 Web。移动 Web 与 Native App 孰优孰劣的争论愈演愈烈，在无数开发者的实践中，人们发现两者不是替代关系，而是应该将两者结合起来，取长补短，因此 Hybrid 混合技术逐渐得到认同。Hybrid 混合技术指的是利用 Web 开发技术，调用原生相关 API，实现移动与 Web 二者的有机结合，这样既能体现 Web 开发周期短的优势，又能为用户提供原生体验。

1.2　前端学习路线

　　Web 前端是互联网时代软件产品研发中不可缺少的角色。从广义上讲，所有用户终端产品与视觉和交互有关的部分，都属于前端工程师的专业领域。从狭义上讲，Web 前端使用 HTML、CSS、JavaScript 等专业技能和工具将产品的 UI 设计稿实现成网站产品，涵盖用户 PC 端、移动端等网页，处理视觉和交互问题。与其他计算机主流技术所不同的是，Web 前端所包含的知识模块很多，就目前而言，HTML、CSS/CSS3、JavaScript、HTML5、前端框架是目前前端技术最为基础也是最为重要的五大模块，其学习路线如图 1-3 所示。

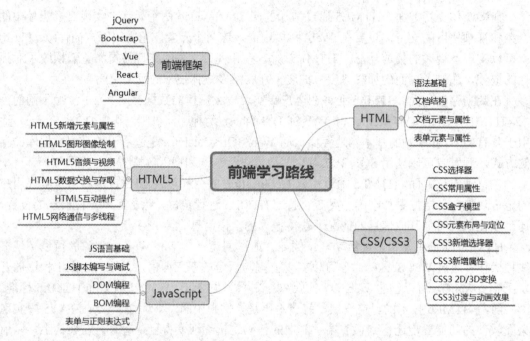

图 1-3　前端学习路线

1.2.1　HTML

　　HTML 全称 Hypertext Markup Language，中文名称为超文本标记语言。其中超文本指的是 HTML 文档中可以包含图片、音乐、视频和程序等非文字元素，并且这些元素之间可以通过超链接相互关联，这和我们平时阅读浏览网页是一样的。此外，HTML 中还定义了若干标签元素，可以使用这些标签元素来描述网页，由标签及文本内容组成的文档叫作 HTML 文档，也就是我们常说的 Web 页面或者网页。

　　有关 HTML 的学习主要是理解和掌握 HTML 标签元素和属性的使用方法，包括头部元素、文本段落元素、超链接元素、图片元素、表格元素、列表元素、布局元素和表单元素等。在前端开发中，HTML 是最基础的部分，相对比较简单，只要了解常用元素的作用，掌握基本写法即可。

1.2.2 CSS/CSS3

CSS 全称 Cascading Style Sheet，中文名称为层叠样式表。CSS 是一种格式化网页的标准方式，是用于控制网页样式并允许样式信息与网页内容分离的一种技术。在 CSS 技术流行前，制作网页一般需要网页设计人员与网页美工相互配合。首先由网页美工使用 Photoshop 设计好网页效果图，然后使用切片工具将整张网页图切分为多个小图，再交给网页设计人员，通过 HTML 中的表格元素设计好网页结构，将小图嵌入到网页结构中。这种方式需要网页制作人员和网页美工共同参与，一旦网页结构发生变化或者内容做出调整，就需要重新进行设计，所以效率比较低下。CSS 技术成熟之后，一方面将格式和结构相分离，有利于格式的重用及网页的修改维护；另一方面，能够对网页的布局、字体、颜色、背景等图文效果实现更加精确的控制。此外，利用 CSS 样式表，可以将站点上的所有网页都指向同一个 CSS 样式文件，通过修改 CSS 样式文件，可以实现多个页面的同时更新。

有关 CSS 的学习，主要是了解和掌握 CSS 基础知识、CSS 选择器、CSS 常用属性、CSS 盒子模型、CSS 元素定位和布局等。其中 CSS 选择器是重点，要求能熟练使用各种选择器。CSS 盒子模型、CSS 元素定位和布局是学习中的难点，需要结合实际例子多练习、多尝试。另外，CSS 最新版本 CSS3 针对 HTML5 和移动端开发增加了很多新功能，例如阴影效果、圆角边框、过渡和动画效果等。对于页面布局，CSS3 中提供了响应式布局设计，使得页面能够根据 PC、平板和手机等不同屏幕的大小自动进行响应。

1.2.3 JavaScript

JavaScript 是为适应动态网页设计需要而产生的一种编程语言。在 HTML 基础上，可以使用 JavaScript 开发交互式 Web 网页。JavaScript 的出现使得网页和用户之间可以进行更加复杂、动态的交互。JavaScript 短小但功能强大，主要运行在客户端，大大提高了网页浏览速度和交互能力，是为 Web 开发量身定做的语言。与一般编译性程序设计语言不同，JavaScript 是一种解释性的程序语言，它的源代码不需要编译，可以直接在浏览器中运行。此外，JavaScript 具有跨平台性，JS 代码只依赖于浏览器自身，与平台无关。同时 JavaScript 也是一种安全的语言，它不允许访问本地硬盘，不允许直接对网络文档进行修改和删除，只能通过浏览器实现信息的浏览，这样可以有效地防止数据丢失。

有关 JavaScript 的学习，主要是理解和掌握基础知识、程序语句、函数和对象、DOM 和 BOM 编程、事件及其响应机制、正则表达式与表单编程等。其中 DOM 编程是重点，基于 DOM，可以实现对页面元素的增、查、改、删(CRUD)等操作。事件的响应机制以及正则表达式是 JavaScript 学习中的难点，例如对于事件响应，有事件捕获和事件冒泡两种机制，这就需要我们深入理解事件。

1.2.4 HTML5

HTML5 是最新的第五代 HTML 标准，具有大量新的元素、属性和行为。它不仅提供丰富的媒体支持，而且还增强了用户与 Web 应用的交互功能，方便用户访问本地数据和与服务器的交互。目前，大部分现代浏览器如 Chrome、Safari、Firefox 以及 Opera 都支持 HTML5 中的大部分标准。HTML5 的设计目的是更好地在移动设备上支持多媒体，包括用于图形绘制的 canvas 元素、用于音视频播放和控制的 video 和 audio 元素、用于本地离线应用的 Cache 功能以及文档的拖放功能等。

　　HTML5 是目前前端开发的主流技术，对于 HTML5 的学习，主要是理解和掌握 HTML5 中的新元素和新属性，包括图形和图像绘制、音频与视频开发、键盘/鼠标交互、数据交换与存取、网络编程与多线程应用等。其中，各类元素和属性的使用是学习中的重点，而对相关元素的应用和对背景原理的理解则是学习过程中的难点。

1.2.5　前端框架

　　随着 HTML5 技术的日益发展和成熟，产生了很多基于 HTML5 技术的前端 JS 框架库，如 Vue.js、Angular.js、React.js、jQuery.js、Bootstrap.js 等，利用这些前端框架，可以快速开发专业的前端页面，因此前端框架已成为企业进行项目快速开发的首选技术。

　　Vue 是一套用于构建用户界面的渐进式 JavaScript 框架，与其他大型框架不同的是，Vue 被设计为可以自底向上逐层应用。Vue 的核心库只关注视图，方便与第三方库或既有项目的整合。

　　Angular 同样是一款优秀的前端 JavaScript 框架，已经被用于谷歌公司的多款产品中。Angular 有着诸多特性，最为核心的是 MVC(Model-View-Controller)、模块化、自动化双向数据绑定、语义化标签、依赖注入等。

　　React 是一个用于构建用户界面的 JavaScript 库，它起源于 Facebook 的内部项目，主要用于构建 UI，所以很多开发者认为 React 是 MVC 中的视图部分。React 拥有较高的性能，代码逻辑非常简单，越来越多的人已开始关注和使用它。

　　jQuery 是一个非常流行的 JavaScript 函数库，其最大特点是"写得少，做得多"，在网页开发中，有些功能如果单纯使用 JavaScript 来实现，可能需要写上百行代码，而用 jQuery 来实现，可能就几行或十几行语句即可实现。另外，jQuery 提供了强大的选择器功能，通过各类选择器，jQuery 可以实现所有 DOM 操作。

　　Bootstrap 是用于快速开发 Web 应用程序和网站的前端框架。Bootstrap 基于 HTML、CSS、JavaScript，但更简洁灵活，使得 Web 开发更加快捷。自 Bootstrap3 开始，框架优先支持移动设备的样式，并采用响应式设计，能够自适应台式机、平板和手机等多种平台。

　　对于前端框架库的学习，可以先学习 jQuery 和 Bootstrap，熟悉 DOM 编程和响应式网页设计。在此基础上，再在 Vue、React 和 Angular 中选择一个去学习。一般来说，Vue 比较灵活，构建项目可大可小，相对容易学习，适合快速开发小型应用，但是与其他两个框架相比，Vue 跨平台优势不明显。React 和 Vue 一样，专注视图层，其他功能如路由和全局状态管理都交给相关的库。此外，React 具有跨平台的优势，生态圈强大。React 的不足在于，如果要开发大型应用，需要借助第三方库。Angular 则提供了完整的一套解决方案，相对于 Vue 和 React，Angular 不需要搭配其他库，就可以构建出一个大型项目，但它并不太适合开发小型应用。Angular 同样具有跨平台优势，但是由于其过于庞大，学习成本较高，不适合快速开发应用。

1.3　前端开发工具

　　前端开发工具有很多，对于初学者而言，主要是熟悉开发语言及命令，实现快速编码和调试，验证一些简单的程序，因此不建议使用过于复杂的编辑工具，Nodepad++、Visual Studio Code 等工具即可满足日常学习与练习的需要。当然，积累了一定的前端开发经验之后，对于复杂的应用项目工程，可以使用 WebStorm 和 HBuilder X 等功能更强大的开发工具。

1.3.1　Nodepad++

　　Nodepad++是 Windows 操作系统下的一套文本编辑工具，除了可以用来制作一般的纯文字说明文件，也十分适合编写计算机程序代码，如图 1-4 所示。

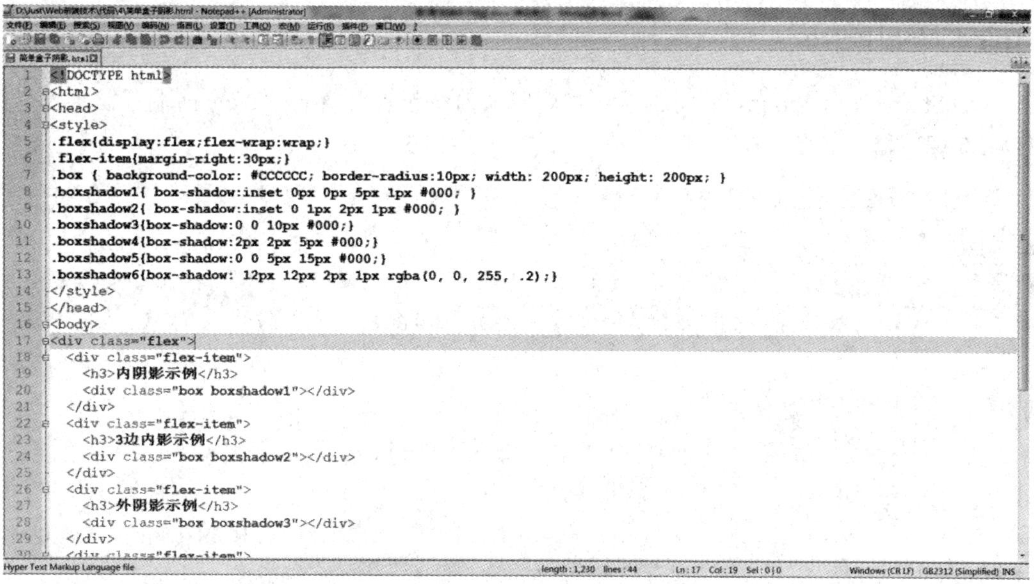

图 1-4　Notepad++界面

　　Notepad++支持目前主流的计算机程序语言，不仅有代码语法高亮度显示、字词自动完成功能，也有语法折叠功能。对于 HTML 网页编程代码，可直接选择在不同的浏览器中打开查看，以方便调试。

1.3.2　Visual Studio Code

　　Visual Studio Code 简称 VSCode，是微软推出的运行于 Mac OS X、Windows 和 Linux 之上，免费开源的现代化轻量级代码编辑器，如图 1-5 所示。VSCode 支持几乎所有主流开发语言的语法高亮、智能代码补全、自定义热键、括号匹配、代码片段、代码对比等特性，支持插件扩展，并针对网页开发和云端应用开发做了优化。VSCode 软件功能非常强大，界面简洁明了，操作方便快捷，插件数量多，安装方便，此外还具有对 **Git** 开箱即用的支持。

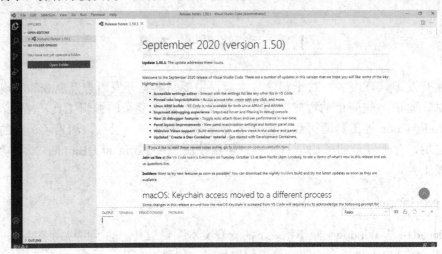

图 1-5　Visual Studio Code 界面

1.3.3　WebStorm

WebStorm 是 jetbrains 公司旗下一款被广大前端设计师誉为"Web 前端开发神器"的 HTML5 编辑器，如图 1-6 所示。

图 1-6　WebStorm 界面

WebStorm 与 IntelliJ IDEA 同源，继承了 IntelliJ IDEA 强大的 JavaScript 功能，智能的代码补全包含了所有流行的库，比如 JQuery、YUI、Dojo、Prototype 等。WebStorm 功能强大，其优势功能包括智能的代码补全、代码格式化、HTML 提示、联想查询、代码重构、代码检查和代码调试、代码结构浏览、代码折叠等很多集成功能，唯一不足就是这个工具是要收费的。

1.3.4　HBuilder X

HBuilder X 是专为前端 HTML5 打造的开发工具，具有最全的语法库和浏览器兼容数据，可以方便地制作手机 APP，具有最保护眼睛的绿柔设计等特点，其界面如图 1-7 所示。轻巧、极速开发是 HBuilder X 的最大优势，通过完整的语法提示和代码输入法、代码块等，大幅提升 HTML5、JS、CSS 的开发效率，另外它还对 vue 开发、小程序开发做了大量优化工作。以快为核心的 HBuilder X，引入了"快捷键语法"的概念，解决了困扰许多开发者的快捷键过多而记不住的问题。开发者只需要记住几条语法，就可以快速实现跳转、转义和其他操作。

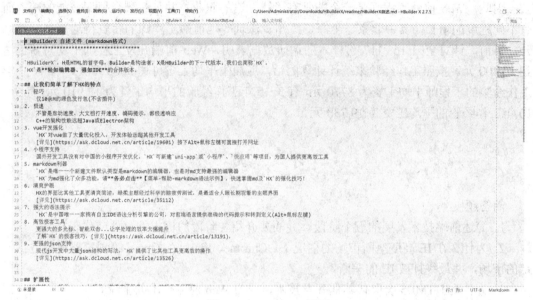

图 1-7　HBuilder X 界面

1.4　前端就业前景

近十年以来，IT 行业发展火热，衍生了很多新职业，例如 UI 设计师、开发工程师、软件测试工程师等，在众多备受瞩目的新生职业中，Web 前端工程师是其中重要的一员。

在 Web 前端这个岗位兴起之前，HTML+CSS 的工作是被视觉人员所承担的，而 JavaScript 这部分则由后端完成。随着智能手机和移动互联网的普及，五花八门的应用占领着每个人的移动设备，随之而来各种定制化的 UI 风格让兼容问题变得越来越头疼。因此，企业逐渐把 HTML + CSS + JavaScript 这部分工作独立出来，成立了处理视觉和交互的综合岗位，这才有了 Web 前端这个岗位的出现。实际上，Web 前端是最接近产品和设计的工程师，起到衔接产品和技术的作用，它存在于互联网的每个角落，我们浏览的 Web 页面、游戏应用、使用的微信和小程序等都离不开 Web 前端技术。互联网企业需要大量的精于 Web 前端技术的前端工程师，而这些人员在目前的人才市场上非常稀缺，是所有互联网企业都在高薪招聘的技术人才。Web 前端的就业面很广，可选择的岗位有前端开发工程师、资深前端开发工程师、网站重构工程师、前端架构师等。

从 2012 年至今，Web 前端工程师的需求持续走高，产生这一现象的原因有如下四个方面。一是市场需求大。我国手机上网用户已达到十多亿，全体中国人一年消费的网页和 APP 数量是一个天文数字，而所有这些网页和 APP 都需要前端工程师制作出来。二是人才缺口巨大。随着前端行业发展，国外前端开发和后端开发人员比例为 1:1，而国内前端和后端开发人才比例依旧在 1:3 以下，前端开发职位的人才缺口达到近百万人。三是创业主推热潮。互联网创业公司在获得第一轮融资后做的第一件事就是招聘 Web 前端开发人员，因为前端开发是最接近用户的，对客户体验负责。四是小程序的大量应用。小程序的开发需要使用 HTML5、CSS、JS、前端框架等技术，同样迫切需要大量前端开发工程师。

因此，Web 前端工程师是一个非常有"钱"途的职业，并且薪酬会根据技能的深入而有不同程度的增长，其中北京、上海、广州、深圳等地前端工程师的薪资待遇更是一路飙升。目前，针对全国 168 117 份样本的调研数据表明，Web 前端开发工程师平均月薪已达到 10 400 元。按照工作经验来统计计算的话，应届生平均工资可达 5000 多元，有 1～3 年工作经验的工程师平均工资为 8770 元，有 3～5 年工作经验的平均工资为 12 910 元，有 5～10 年工作经验的平均工资为 19 730 元。

习　　题

简答题

1. 简述前端技术发展的五个阶段，并简要介绍各阶段的标志性事件或代表技术。

2. 为什么在 IE 高度垄断市场的情况下，Chrome、Firefox、Opera 等浏览器还能占据一定的市场，并最终打破 IE 的垄断？

3. 为什么 HTML5 会取代其他开发技术，成为 Web 前端技术的主流？

4. 学习 Web 前端需要掌握哪些关键技术？

5. 简述您所了解的前端框架技术。

6. 举例说明前端技术在互联网、软件企业中都有哪些具体应用。

7. 通过招聘网站了解互联网企业对前端人才的技术需求，写一份有关前端人才技术要求的调研报告。

第2章　HTML 语言基础

本章概述

　　本章主要学习 HTML 语言的基础知识，包括 HTML 基本概念、常用元素和表单元素。通过简单实例的演示，使读者快速掌握 HTML 文档的编辑、调试和运行，为阅读本书后面的内容奠定基础。图 2-1 是本章的学习导图，读者可以根据学习导图中的内容，从整体上把握本章学习要点。

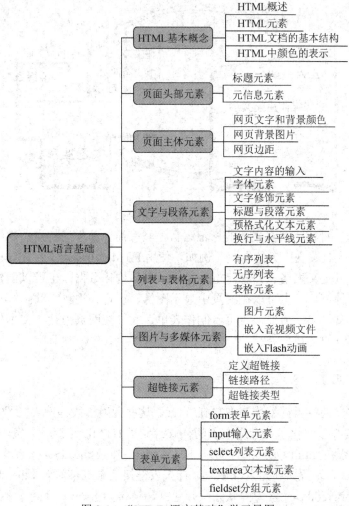

图 2-1　"HTML 语言基础"学习导图

2.1 HTML 基本概念

2.1.1 HTML 概述

HTML 是 Hypertext Markup Language 的缩写，中文翻译为超文本标记语言。从名称上可以看出 HTML 实际上包含了超文本和标记两个方面，如图 2-2 所示，其中超文本是指信息节点(即 Web 页面)通过链接构成具有一定逻辑结构和语义的网络，即网页文件之间通过超链接建立的一种关联，通过点击超链接可以实现从一个页面跳转到另一个页面，这和我们平时浏览网页的模式是一样的。从严格意义上讲，HTML 本身并不是一种编程语言，而是利用各类标签(Tag)作为标记对网页文档进行描述的一种语言。使用 HTML 标签编写的文档称为 HTML 文档，也叫作 Web 页面。

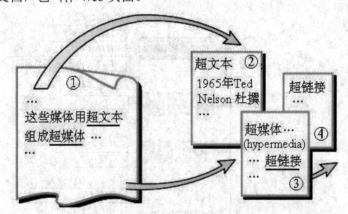

图 2-2　超文本与超链接

HTML 作为一种构建网页文档的标记语言，具有简单易学的特点，熟练使用该语言，可以制作功能强大且美观大方的网页。例如，使用 HTML 可以定义标题、段落，对文本进行格式化；也可以定义表格和列表，方便显示大量结构化数据；也可以创建超链接，方便访问网络上的各种信息；也可以在网页中显示图像、声音、视频、动画等多媒体信息，使网页效果更加丰富多彩；另外，还可以制作表单，允许在网页内输入文本信息，响应用户操作，方便与用户的交互。

2.1.2 HTML 元素

HTML 中定义的各类标签称为 HTML 元素，这些元素一般是由尖括号包围的关键词，例如<html>。图 2-3 参照化学元素周期表的样式绘制了 HTML 元素周期表，左上角的<html>表示根元素，紧跟在<html>元素下方的是<head>元素，以及<head>元素包含的各类子元素，如标题元素<title>、元数据项元素<meta>、样式表链接元素<link>等。<head>元素右侧，从<span>元素一直到<code>元素为内联元素，包括超链接元素<a>、下标元素<sub>、上标元素<sup>等。在<code>元素右侧，从
元素开始一直到<dd>元素称为块级元素，其中包括换行元素
、段落元素<p>、盒子元素<div>等。在<dd>元素右侧，从<fieldset>到<progress>元素，不包括<body>、<aside>和<address>元素的部分为表单元素。从<body>开始到<hgroup>部分是<body>元素、<h1>～<h6>标题元素以及 HTML5 中新增加的一些语义元素。最右侧从<col>开始到<tfoot>部分为表格元素，包括<table>、<tr>、<td>元素等。

　　HTML 元素通常成对出现，例如<body>…</body>，表示元素的开始和结束。HTML 元素对大小写不敏感，可以用大写，也可以用小写，两者是等价的，但是推荐使用小写。 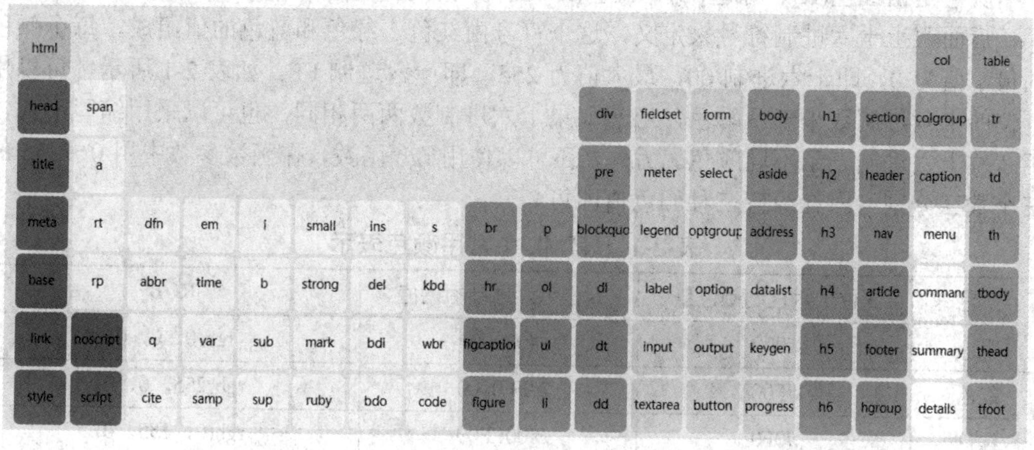

图 2-3　HTML 元素周期表

　　每一个 HTML 元素都可以通过属性来添加附加信息，属性包括属性名和属性值两部分。例如可以为段落元素<p>添加 id 属性和 class 属性，<p id="desc" class="red"></p>，也可以为图片元素 img 添加 src 属性，<img src="bg.jpg"></img>。属性名是由 HTML 事先定义好的，相对固定，而属性值则由用户自定义，但要遵循一定的规则。多个属性之间用空格隔开，属性值可以用双引号、单引号包含起来，也可以不加引号。

2.1.3　HTML 文档的基本结构

　　整个 HTML 文档由<html>和</html>元素来标识。在<html>元素内部，HTML 文档一般分为两个区域，一个是头部区域，即<head>和</head>之间的内容，主要用来设置一些与网页相关的信息，例如可以使用<title>元素定义网页标题，使用<meta>元素定义网页字符集，使用<script>元素定义 JavaScript 脚本，使用<style>元素定义 CSS 样式等。另一个部分是主体区域，用于在浏览器窗口中显示网页内容。主体区域使用<body>和</body>元素进行标识。在示例代码中，主体区域分别定义了 h1 标题和段落元素。

　　【示例 2-1】HTML 文档基本结构示例。

```
<html>
<head>
<title>HTML 文档的基本结构</title>
</head>
<body>
<h1>这是标题元素</h1>
```

```
    <p>这是段落元素</p>
    </body>
    </html>
```

2.1.4　HTML 中颜色的表示

　　颜色是由红色(R)、绿色(G)、蓝色(B)三种颜色混合而成。在 HTML 中，颜色以#开头，后面跟上十六进制符号来定义，这个符号由红色、绿色和蓝色的值组成，每个颜色的最小值为 0，即十六进制 00，最大值为 255，即十六进制 FF。如表 2-1 所示，可以用 6 位的十六进制数来表示颜色，当然如果十六进制数两两相同，也可以采用缩写形式，用 3 位十六进制表示不同颜色。另外，还可以使用 rgb 函数，在函数参数中用 0～255 的三个数字分别给出红绿蓝三种颜色值即可。

表 2-1　HTML 中常用颜色表示

颜色	3 位十六进制颜色值	6 位十六进制颜色值	RGB
黑色	#000	#000000	rgb(0, 0, 0)
红色	#F00	#FF0000	rgb(255, 0, 0)
绿色	#0F0	#00FF00	rgb(0, 255, 0)
蓝色	#00F	#0000FF	rgb(0, 0, 255)
黄色	#FF0	#FFFF00	rgb(255, 255, 0)
青色	#0FF	#00FFFF	rgb(0, 255, 255)
紫色	#F0F	#FF00FF	rgb(255, 0, 255)
灰色	#888	#888888	rgb(136, 136, 136)
白色	#FFF	#FFFFFF	rgb(255, 255, 255)

2.2　页面头部元素

　　页面头部元素是指由<head></head>所包含的部分，主要用来设置网页的页面标题、字符集、关键字和描述信息等。一般来说，位于头部的内容都不会在网页上直接显示，而主体部分则通常会在网页中直接表现出来，常用的头部元素如表 2-2 所示。

表 2-2　常用头部元素

元　素	描　　　述
title	设定显示在浏览器标题栏中的内容
meta	定义网页的字符集、关键字、描述信息等内容
style	设置 CSS 层叠样式表的内容
link	设置对外部 CSS 文件的链接
script	设置页面脚本或链接外部脚本文件

2.2.1　标题元素

title 元素用于设置网页的标题，设置的内容将显示在浏览器标题栏中，浏览器使用多选项卡时，标题同时显示在选项卡上。一般来说，每个网页都应该设置标题。

基本语法：<title>...</title>

2.2.2　元信息元素

meta 元素的作用是定义网页的字符集、关键字及网页内容的描述。在 meta 元素中定义的内容虽然不能直接显示在页面中，但是对于像百度、谷歌这类搜索引擎来说却是至关重要，关键字和网页描述信息能够直接被搜索引擎爬虫所访问。

meta 元素的使用非常简单，只包含 3 个属性，表 2-3 给出了 meta 元素各个属性的描述。

表 2-3　meta 元素的属性

属　　性	描　　述
http-equiv	以键/值对的形式设置一个 HTTP 标题信息
name	以键/值对的形式设置页面描述信息
content	设置 http-equiv 或 name 属性所设置项目对应的值

http-equiv 属性返回给浏览器一些有用信息，以帮助浏览器正确显示网页内容。name 属性用于描述网页，以便于搜索引擎爬虫快速查找和分类网页，一个设计良好的 meta 元素可以大大提高网站被搜索到的可能性。

1. 设定网页关键字

基本语法：

<meta name="keywords" content="关键字 1，关键字 2，关键字 3，...">

实例：

<meta name="keywords" content="Web 前端技术，网页设计与制作,HTML">

需注意的是，虽然设定多个关键字可提高被搜索到的几率，但目前大多数的搜索引擎在检索时会限制关键字的数量，防止恶意设置关键字，有时关键字过多，该网页反而会在检索中被忽略掉。

2. 设定网页描述信息

基本语法：

<meta name="description" content="网页描述信息">

实例：

<meta name="description" content="Web 前端技术教程一书主要介绍前端开发相关技术，本教材是编者在多年开发 Web 应用程序和开设相关课程教学的基础上编写的。">

网页描述信息主要用于概述性的描述页面内容，可以作为搜索结果返回给浏览者，与网页关键字一样，搜索引擎对描述信息的字数也有限制，所以内容应尽量简明扼要。

3. 设定网页字符集

设定页面使用的字符集，用以说明页面制作所使用的文字语言，浏览器会据此来调用相应的字符集显示页面内容，如果页面中没有显式的指明字符集，则使用浏览器默认的字符集显示。中文操作系统下 IE 浏览器的默认字符集是 GB2312，当页面编码和显示页面内容的编码不一致时，页面中的文字将显示乱码，如页面编码是 utf-8，如果没有使用 meta 设置字符集，则浏览器运行后，页面中的中文将出现乱码，通过设置字符集可以解决这一问题。

基本语法：

```
<meta http-equiv="content-type" content="text/html; charset=字符集名称">
```

实例：

```
<meta http-equiv="content-type" content="text/html; charset=gb18030">
```

content 用于定义文档的 MIME 类型及页面所使用的具体字符集。当 charset 取值 gb2312 时，表示页面使用的字符集是国标汉字码，目前最新的国标汉字码为 gb18030，在实际使用中，也经常使用 utf-8 编码。

4. 设定网页自动刷新

使用 meta 元素还可以实现每隔一段时间自动刷新页面内容，这一功能常用于需要实时刷新页面的场合，如聊天室、论坛消息自动更新和现场图文直播等。

基本语法：

```
<meta http-equiv="refresh" content="刷新间隔时间">
```

实例：

```
<meta http-equiv="refresh" content="5">
```

refresh 表示刷新功能，content 用于设定刷新间隔时间，单位是秒。

5. 设定网页自动跳转

设置 http-equiv 属性值为 refresh，不仅能够完成页面的定时刷新，还可以实现页面的自动跳转。例如，当打开一个页面后，可以先显示欢迎信息，经过一段时间后自动跳转到其他页面。

基本语法：

```
<meta http-equiv="refresh" content="刷新间隔时间;url=页面地址">
```

实例：

```
<meta http-equiv="refresh" content="3;url=http://www.baidu.com">
```

本页面在浏览器显示后，将在 3 秒之后自动跳转到百度首页。

2.3 页面主体元素

body 元素封装了页面的主体内容，使用 body 元素，可以设置页面背景、文字颜色和页边距等页面属性。

2.3.1 网页文字和背景颜色

设置网页文字颜色可使用 body 元素的 text 属性，网页背景颜色使用 bgcolor 属性。

基本语法：

```
<body bgcolor="颜色值" text="颜色值">
```

实例：

　　`<body bgcolor="#336699" text="white">`

颜色值可以使用颜色英文名,也可以使用**#RRGGBB** 表示的十六进制的 RGB 颜色值。

2.3.2　网页背景图片

网页背景图片可以使用 body 元素的 background 属性来设置。默认情况下，背景图片会随页面的滚动而滚动，可以通过设置 bgproperties="fixed"，使背景图片固定不动。

基本语法：

　　`<body background="背景图片的 URI" bgproperties="fixed">`

实例：

　　`<body background="images/bg.jpg" bgproperties="fixed">`

backround 属性用于指定背景图片的路径和文件名。需要注意的是，背景图片的作用主要是为了衬托网页的显示效果，因此在选择图片时，一般使用深色的背景图片配合浅色的文本，或者使用浅色的背景图片配合深色的文本。

2.3.3　网页边距

默认情况下，网页内容和浏览器边框之间有 8 个像素的间距。在网页设计过程中，如果需要改变网页与浏览器边框的间距，可以使用 body 元素中的 margin 属性，通过和方向的结合，分别设置网页与浏览器的上、下、左、右四个边框的间距。

基本语法：

　　`<body leftmargin="边距值" rightmargin="边距值" topmargin="边距值" bottommargin="边距值">`

实例：

　　`<body leftmargin="30" topmargin="20">`

leftmargin 用于设置页面内容与浏览器左边框的间距，topmargin 用于设置页面内容与浏览器上边框的间距，边距值以像素单位。

2.4　文字与段落元素

2.4.1　文字内容的输入

根据文字输入方式的不同以及是否显示在页面中，网页中的文字可分为普通文字、空格、特殊文字和注释语句。

普通文字包括英文和汉字等字符，这些字符可以直接通过键盘输入。对于空格字符，使用空格键并不能输入多个空格，为了在网页中增加空格，可以在 HTML 代码中使用空格对应的字符代码 ，一个 表示一个半角空格，要输入多个空格时，需要连续多个 。除了空格外，还有一些特殊的符号，如小于号<、大于号>、&符号等，是无法直接通过键盘进行输入的，这些符号对于网页来说都属于特殊字符。常用的特殊字符与其对应的符号实体如表 2-4 所示。

表 2-4　常用特殊符号及其字符实体

特殊符号	字符实体
"	&quot;
&	&amp;
<	&lt;
>	&gt;
·	&middot;
©	&copy;
®	&reg;

为了提高代码的维护性和可读性，编者常常在 HTML 源文件中添加注释语句，用来对代码进行说明，浏览器在解析页面时会忽略注释。

基本语法：

```
<!-- 注释内容 -->
```

实例：

```
<!--特殊符号使用对应的字符实体输入 -->
```

2.4.2　字体元素

默认情况下，中文网页中的文字是以黑色、宋体或 3 号字的效果来显示，如果希望改变默认的文字显示效果，可使用 font 字体属性。

基本语法：

```
<font face="字体名称" size="字号" color="颜色值">文字内容</font>
```

实例：

```
<font face="隶书,宋体,黑体" size="4" color="#ffcc00">字体元素</font>
```

face 属性可同时设置多个字体(字体族)，不同字体之间使用逗号隔开，如 face="隶书,宋体,黑体"，使用字体族时，浏览器解析页面会首先使用第一个字体去显示文字，如果计算机中没有第一个字体，则使用第二个字体，以此类推。如果所有的字体都不存在，则显示默认字体。

size 属性用来设置字号，取值范围从 1 到 7，或者从+1 到+7，从-1 到-7。正负取值相对于页面的默认字号，例如+1 表示比默认字号大 1 号，-1 表示比默认字号小 1 号，超出取值范围的，选择与取值范围最近的值，默认字号为 3 号字。

color 属性设置文字颜色，默认颜色为黑色。

2.4.3　文字修饰元素

使用修饰元素，可以设置字体格式，如粗体、斜体、显示下划线等。常用修饰元素如表 2-5 所示。

表 2-5　常用文字修饰元素

元　　素	描　　述
…,…	设置粗体格式
<i>…</i>,…	设置斜体格式

续表

元　　素	描　　述
\^{…\}	设置上标
_{…\}	设置下标
\<big>…\</big>	设置大号字体
\<small>…\</small>	设置小号字体
\<u>…\</u>	设置下划线
\<s>…\</s>,\<strike>…\</strike>	设置删除线

2.4.4　标题与段落元素

标题元素是以固定的字号来显示文字，一般用于强调段落要表现的内容。根据字号大小，标题元素分为六级，分别用元素 h1～h6 表示，字号的大小随数字增大而递减，其效果如图 2-4 所示。

基本语法：

  \<hn>标题\<hn>

实例：

  \<h1> 一 级 标 题 \</h1>,\<h2> 二 级 标 题 \</h2>,\<h3> 三 级 标 题 \</h3>,\<h4>四级标题\</h4>,\<h5>五级标题\</h5>,\<h6>六级标题\</h6>

图 2-4　标题元素

默认情况下，标题元素居左对齐，如果要改变标题元素的对齐方式，可以使用属性 align 进行设置，对齐方式可分别取 left、center、right 三种值。例如\<h1 align="center">标题元素居中对齐\</h1>。

创建段落使用\<p>元素，与标题元素一样，段落元素也具有对齐属性，可以设置段落相对于浏览器窗口在水平方向上的居左、居中、居右对齐方式，段落的对齐方式设置同样使用属性 align 进行设置，可取 left、center、right 三种值，默认为左对齐。

基本语法：

  \ 段落内容\

实例：

  \ 段落内容居中对齐\

2.4.5　预格式化文本元素

预格式化文本元素为 pre。由于浏览器不能解析 HTML 文档中使用的 Enter 键，对连续使用的空格键，浏览器也只能当作一个半角空格，如果希望保留 HTML 文档中的 Enter 键和空格键，可以使用预格式化文本元素 pre。

基本语法：

  \<pre>…\</pre>

【示例 2-2】在网页上显示一首诗歌。

  \<html>

  \<head>

   \<title>在网页上显示一首诗歌\</title>

```
    </head>
    <body>
      <pre>
          泊船瓜洲<br/>
          王安石<br/>
          京口瓜洲一水间，<br/>
          钟山只隔数重山。<br/>
          春风又绿江南岸，<br/>
          明月何时照我还？<br/>
      </pre>
    </body>
    </html>
```

示例代码在浏览器中的运行结果如图 2-5 所示。

图 2-5　预格式化文本元素

2.4.6　换行与水平线元素

换行元素为 br，一个
为一次换行，多个换行可以连续使用多个
。

为了让一篇文章结构更加清晰，常常在页面中使用水平线对段落进行分隔，创建水平线使用 hr 元素。

默认情况下，hr 元素产生的是一条占满整个窗口带阴影的空心立体效果的水平线，如果需要改变水平线显示效果，可以通过设置属性来完成。水平线元素常用属性如表 2-6 所示。

表 2-6　水平线元素常用属性

属性名	描　　述
width	设置水平线宽度，单位为像素或浏览器窗口宽度的百分比
size	水平线高度，单位为像素
align	水平线相对于浏览器的水平对齐方式，可取 left、center、right 三个值，默认是居中对齐
noshade	设置水平线为实心不带阴影的效果
color	设置水平线颜色，显示颜色时，水平线显示为实心效果

2.5　列表与表格元素

使用列表元素可以使相关内容以一种整齐的方式排列显示。根据列表项排列方式的不同，可以把列表分为有序列表和无序列表两类。

2.5.1　有序列表

以数字或字母等表示顺序的符号为项目前导符来排列列表项的列表称为有序列表。

基本语法：

```
<ol>
    <li>列表项一</li>
    <li>列表项二</li>
    …
</ol>
```

ol 为英文 ordered list，表示有序列表，然后在<ol>标签对之间使用<li>标签创建列表项，每一个列表项用一对<li>标签表示。

【示例 2-3】 创建一个兴趣爱好的有序列表。

```
<html>
<head>
  <titile>创建一个兴趣爱好的有序列表</title>
</head>
<body>
  <p>我的兴趣爱好</p>
  <ol>
    <li>美食</li>
    <li>运动</li>
    <li>旅行</li>
  </ol>
</body>
</html>
```

图 2-6　有序列表

示例代码在浏览器中的运行结果如图 2-6 所示。

默认情况下，有序列表是以阿拉伯数字作为列表项的前导符。在有序列表中，除了使用阿拉伯数字外，还可以使用大写或小写英文字母及大写或小写的罗马数字，使用属性 type 可以改变有序列表的前导符。按照列表项的排序序号的不同，前导符可分别取 1、A、a、I、i 等取值，其中 1 表示前导符为数字 1、2、3…，a 表示前导符为小写字母 a、b、c…，A 表示前导符为大写字母 A、B、C…，i 表示前导符为小写罗马数字 i、ii、iii…，I 表示前导符为大写罗马数字 I、II、III…。另外，还可以通过设置 start 属性，定义有序列表前导符的起始项。

【示例 2-4】带前导符的有序列表。

```
<html>
<head>
  <titile>带前导符的有序列表</title>
</head>
<body>
  <p>计算机编程语言排行榜</p>
  <ol type="A"start="3">
    <li>Java 语言</li>
    <li>Python 语言</li>
    <li>C 语言</li>
```

```
        </ol>
    </body>
</html>
```

示例代码在浏览器中的运行结果如图 2-7 所示。

2.5.2　无序列表

以无次序符号(●、○、■等)为前导符来排列列表项的
列表称为无序列表。

基本语法：

```
<ul>
    <li>列表项一</li>
    <li>列表项二</li>
    …
</ul>
```

计算机编程语言排行榜
　C. Java语言
　D. Python语言
　E. C语言

图 2-7　带前导符的有序列表

ul 为英文 unordered list，表示无序列表，默认前导符为实心圆点"●"。同样可以通过
type 属性修改项目列表中的前导符，可取值 disc 表示前导符为实心圆点，circle 表示前导符
为空心圆点，square 表示前导符为实心小方块。

【示例 2-5】创建一个兴趣爱好的无序列表。

```
<html>
    <head>
        <titile>带前导符的有序列表</title>
    </head>
    <body>
        <p>我的兴趣爱好</p>
        <ul type="circle">
            <li>美食</li>
            <li>运动</li>
            <li>旅行</li>
        </ul>
    </body>
</html>
```

示例代码在浏览器中的运行结果如图 2-8 所示。

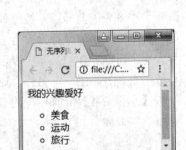

图 2-8　无序列表

2.5.3　表格元素

在网页中，表格一般采用行列的形式直观形象地呈现结构化的内容。此外，表格还有
一个重要的作用就是排版页面内容，可以在表格单元格中放入任何网页元素，例如导航条、
文字、图像和动画等，从而使网页的各个部分排列有序。

一个表格包括行、列和单元格 3 个组成部分。其中行是表格的水平分隔，列是表格的

垂直分隔，单元格是行和列相交所产生的区域。表格的行、列、单元格分别用\<table\>、\<tr\>和\<td\>表示，使用方式如下所示。

```
<table>
    <tr>
        <td>单元格 1-1</td>
        <td>单元格 1-2</td>
        …
    </tr>
    <tr>
        <td>单元格 2-1</td>
        <td>单元格 2-2</td>
        …
    </tr>
    …
</table>
```

使用 table 元素可以设置表格宽度、高度、边框线、对齐方式、背景颜色、背景图片、单元格间距和边距等表格属性，如表 2-7 所示。

表 2-7　表格常用属性

属 性 名	描　　述
border	设置边框粗细，单位为像素，值不为 0 时显示边框
bordercolor	设置边框颜色
width	设置表格宽度
height	设置表格高度
align	设置表格对齐方式
bgcolor	设置表格背景颜色
background	设置表格背景图片
cellpadding	设置表格中单元格内容与单元格边框之间的间距
cellspacing	设置表格中单元格之间的间距

基本语法：

　　\<table border="边框宽度" bordercolor="边框颜色" width="表格宽度" height="表格高度" align="对齐方式" bgcolor="颜色值" background="背景图片路径" cellpadding= "边距值" cellspacing="间距值"\>

实例：

　　\<table border="1" bordercolor="#336699" width="600" height="480" align="center" bgcolor= "#99CCFF" background="images/bg.jpg" cellpadding="8" cellspacing="0"\>

默认情况下，表格没有边框，可以使用 border 属性设置边框的粗细。显示边框时，还可以通过 bordercolor 属性设置表格边框颜色。

当没有指定表格的高度时，表格单元格中的内容与单元格边框靠的比较近，可以通过设置 cellpadding 属性改变单元格内容与单元格边框之间的间距，边距值的单位是像素。cellspacing 属性用来表示单元格与单元格之间的间距，单元格之间的默认值是 2 个像素，如果不希望存在间距，将值设为 0 即可。

创建表格时，常常会设置表格的标题，可以使用 caption 元素。

基本语法：

```
<caption align="水平对齐方式" valign="垂直对齐方式">表格标题</caption>
```

水平对齐可取值 left、center、right，默认取值 center。垂直对齐可取值 top、bottom，默认取值 top。

使用 table 可以从总体上设置表格属性，根据网页布局需要，还可以单独对表格中的某一行或某一个单元格进行属性设置。在 HTML 文档中，<tr>…</tr>表示表格中的一行，<td>…</td>表示一个单元格，<th>…</th>表示标题单元格。对每一个单元格，可以像<table>标签一样设置单元格的对齐方式、背景颜色、背景图片、高度、宽度等属性。

【示例 2-6】创建一个带有标题的表格。

```
<html>
<head>
  <titile>带标题的表格</title>
</head>
<body>
  <table width="70%" border="1" cellpadding="8" cellspacing="0" align="center">
    <caption>电脑价格表</caption>
    <tr>
      <th>电脑型号</th><th>价格</th>
    </tr>
    <tr>
      <td>联想</td><td>5999</td>
    </tr>
    <tr>
      <td>戴尔</td><td>5499</td>
    </tr>
  </table>
</body>
</html>
```

创建的带有标题的表格如图 2-9 所示。

图 2-9　带标题的表格

2.6　图片与多媒体元素

2.6.1　图片元素

适合在网络上浏览的图片格式主要有.jpg、.gif 和.png 等。在网页中插入图片，需要使用 img 元素。

基本语法：

    <img src="图片文件路径" alt="图片提示文本" width="图片宽度" height="图片高度" hspace="水平间距" vspace="垂直间距" border="图片边框" align="对齐方式">

实例：

    <img src="images/flower.jpg" alt="如果图片无法加载,将显示此处文字" width="400" height="320" hspace="5" vspace="2" border="1" align="center">

对于图片元素，src 属性是必设属性，其他属性均为可选属性。其中 alt 为图片提示文本，即当网页图片无法正常加载时，显示提示文本。

默认情况下，图片与周围对象的水平间距和垂直间距都为 0，可以使用 hspace 和 vspace 属性分别设置图片与周围对象的水平间距和垂直间距，单位为像素。

align 属性用来设置图片与周围对象的对齐方式，可取值 top，表示图片顶端与周围对象的顶端对齐；bottom 表示图片底端与周围对象底端对齐；middle 表示图片的中间线与周围对象的底端对齐；left 表示图片在后面对象的左边；right 表示图片在后面对象的右边。

【示例 2-7】创建图片元素与文字的混排，并设置图片元素属性。

```
<html>
<head>
<titile>创建图片元素与文字的混排</title>
</head>
<body>
        郁金香原产地中海沿岸及中亚细亚、土耳其等地。由于地中海的气候，形成郁金香适应
    冬季湿冷和夏季干热的特点。
<img src="Tulips.jpg" width="300" height="200" alt="郁金香" border="3" vspace="10"
hspace="20" align="middle">
        具有夏季休眠、秋冬生根并萌发新芽但不出土，需经冬季低温后第二年 2 月上旬左右(温
    度在 5℃以上)开始伸展生长形成茎叶，3~4 月开花的特性。
</body>
</html>
```

运行结果如图 2-10 所示。

图 2-10　图片与文字的混排

2.6.2　嵌入音视频文件

在网页中可以使用 embed 元素嵌入 mp3 音频、avi 视频等多媒体内容，支持的多媒体文件格式有 wav、avi、mp3、midi 等。

基本语法：

```
<embed src="file_url">…</embed>
```

在<embed>元素中，除了设置 src 属性外，还可以通过 width 和 height 属性分别设置嵌入式对象的宽度和高度。另外，还可以通过 loop 属性，设置嵌入的对象是否循环播放，取值 true 表示循环不断，否则只播放一次，默认值为 false。

需要注意的是，由于 Chrome 浏览器推出较晚，虽然 Chrome 也支持<embed>元素，但是元素中的一些属性，例如 loop 等在 Chrome 是不起作用的，而 IE 浏览器则完全支持各种属性。所以，在使用这一元素时需要在不同的浏览器中进行测试。

2.6.3　嵌入 Flash 动画

Flash 动画是一种基于矢量图的动画，常常被嵌入在网页中以增强网页效果。在网页中嵌入 flash 动画时，通常使用 object 元素。和 embed 元素类似，使用该元素时也要注意不同浏览器对元素及其属性是否支持。

【示例 2-8】使用 object 元素在页面中嵌入 Flash 动画。

```
<html>
<head>
  <title>嵌入 Flash 动画</title>
</head>
<body>
  <object classid=clsid:D27CDB6E-AE6D-11cf-96B8-444553540000 codebase=http://
  download.macromedia.com/pub/shockwave/cabs/flash/swflash.cab#version=4,0,2,0
  height=210 width=750>
```

```
<param name="movie" value="test.swf"><param name="quality" value="high">
<param name="wmode" value="transparent">
<embed src="test.swf" quality=high pluginspage="http://www.macromedia.com/
shockwave/download/index.cgi?P1_Prod_Version=ShockwaveFlash" type="application
/x-shockwave-flash" width="400" height="300" wmode="transparent">
</embed>
</object>
</body>
</html>
```

图 2-11 为嵌入在网页中的 Flash 动画效果。

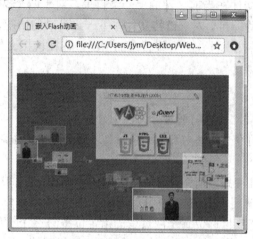

图 2-11　在网页中嵌入 Flash 动画

2.7　超链接元素

浏览者通过单击文本或图片对象，可以从一个页面跳到另一个页面，或从页面的一个
位置跳到另一个位置。在网页制作中，可以使用超链接元素实现这样的功能。

2.7.1　定义超链接

创建超链接使用 a 元素。使用 a 元素既可以设置超链接，也可以设置书签。

基本语法：

```
<a href="目标页面 URL" name="书签名" target="目标窗口名称" title="链接提示文字">链接文本
或图片</a>
```

实例：

```
<a href="welcome.html" target="_blank" title="欢迎">这是一个链接</a>
```

href 属性为必设属性，用来设置需要链接的目标文件。target 属性用来链接目标窗口，
默认情况下，超链接是在当前窗口打开，即取值为 self。如果想在新窗口打开链接文档，
可以设置属性值为_blank。另外，target 属性也可以设置属性值为_parent 或_top，分别表示

在上一级窗口和在浏览器的整个窗口中打开。

2.7.2　链接路径

每个文件都有一个指定自己所处位置的标识。对于网页来说，这些标识就是 URL，而对于一般的文件，这些标识则是它的路径，即所在的目录和文件名。链接路径就是在超链接中用于标识目标文件的位置标识。常见的链接路径主要有以下两种类型：

(1) 绝对路径：文件的完整路径，如 http://www.baidu.com/index.html

(2) 相对路径：相对于当前文件的路径。

相对路径又分为三种情况：一是两个文件在同一目录下；二是链接文件在当前文件的下一级目录；三是链接文件在当前文件的上一级目录。对于两个文件在同一目录的情况，只需要输入链接文件名称即可。对于链接文件在下一级目录的情况，需在链接文件前添加"下一级目录名/"。对于链接文件在上一级目录的情况，需在链接文件名前添加"../"。

2.7.3　超链接类型

根据目标内容的不同，可以将链接分为以下几种类型：

(1) 内部链接：指同一个网站内部，不同网页之间的链接关系，一般使用相对路径链接文件。

(2) 外部链接：指跳转到当前网站外部，和其他网站中的页面或其他元素之间的链接，一般情况下该链接需要使用绝对路径，可以链接到其他网页或文件。

(3) 书签链接：指链接目标位置是网页中的指定位置(书签)的链接。

要使用书签链接，首先需要在待链接的目标网页中定义书签，使用<a name="书签名" >[文字/图片]</a>进行定义，定义好书签后，就可以创建指向书签的链接。创建书签链接分两种情况：① 是书签链接和书签在同一页面，称为内部书签链接，链接路径为#号加上书签名，使用<a href="#书签名">链接文字或图片</a>；② 书签和书签链接处于不同的页面，则需要在书签名及#号前加上所在的页面路径，使用<a href="文件的 URL#书签名">链接文字或图片</a>。

(4) 脚本链接：指使用 JavaScript 脚本作为链接的目标。

基本语法：

　　<a href="javascript:…">链接内容</a>

实例：

　　<a href="javascript:alert('您好，欢迎访问我的站点')">欢迎访问</a>

(5) 电子邮件链接：指一种自动启动邮件系统，如 outlook 的链接类型。

基本语法：

　　<a href="mailto:邮件地址?subject=content&cc=邮件地址 2&bcc=邮件地址 3">链接内容</a>

实例：

　　<a href="mailto:abcde@163.com?subject=意见或建议&cc=12345@qq.com">意见或建议(邮件链接)</a>

其中 subject 表示邮件主题，cc 表示邮件抄送地址，bcc 表示暗抄送地址。

(6) 文件下载链接：当链接的目标文档类型属于.doc、.rar、.zip 和.exe 等文件类型时，当用户点击链接后，浏览器会自动判断文件类型，弹出文件下载对话框。

2.8　表　单　元　素

表单是实现动态网页的一种主要形式，利用表单可以收集用户信息，实现与用户的交互等复杂功能。用于描述表单对象的元素可以分为表单 form 标签和表单域两部分。其中，form 标签用于定义一个表单区域，表单域用于定义表单中的各个元素，所有表单元素必须放在 form 标签中。

2.8.1　form 表单元素

表单元素是网页上的一个特定区域，这个区域由一对<form>标签定义。

基本语法：

    <form name="表单名称" method="提交方法" action="处理程序">...</form>

实例：

    <form name="form1" method="post" action="process.jsp">...</form>

<form>元素除了 name、method、action 属性外，还包括 onsubmit 和 enctype 等属性，相关属性说明如表 2-8 所示。

表 2-8　<form>元素的常用属性

属性名	描　　述
name	设置表单名称，用于脚本引用
method	定义表单数据从客户端传送到服务器的方法，取值 get 或 post，默认使用 get 方法
action	用于指定表单的服务端处理程序
onsubmit	用于指定处理表单的脚本函数
enctype	设置 MIME 类型，默认值为 application/x-www-form-urlencoded，需要上传文件到服务器时，属性应设置为 multipart/form-data

表 2-8 中，表单数据的提交可以是 get 方法或 post 方法，在实际使用时，这两种方法有什么区别呢？get 方法是将表单内容附加在 URL 地址后面，所以对提交信息的长度有一定的限制，最多不超过 8KB 字符，如果信息太长，将被截去。同时 get 方法不具有保密性，不合适处理银行卡卡号和密码等需要保密的内容，并且不能传送非 ASCII 码字符。post 方法是将用户在表单中填写的数据包含在表单主体中，一起传送到服务器处理程序。post 方法没有字符个数和字符类型的限制，所传送的数据不会显示在浏览器的地址栏中，因此适合传送数据量较大且安全的场合。

2.8.2　input 输入元素

输入元素 input 用于设置表单输入元素，诸如文本框、密码框、单选按钮、复选框、按钮等元素。

基本语法：

```
<input type="元素类型" name="表单元素名称">
```

type 属性用于设置不同类型的输入元素，可设置的类型如表 2-9 所示。name 属性指定输入元素的名称，作为服务器处理程序访问表单元素的名称，且该名称必须唯一。

表 2-9　<input>元素中 type 属性值

属性值	描　　述	属性值	描　　述
text	单行文本框元素	checkbox	复选框元素
password	密码框元素	button	普通按钮元素
file	文件元素	submit	提交按钮元素
hidden	隐藏元素	reset	重置按钮元素
radio	单选框元素	image	图像按钮元素

(1) 文本框 text 用于创建一个单行文本框，用于访问者在其中输入文本信息，输入的信息将以明文显示。

文本框实例：

```
<input type="text" name="username" size="30" maxlength="50">
```

其中 name 为文本框名称，size 属性用来控制文本框的长度，maxlength 表示文本框最多可输入的字符数。

(2) 密码框 password 以 "●" 符号回显所输入的字符，从而起到保密的作用。

密码框实例：

```
<input type="password" name="psw" size="20">
```

(3) 隐藏域 hidden，隐藏域不会被浏览者看到，主要用于在不同页面中传递隐藏域中设定的值。

隐藏域实例：

```
<input type="hidden" name="username" value="admin">
```

隐藏域的 type、name、value 属性都必须设置，value 属性用于设置隐藏域需传递的值。

(4) 文件域 file，用于将本地文件上传到服务器端，需要注意的是，使用文件域上传文件到服务器，需要在<form>中修改表单的编码，即设置<form enctype="multipart/ form-data">。

文件域实例：

```
<input type="file" name="photo">
```

(5) 单选按钮 radio，用于在一组选项中进行单项选择。

单选按钮实例：

```
<input type="radio" name="gender" value="female" checked="checked" />女
<input type="radio" name="gender" value="male" />男
```

name 属性用来设置单选按钮的名称，属于同一组单选框的 name 属性必须设置为相同的值。value 用于设置单选按钮选中后传到服务器端的值。checked 表示此选项被默认选中，如果不设置默认选中状态，则不要使用 checked 属性。

(6) 复选框按钮 checkbox，用于在一组选项中进行多项选择。

复选框按钮实例：

```
<input type="checkbox" name="m1" value="music" checked="checked" />音乐
<input type="checkbox" name="m2" value="trip" />旅游
```

<input type="checkbox" name="m3" value="reading" checked="checked" />阅读

name 为复选框按钮名称，同一组复选框按钮的 name 属性值可以设置为相同，也可以设置不同值。value 和 checked 属性的使用和单选框按钮一样。

(7) 提交按钮 submit，用于将表单内容提交到指定服务器处理程序或指定客户端脚本进行处理。点击提交按钮后，页面将跳转到表单<form>中 action 属性所指定的处理页面。

提交按钮实例：

<input typc="submit"　value="提交">

(8) 重置按钮 reset，用于清除表单中所输入的内容，将表单内容恢复到初始状态。

重置按钮实例：

<input type="reset"　value="重置按钮">

(9) 普通按钮 button，用于触发表单提交动作，可结合 javascript 脚本对表单执行处理操作。

普通按钮实例：

<input type="button" value="普通按钮" onclick="btn_click()">

value 属性为按钮上显示的文本，onclick 属性用于指定处理表单内容的 javascript 脚本。在上面的示例中，如果点击按钮，将触发 btn_click 函数。

(10) 图像按钮 image，按钮外形以图像形式呈现，功能与提交按钮一样，具有提交表单内容的作用。

图像按钮实例：

<input type="image" name="btnImage" src="images/btnImg.jpg" width=" 60" height="30">

src 属性用来指定图像文件的路径，width 和 height 为图像按钮的宽度和高度。

2.8.3　select 列表元素

选择列表允许用户从列表中选择一项或几项。它的作用等效于单选框和复选框，在选项比较多的情况下，使用列表可节省很大的空间。

创建选择列表使用 select 元素和 option 元素。select 元素用于声明选择列表，并确定选择列表是否可以多选，及一次可显示的列表选项数，而列表中的具体选项设置则由 option 来设置。

根据列表选项一次可被选择和显示的个数，选择列表可分为普通列表和下拉列表两种形式。

【示例 2-9】普通列表示例。

```
<html>
<head>
  <title>普通列表</title>
</head>
<body>
  <form>
    <select name="fruits" size="5" multiple="multiple">
      <option value="apple" selected="selected">苹果</option>
      <option value="banana">香蕉</option>
      <option value="grape" selected="selected">葡萄</option>
      <option value="pear">梨子</option>
```

```
            <option value="peach" selected="selected">桃子</option>
            <option value="watermelon">西瓜</option>
        </select>
    </form>
</body>
</html>
```

图 2-12　普通列表

图 2-12 为普通列表效果。可以看出，该列表可以同时选择多个列表项，并且在默认情况下，显示苹果、葡萄、桃子等选项。

在 select 中 name 属性表示列表名称，size 属性表示能同时显示的列表选项个数，取值大于或等于 1，默认为 1。multiple 属性用于指定列表中的项目是否可以多选。value 属性用来设置选项值。selected 设置选项默认是否被选中。在上面的示例中，设置了 multiple 属性，允许按 ctrl 键选择多个选项。

另外，还有一种列表形式，称为下拉列表。对于下拉列表，每次只能选择一个列表选项。

【示例 2-10】下拉列表示例。

```
<html>
<head>
  <title>下拉列表</title>
</head>
<body>
    <form>
      <select name="degree">
        <option value="1">博士后</option>
        <option value="2" selected="selected">博士</option>
        <option value="3">硕士</option>
        <option value="4">学士</option>
        <option value="0">其他</option>
      </select>
    </form>
</body>
</html>
```

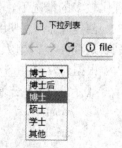

图 2-13　下拉列表

代码运行结果如图 2-13 所示。对于下拉列表，可以不用设置 size 属性，如果要设置默认选中项，只能设置一个选项的 selected 属性。

2.8.4　textarea 文本域元素

在网页表单中，经常可以看到给用户填写备注信息或留言信息的多行多列文本区域，这个区域通过 textarea 元素来创建。

实例：

```
<textarea name="note" rows="10" cols="30">输入备注信息</textarea>
```

其中，rows 属性设置可见行数，当文本超出这个值时将显示垂直滚动条，cols 属性设置一行可输入的字符个数。

2.8.5 fieldset 分组元素

在网页表单中，经常需要对表单中的信息进行分组归类。例如，在注册表单中，可以将注册信息分组成基本信息(一般为必填)和详细信息(一般为可选)，那么我们如何来实现呢？此时可考虑在表单中加入两个标签，一个是元素是 fieldset，表示对表单内容进行分组，一个表单可以有多个 fieldset。另一个元素是 legend，表示每组的内容描述，起着标题提升的作用。

【示例 2-11】分组元素示例。

```html
<html>
<head>
  <title>分组</title>
</head>
<body>
  <form>
    <fieldset>
      <legend>必填信息</legend>
      <label for="user">用户名:</label><input type="text" id="user" value="" />
      <label for="pass">密码:</label><input type="password" id="pass" />
    </fieldset>
    <fieldset>
      <legend>选填信息</legend>
      <label for="boy">男</label><input type="radio" value="1" id="sex" />
      <label for="girl">女</label><input type="radio" value="2" id="sex" />
    </fieldset>
  </form>
</body>
</html>
```

代码运行结果如图 2-14 所示。

图 2-14 分组元素

习　题

一、选择题

1. 下列哪一项表示的不是按钮(　　　)。

A. type="submit"　　　　　　　　　　　B. type="reset"

C. type="url"　　　　　　　　　　　　　D. type="button"

2. 当链接指向下列哪一种文件时，不打开文件，而是提供给浏览器下载(　　　)。

A. ASP　　　　　　　　　　　　　　　　B. HTML

C. ZIP　　　　　　　　　　　　　　　　D. JSP

3. 关于表格的描述正确的一项是(　　　)。

A. 在单元格内不能继续插入整个表格

B. 可以同时选定不相邻的单元格

C. 粘贴表格时，不粘贴表格的内容

D. 在网页中，水平方向可以并排多个独立的表格

4. 关于文本对齐，源代码设置不正确的一项是(　　　)。

A. 居中对齐： …

B. 居右对齐： …

C. 居左对齐： …

D. 两端对齐： …

5. 在 HTML 中(　　　)属性用于设置表单要提交的地址。

A. name　　　　　　　　　　　　　　　B. method

C. action　　　　　　　　　　　　　　　D. id

6. 下列哪一项是在新窗口中打开网页文档(　　　)。

A. _self　　　　　　　　　　　　　　　B. _blank

C. _top　　　　　　　　　　　　　　　D. _parent

7. 在 HTML 中，<font>元素的 size 属性最大值可以是(　　　)。

A. 5　　　　　　　　　　　　　　　　　B. 6

C. 7　　　　　　　　　　　　　　　　　D. 8

8. 在 HTML 中，<pre>元素的作用是(　　　)。

A. 标题　　　　　　　　　　　　　　　B. 预格式化文本

C. 换行　　　　　　　　　　　　　　　D. 文本加粗

9. 用 HTML 标记语言编写一个简单的网页，网页最基本的结构是(　　　)。

A. <html><head>…</head><frame>…</frame></html>

B. <html><title>…</title><body>…</body></html>

C. <html><title>…</title><frame>…</frame></html>

D. <html><head>…</head><body>…</body></html>

10. 若要设计网页的背景图片为 bg.jpg，以下正确的是(　　　)。

A．<body background = "bg.jpg">

B．<body bground = "bg.jpg">

C．<body image = "bg.jpg">

D．<body bgcolor = "bg.jpg">

11. 若要以加粗宋体、12 号字体显示"HTML"，以下用法中正确的是(　　　　)。

A．<font size=12>HTML</font>

B．<font face="宋体" size=12>HTML</font>

C．<font name="宋体" size=12>HTML</font>

D．<font face="宋体" fontsize=12>HTML</font>

12. 若要在页面中创建一个图片超链接，要显示的图形为 myhome.jpg，所链接的地址为 welcome.html，下面选项正确的是(　　　　)。

A．<a href="welcome.html">myhome.jpg</a>

B．<a href="welcome.html" src="myhome.jpg"> </a>

C．<a href="welcome.html"><img src="myhome.jpg"></a>

D．<a href="welcome.html"><img src="myhome.jpg">

二、填空题

(1) HTML 的中文名称叫_____，是一种由_____解释执行的标记语言。

(2) HTML 文件的头部区域使用_____元素来标识，主体区域使用_____元素标识。

(3) 某一聊天页面，如果希望每隔 1 s 显示最新的聊天信息，应将 meta 元素代码设置为_____。

(4) 要将某行文字加粗显示，可以使用的元素有_____、_____；使用_____元素可以将数字设置为上标。

(5) 设置网页背景颜色和背景图片使用的属性为_____和_____。

(6) HTML 中使用 font 元素设置字体相关的属性，其中设置字体名称的属性为_____。

(7) 在 HTML 中，有序列表用元素_____表示，无序列表用元素_____表示，列表项用元素_____表示。

(8) 使用_____元素可在网页中插入图片，默认情况下，插入图片没有边框，可以使用_____属性为图片添加边框，使用_____属性为图片添加提示信息。

(9) 表单的数据传送方式有_____和_____两种，其中_____传送数据时没有字符数量及字符类型的限制，相对比较安全，而_____方法最多只能传送 8K 的字符，且安全性较低。

(10) 通过设置 input 的_____属性可获得不同类型的输入域。

三、简答题

1. 简要叙述 HTML 文档的基本结构。

2. 简要叙述 HTML 中的颜色表示方法。

3. 简要叙述并比较表单提交的两种方法。

四、设计分析题

1. 设计一个网页，命名为 index.html，按如下要求设置页面信息。

(1) 网页标题："欢迎访问我的个人网站"。

(2) 网页关键字："前端技术、HTML、meta 元素、title 元素"。

(3) 网页描述信息："这是一个介绍前端技术的网站"。

(4) 网页使用的字符集设为 UTF-8。

(5) 网页停留 3 秒后自动跳转到 welcome.html 页面。

2. 设计一个网页，命名为 welcome.html，按如下要求设置页面信息。

(1) 设置网页正文颜色为白色。

(2) 设置背景颜色为海蓝色(#008080)。

(3) 设置网页内容与浏览器的上边框和左边框间距分别为 80 个像素。

(4) 插入一张有欢迎字样的图片。

(5) 创建一个超链接，点击超链接将返回 index.html 页面。

3. 设计一个如图 2-15 所示的用户注册表单页面，命名为 register.html。

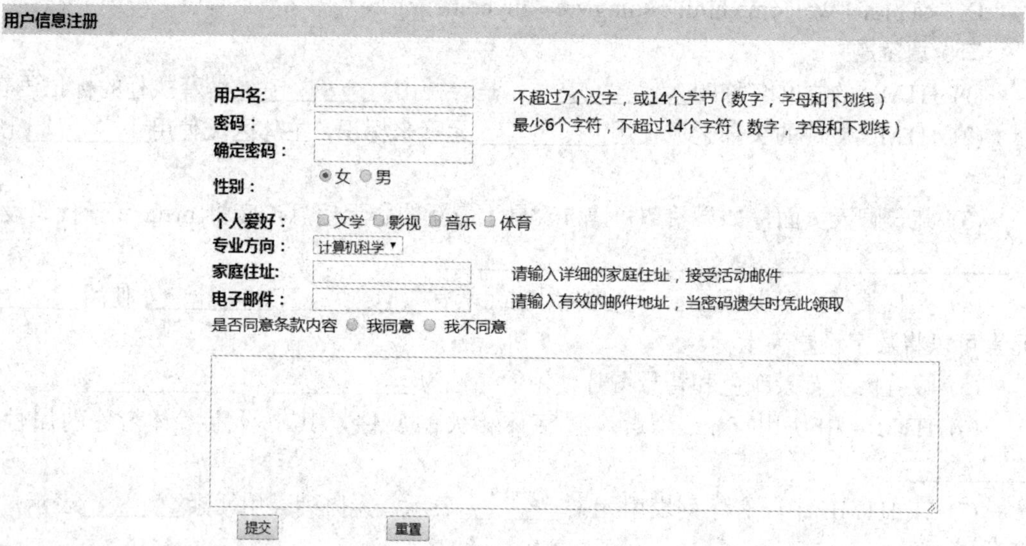

图 2-15　用户注册表单

第3章　CSS 层叠样式表基础

本章概述

　　本章主要学习 CSS 层叠样式表基础，包括 CSS 基本概念、CSS 选择器、CSS 常用属性、CSS 盒子模型、CSS 元素布局与定位。通过简单实例的演示，使读者快速掌握 CSS 样式文档的编辑、调试和运行，为构建精美样式的网站页面奠定基础。图 3-1 是本章的学习导图，读者可以根据学习导图中的内容，从整体上把握本章学习要点。

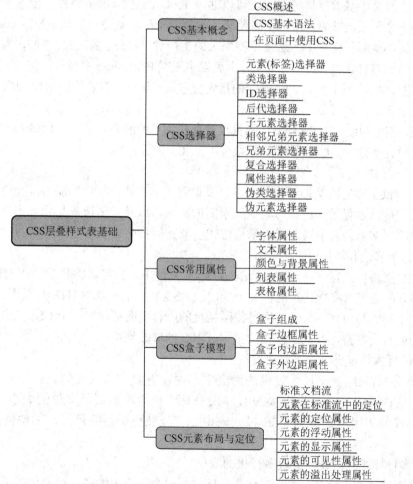

图 3-1　"CSS 层叠样式表基础"学习导图

3.1　CSS 基本概念

3.1.1　CSS 概述

CSS(Cascading Style Sheet，层叠样式表)是一种格式化网页的标准方式，是用于控制网页样式并允许样式信息与网页内容相分离的一种技术。1996 年 12 月，CSS1.0 规范由 W3C 审核并发布，它以 HTML 语言为基础，提供了丰富的格式化功能，如字体、颜色、背景及排版规则等，由网页设计者针对各种显示设备来设置不同的样式风格。CSS 扩展了 HTML 的功能，使网页设计者能够以更有效的方式设置网页格式，实现对网页的布局、字体、颜色、背景等图文更精确的控制。

在 CSS 还没有被引入页面设计之前，传统的基于 HTML 语言的页面设计是非常麻烦的。例如，要在网页中修改字体的颜色，可以通过 font 元素的 color 属性，但是一个网站可能有成百上千个页面，每个页面可能需要修改调整若干处，如果一个个去修改 color 属性，并且还要保证不遗漏任何一个，这需要相当大的工作量。另外，在 CSS 之前，网页元素的布局主要依赖于 HTML 中的 table 元素，由美工事先在 Photoshop 中设计好网页页面，然后通过图片裁剪，将各个图片放入 table 中的指定位置，一旦网站需要更新结构，增加新的功能，就需要美工重新设计页面，非常繁琐。

所以，使用传统的 HTML 进行网页设计存在大量的缺陷，而引入 CSS 技术后，大大提升了网页设计的效率。CSS 带来的好处有以下几个方面。

(1) 丰富的样式定义。

CSS 提供了丰富的文档样式外观，以及设置文本和背景属性的能力；允许为任何元素创建边框，可以设置元素边框与其他元素间的距离，以及元素边框与元素内容间的距离；允许随意改变文本的大小写方式、修饰方式以及其他页面效果。

(2) 易于修改和维护。

CSS 可以将样式定义在 HTML 元素的 style 属性中，也可以将其定义在 HTML 文档的 header 部分，还可以将样式声明在一个专门的 CSS 文件中，以供 HTML 页面引用。另外，CSS 实现了样式与内容的分离，通过将网站上的所有页面指向同一个 CSS 文件，可以实现多个页面的自动更新，有利于样式的重用及网页的修改维护。

(3) 网页的体积更小，下载速度更快。

在使用 HTML 定义页面效果的网页中，往往需要大量嵌套的表格和各种规格的文字样式，这样的设计会产生大量的 HTML 代码，从而增加页面文件的大小。有了 CSS，可以将样式的声明单独放到 CSS 样式表中，有效减小页面的尺寸，加快网页的下载和渲染。

(4) 多种样式的层叠，实现多样化的效果。

层叠就是对一个元素多次设置样式。例如，一个站点中的多个页面使用了同一套 CSS 样式表，而某个页面中的某个元素想使用其他样式，就可以针对特定样式单独定义一个样式表应用到页面中，后来定义的样式将对前面的样式设置进行重写，在浏览器中看到的将是最后设置的样式效果。

3.1.2　CSS 基本语法

CSS 代码的编写很简单，主要由对象、属性、属性值三个基本部分组成。对象很重要，它指定了对哪些网页元素进行样式设置。在 CSS 中对象也称为选择器(selector)。属性是 CSS 语法中的关键字，它规定了格式修饰的一个方面。例如 color 是文本颜色属性，而 text-indent 则规定了段落缩进属性。

基本语法：

　　选择器{属性 1:属性值 1;属性 2:属性值 2}

语法示例：

　　h1{

　　　　color:blue;　/*设置字体颜色为蓝色*/

　　　　font-size:12px;　/*设置字体大小为 12 像素*/

　　}

上面的 CSS 代码是对 h1 标题进行样式设置。这里 h1 是选择器选择的对象，color 是颜色属性，取值为 blue，font-size 表示字体大小，取值为 12 个像素。需要注意的是，属性和属性值之间使用冒号分隔，初学者很容易将冒号写成等于号。多个属性之间使用分号进行分隔。另外，在 CSS 中可以使用/*...*/进行注释。

3.1.3　在页面中使用 CSS

CSS 样式在 HTML 中有三种使用方式，分别为内联样式、内部样式、外部样式。

(1) 内联样式：直接在 HTML 元素内使用 style 属性定义 CSS。

【示例 3-1】内联样式。

　　<html>

　　<head>

　　　　<title>内联样式</title>

　　</head>

　　<body>

　　　　添加 CSS 样式的段落 1

　　　　添加 CSS 样式的段落 2

　　</body>

　　</html>

从上面的示例代码可以看出，两个<p>元素都使用了内联样式定义了不同的 CSS，各个样式之间互不影响，分别显示不同的效果，如图 3-2 所示。

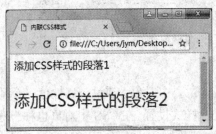

图 3-2　内联样式

内联样式是最简单、最直接的 CSS 使用方法，但它的适用范围很小，仅限于当前元素，这很容易产生大量的冗余代码，使得维护变得困难。

(2) 内部样式：将 CSS 代码定义在 head 元素之间，并使用 style 元素进行声明。

【示例 3-2】内部 CSS 样式。

```
<html>
<head>
 <style>
   p { color:red; font-size:20px; }
 </style>
</head>
<body>
  <p>添加内部 CSS 样式的段落 1</p>
  <p>添加内部 CSS 样式的段落 2</p>
</body>
</html>
```

如上述代码所示，内部样式定义的 CSS 代码将对页面中的所有 p 元素均产生作用。使用内部样式时，CSS 代码被集中放在 head 元素中，这样方便查找，对后期维护比较方便。但是，如果一个网站有很多页面，且多个页面的元素需要使用相同的样式效果，内部样式定义也会出现代码冗余和维护困难的问题。

(3) 外部样式：将 CSS 代码写入一个或多个文件后缀名为.css 的文件中。

在实际网站设计中，外部样式是最常见，也是效果最好的。外部样式实现了 CSS 代码和 HTML 代码的分离，使前期设计和后期维护都很方便。外部样式在使用时需要在 head 元素中使用 link 标签，通过 link 标签的 href 属性指明外部 CSS 文件的路径。

【示例 3-3】外部 CSS 样式。

首先定义一个独立的外部样式文件 3-1.css，代码如下：

```
p {
    color:red;
    font-size:20px;
}
h1 {
    color:blue;
}
```

接下来，定义 HTML 页面文档，在页面中通过 link 链接外部样式文件，代码如下：

```
<html>
<head>
    <link href="3-1.css" type="text/css" rel="stylesheet">
</head>
<body>
    <h1>这是标题元素</h1>
    <p>这是段落元素</p>
</body>
</html>
```

同一个 HTML 元素，如果被定义多个样式，那么该元素会使用哪个样式呢？在这种情况下，多个样式将按照下面的规则决定优先级，即内联样式(在 HTML 元素内部) > 内部样式(在 head 中定义的样式) > 外部样式 > 浏览器默认设置。

3.2　CSS 选择器

CSS 选择器分为五种类型：基本选择器、派生选择器、复合选择器、属性选择器和伪选择器等。基本选择器包括三种，分别是 HTML 元素(标签)选择器、类选择器和 ID 选择器。派生选择器包括四种，分别是后代选择器、子元素选择器，相邻兄弟元素选择器和兄弟元素选择器。复合选择器是通过对基本选择器进行组合而构成的。

3.2.1　元素(标签)选择器

网页是由 HTML 元素(标签)组成的，元素选择器的作用就是选择 HTML 文档中的元素，并设置相应的 CSS 样式。元素选择器的使用很简单，直接对 HTML 元素设置 CSS 属性即可。例如 p { color:red; font-size:20px; }，即对段落元素设置 CSS 样式。在元素选择器中，有一个特殊的符号"*"，表示通配符选择器，"*"可以与 HTML 中的任意元素相匹配。例如* {font-size:12px}，表示将 HTML 中所有元素的字体大小设置为 12 像素。

3.2.2　类选择器

使用元素选择器可以对页面中所有相同元素设置统一的样式，但如果需要对相同元素中某些个别元素单独设置样式，此时就需要使用类(class)选择器。类选择器可以用来选择并设置一组元素的样式。在 CSS 中，类选择器以一个点号显示，代码示例如下。

【示例 3-4】类选择器示例。

```
<html>
<head>
<style>
    .center {text-align:center;}
```

```
    </style>
  </head>
  <body>
      <h1 class="center">标题居中</h1>
      <p class="center">段落居中</p>
  </body>
</html>
```

如上述代码所示，元素的类属性名用 class 表示，h1 和 p 元素的类属性值都是 center，也就是这两个元素具有相同的类属性值。在 style 中，用点后面跟上 center 来选择所有类属性值为 center 的元素，这样就可以利用类选择器同时对 h1 和 P 元素的样式进行设置，其效果如图 3-3 所示。需要注意，属性值的第一个字符不能使用数字，否则将无法在 Mozilla 或 Firefox 浏览器中起作用。

图 3-3　类选择器

3.2.3　ID 选择器

ID 选择器和类选择器的功能相似，两者的主要区别在于它们的语法和用法不同。ID 选择器的作用是为标有特定 id 的 HTML 元素设置样式，且 id 在 HTML 页面中必须唯一；另外 ID 选择器对于 JavaScript 操作 HTML 元素有帮助。

【示例 3-5】ID 选择器示例。

```
<html>
<head>
  <style>
    #para1 {text-align:center; color:red;}
  </style>
</head>
<body>
      <p id="para1">这个段落受样式的影响</p>
      <p>这个段落不受样式的影响</p>
</body>
</html>
```

如图 3-4 所示，页面中包含了两个段落元素，其中前一个 p 元素具有 id 属性，后一个 p 元素没有 id 属性，因此当需要单独设置前一个 p 元素的样式时，就可以使用 ID 选择器。在<style>中，使用#号后面跟上 para1，表示为 id 等于 para1 的元素设置样式，这样在 HTML 文档中所有 id 等于 para1 的元素会被选择，最终的结果是前一个 p 元素的颜色为红色，文本居中对齐。注意，在元素中 id 的属性值通常是唯一的，所以 id 选择器通常仅用于选择个特定的元素。

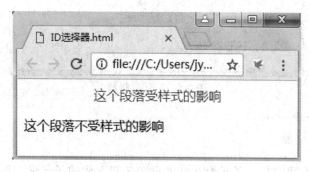

图 3-4　ID 选择器

3.2.4　后代选择器

后代选择器的作用是选择并设置元素后代的元素。例如，div 元素中包含 p 元素，就可以通过后代元素选择器进行设置。后代选择器的写法是嵌套在外层的元素写在前面，内层的元素写在后面，中间用空格隔开，内层元素称为外层元素的后代。

【示例 3-6】后代选择器示例。

```
<html>
<head>
  <style>
    div p {text-align:center;}
  </style>
</head>
<body>
    <div>
       <p>段落 1，在 div 中</p>
    </div>
    <p>段落 2，不在 div 中</p>
</body>
</html>
```

如上述代码所示，如果把 body 看成是根元素的话，那么 div 是 body 的子元素，嵌套在 div 中的 p 元素是 div 的子元素。紧跟着 div 后面定义的 p 元素，即段落 2 和 div 元素具有相同层级，这一 p 元素是 div 元素的兄弟元素。在<style>中，使用 div 空格 p，表示选择的是 div 的后代元素，并将后代元素的文字对齐方式设置为居中对齐，所以最终的效果如

图 3-5 所示，段落 1 即 div 的后代元素文字为居中对齐，而段落 2 的 p 元素没有被样式选择，因此文字样式保持不变。

图 3-5　后代选择器

3.2.5　子元素选择器

和后代选择器不同的是，子元素选择器只能选择元素的子元素，不会扩大到任意的后代元素。子元素选择器用大于号定义。

【示例 3-7】子元素选择器示例。

```
<html>
<head>
  <style>
     div>p {div>p {text-align:center;}
  </style>
</head>
<body>
     <div><p>段落 1，div 的子元素</p></div>
     <div><span><p>段落 2，div 的后代元素</p></span></div>
</body>
</html>
```

如上述代码所示，段落 1 所在的 p 元素是 div 的子元素，而段落 2 所在的 p 元素是 div 的后代元素，因此这里只改变了段落 1 中的文字对齐方式，最终效果如图 3-6 所示。

图 3-6　子元素选择器

3.2.6　相邻兄弟元素选择器

相邻兄弟元素选择器的作用是选择紧接在另一个元素后的元素，且二者有相同的父元素。相邻兄弟选择器用加号进行定义。

【示例 3-8】相邻兄弟元素选择器示例。

```
<html>
<head>
  <style>
    h2+strong { font-size:32px;}
  </style>
</head>
<body>
  <div>
    <h2>标题 2</h2><strong>h2 相邻兄弟元素</strong>
    <strong>h2 不相邻的兄弟元素</strong>
  </div>
</body>
</html>
```

如上述代码所示，样式选择的是 h2+strong，也就是只匹配紧跟着 h2 元素后的 strong 元素，将该元素中的内容字体大小设置为 32 像素，效果如图 3-7 所示。

图 3-7　相邻兄弟元素选择器

3.2.7　兄弟元素选择器

兄弟元素选择器用波浪号表示，用于选择一个元素后的所有元素，且二者具有相同的父元素。

【示例 3-9】兄弟元素选择器示例。

```
<html>
<head>
  <style>
    div~p {font-size:20px;}
  </style>
```

```
</head>
<body>
    <p>之前段落，不会添加背景颜色</p>
    <div><p>段落 1，在 div 中</p></div>
    <p>段落 3，div 的兄弟元素</p><p>段落 4，div 的兄弟元素</p>
</body>
</html>
```

如上述代码所示，选择器定义的是 div 元素后所有兄弟 p 元素，所以段落 3 和段落 4 将被选择，其文字字体大小变为 20 像素，效果如图 3-8 所示。

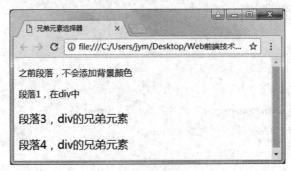

图 3-8　兄弟元素选择器

3.2.8　复合选择器

复合选择器包括交集选择器和并集选择器两种类型。交集选择器是由两个选择器直接连接构成的，结果是两者各自元素范围的交集，其中第一个选择器必须是元素选择器，第二个选择器是类选择器或 ID 选择器，两个选择器之间必须连续写，不能有空格。

【示例 3-10】交集选择器示例。

```
<html>
<head>
    <style>
        p{font-size:20px;}
        .a1{background-color:#33FFCC;}
        p.a1{font-size:40px}
    </style>
</head>
<body>
    <p>普通段落，字体大小为 20 像素</p>
    <h3 class="a1">类样式为 a1 的标题效果</h3>
    <p class="a1">类样式为 a1 的段落效果，字体大小为 40 像素</p>
</body>
</html>
```

如上述代码所示，p.a1 构成了交集选择器，表示类为 a1 的 p 选择器会被选择，其效果如图 3-9 所示。

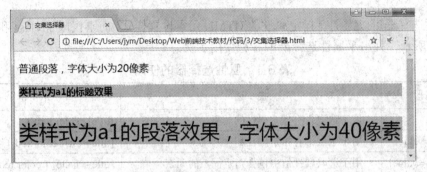

图 3-9　交集选择器

另一种复合选择器是并集选择器，它的特点是同时选中各个基本选择器所选择的范围，且任何形式的基本选择器都可以作为并集选择器的一个组成部分，各个元素之间用逗号分隔。

【示例 3-11】并集选择器示例。

```html
<html>
<head>
  <style>
    h1,h2,p{font-size:20px;background-color:#33FFCC;}
  </style>
</head>
<body>
  <h1>h1 标题元素</h1>
  <h2>h2 标题元素</h2>
  <p>段落元素</p>
</body>
</html>
```

如上述代码所示，h1、h2、p 具有相同的样式，所以使用并集选择器，其效果如图 3-10 所示。

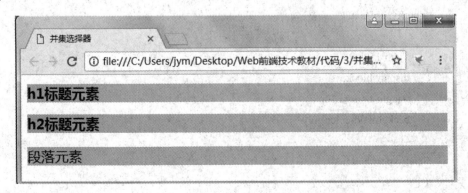

图 3-10　并集选择器

3.2.9　属性选择器

属性选择器可以为拥有指定属性的 HTML 元素设置样式，而不仅限于 class 和 id 属性。如表 3-1 所示，列出了属性选择器的各种使用示例。

表 3-1　属性选择器的使用

选择器	描　述	示　例
[attribute]	用于选取带有指定属性的元素	[title]{ color:red; }
[attribute=value]	用于选取带有指定属性和值的元素	[title=test]{ color:red;}
[attribute~=value]	用于选取属性值中包含指定词汇的元素	[title~=hello] { color:red; }
[attribute|=value]	用于选取带有以指定值开头的属性值的元素，该值必须是整个单词	[lang|=en] { color:red; }
[attribute^=value]	匹配属性值以指定值开头的每个元素	[title^=hello] { color:red; }
[attribute$=value]	匹配属性值以指定值结尾的每个元素	[title$=hello] { color:red; }
[attribute*=value]	匹配属性值中包含指定值的每个元素	[title*=hello] { color:red; }

表 3-1 中，[title]{ color:red; }表示给具有 title 属性的所有元素设置样式；[title=test]{ color:red; }表示给具有 title 属性且属性值为 test 的元素设置样式；[title~=hello]{ color:red; }表示给包含独立单词为 hello 的 title 属性设置样式，一般适用于由空格分隔的属性值，如<h2 title="hello world">属性值使用空格分隔</h2>；[lang\|=en] { color:red; }表示给带有包含 en 的 lang 属性设置样式，一般适用于由连字符分隔的属性值，如<p lang="en-us">Hi!</p>；[title^=hello]{color:red;}表示匹配所有 title 属性值以 hello 开头的元素；[title$=hello]{color:red;}表示匹配所有 title 属性值以 hello 结尾的元素；[title*=hello]{color:red;}表示匹配所有 title 属性值中包含 hello 的元素。

属性选择器在为不带有 class 或 id 的表单设置样式时特别有用，下面给出示例。

【示例 3-12】表单样式设置示例。

```
<html>
<head>
  <style>
    input[type="text"]
    {
        width:150px;
        display:block;
        margin-bottom:10px;
        background-color:gray;
    }
    input[type="button"]
    {
    width:120px;
```

```
        margin-left:35px;
        display:block;
        }
    </style>
</head>
<body>
    <form name="input" action="" method="get">
    <input type="text" name="Name" value="Bill" size="20">
    <input type="text" name="Name" value="Gates" size="20">
    <input type="button" value="Example Button">
    </form>
</body>
</html>
```

表单样式设置效果如图 3-11 所示，type="text"的文本域背景设置为灰色，type="button"
的按钮被设置为左边距 35 像素。

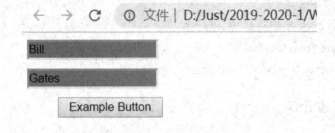

图 3-11 表单样式设置

3.2.10 伪类选择器

伪类指的是同一个元素(标签)，根据其不同的状态有不同的样式。伪类用冒号来表示。
例如对于超链接元素，需要确定用户点击链接前和点击链接后是什么状态，这就需要借助
伪类来定义。

实际上，伪类选择器用于弥补常规 CSS 选择器的不足。伪类选择器通常分为两种，一
种是静态伪类，只能用于超链接的样式，如:link 表示超链接点击之前，:visited 表示链接被
访问之后。第二种是动态伪类，它是所有元素都适用的样式，如:hover 表示当用户把鼠标
移动到元素上面时的效果，:active 用于用户点击元素时的效果，该状态发生在用户点击元
素的时刻，松开鼠标左键此动作也就完成。:focus 用于元素成为焦点的状态，经常用在表
单元素中。

以超链接为例，分别定义超链接点击前、点击后、悬停、访问等不同样式。需要注意
的是，在 CSS 定义中，a:hover 必须被置于 a:link 和 a:visited 之后才是有效的，同样 a:active
必须被置于 a:hover 之后。

a:link{ color:red; }   /*超链接点击之前是红色*/

a:visited{ color:yellow; }　　/*超链接点击之后是黄色*/

a:hover{ color:green; }　　/*鼠标悬停，放到标签上的时候*/

a:active{ color:black; }　　/*鼠标点击链接，但是不松手的时候*/

对于表单中的输入元素<input>，定义动态伪类如下：

```
/* 输入元素获取焦点时: */
input:focus {
    color:white; background-color:#6a6a6a;
}
/* 鼠标放在元素上时显示蓝色 */
label:hover {
    color:blue;
}
/* 点击元素且鼠标没有松开时显示红色 */
label:active {
    color:red;
}
```

伪类还可以与 CSS 类配合使用，例如：

a.red：visited {color: #FF0000}

<a class="red" href="#">CSS Syntax</a>

3.2.11　伪元素选择器

CSS 中还定义了伪元素选择器，其与伪类选择器的本质区别在于是否创建新的元素。伪元素是原本不在 DOM 中的、新创建的元素。:before、:after 就是比较常见的伪元素，前者表示在元素内容前面插入内容，后者表示在元素内容之后插入新内容。例如，如果需要在一段标题前后插入相同的图片，就可以使用伪元素选择器，代码如下：

```
h1:before{ content:url(smile.png); }
h1:after{ content:url(smile.png); }
```

样式效果如图 3-12 所示。

 利用伪元素在标题前后插入图片

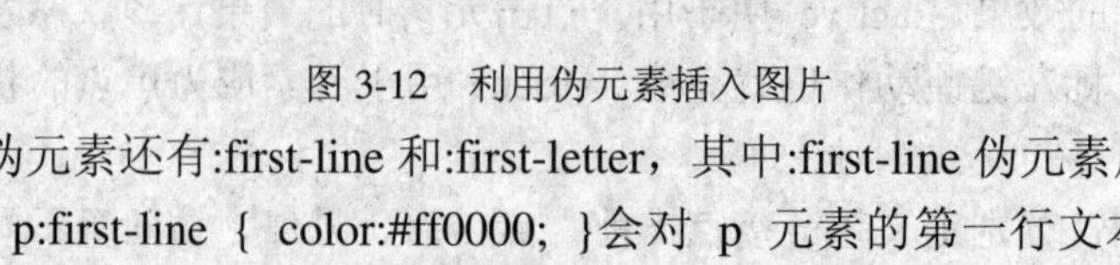

图 3-12　利用伪元素插入图片

另外，常用伪元素还有:first-line 和:first-letter，其中:first-line 伪元素用于为文本的首行设置样式，例如 p:first-line { color:#ff0000; }会对 p 元素的第一行文本进行格式化。而 first-letter 伪元素则用于为文本的首字母设置特殊样式，例如 p:first-letter { color:#ff0000; font-size:xx-large; }用于为文本的首字母设置样式。需要注意伪元素:first-line 和:first-letter 只能作用在块级元素上。

3.3　CSS 常用属性

3.3.1　字体属性

字体属性用来定义文本所使用的字体系列、大小、粗细和样式等，相关属性的定义如表 3-2 所示。

表 3-2　字 体 属 性

属性	属性值	描　　述
font-family	Times、Courier、宋体	设置文本的字体系列
font-size	n(单位 px)，如 16px	设置文本的字体大小
font-style	normal、italic、oblique	设置文本的字体样式
font-weight	normal、bold、bolder、lighter 或者数字值 100~900	设置文本的字体粗细

在 CSS 中，font-family 属性实际上定义了一个字体名称的优先表，该属性支持多个字体名称，如果浏览器不支持 font-family 属性中定义的第一个字体，则依次查找第二个字体，以此类推，如果所有的字体均不支持，则浏览器使用默认的字体。

font-size 属性用来设置文本的字体大小，其属性值通常是数字后面跟上像素单位 px，默认大小是 16 像素。

font-style 属性用来设置文本的字体样式，该属性有 3 个取值，分别为 normal、italic 和 oblique。normal 表示文本正常显示，italic 表示文本斜体显示，oblique 表示文本倾斜显示。其中 italic 和 oblique 的区别在于 italic 是使用字体的 italic 属性，但并不是所有的字体都有 italic 属性。oblique 属性是单纯的使文字倾斜，不管该字体有没有 italic 属性。

font-weight 属性用来设置文本的字体粗细，其属性值可以取关键字或数字值。关键字包括 normal、bold、bolder 和 lighter，数字可取值 100～900，其中数字值 400 相当于关键字 normal，700 相当于关键字 bold。

下面，我们结合 font-family、font-size、font-style、font-weight 给出字体属性设置示例。

【示例 3-13】字体属性示例。

```
<html>
<head>
  <style>
  p{
        font-family:Verdana, Geneva, sans-serif;
        font-size:36px;
        font-style:italic;
        font-weight:bold;
  }
```

```
        </style>
    </head>
    <body>
        <p>字体属性</p>
    </body>
</html>
```

如图 3-13 所示，字体被设置为大小 36 像素、斜体和粗体等效果。

字体属性

图 3-13　字体属性设置

3.3.2　文本属性

CSS 文本属性可定义文本的外观，并进行段落排版。通过文本属性，可以改变文本的字符间距、对齐方式、修饰方式和文本缩进等，相关属性的定义如表 3-3 所示。

表 3-3　文　本　属　性

属　　性	属　性　值	描　　述
letter-spacing	normal、length、inherit	设置字符间距
word-spacing	normal、length、inherit	设置单词间距
line-height	normal、number、length、%、inherit	设置行间的距离(行高)
text-indent	length、%、inherit	设置文本的首行缩进
text-align	left、right、center、justify、inherit	设置文本的对齐方式
text-decoration	underline、overline、line-through、none、inherit	设置文字修饰

letter-spacing 属性用来增加或减少字符间的空白，单位为像素。该属性默认的关键字为 normal，相当于值为 0，表示字符间没有额外的空间。指定 length 长度值用来定义字符间的间隔距离，允许使用负值，例如 letter-spacing:2px，letter-spacing:-3px。如果取值为 inherit，表示从父元素继承 letter-spacing 属性的值。

word-spacing 属性用来改变单词之间的间距。该属性和 letter-spacing 属性的设置和使用完全相同，如果提供正长度值，那么单词之间的间隔会增加，如果提供负长度值，单词之间的距离会拉近。

line-height 属性用于指定行间的距离(行高)。该属性默认取值为 normal，也可以使用一个数值来设置段落中的行间距，例如 line-height:1 表示 1 倍行间距，line-height:2 表示 2 倍行间距。当然，也可以直接使用像素值来定义行间距，例如 line-height:30px。另外，还可以使用百分比设置行高，例如 line-height:90%表示 90%的标准行高，line-height:200%表示 200%的标准行高。如果取值为 inherit，表示从父元素继承 line-height 属性的值。

text-indent 属性用于指定文本的首行缩进。length 定义固定长度的缩进，默认值为 0，如果值是负数，则将第一行左缩进。%属性值定义基于父元素宽度的百分比的缩进。

text-align 属性用来指定元素文本的水平对齐方式。属性值 left 为左对齐，right 为右对齐，center 为居中对齐，justify 为两端对齐。

text-decoration 属性用于指定文本的修饰方式。该属性可取值 underline、overline、line-through、none 和 inherit。其中 underline 表示对文本元素加下划线，overline 表示在文本元素的顶端加上划线，line-through 表示在文本中间添加贯穿线，none 为默认值，表示文本元素无任何修饰；inherit 表示继承父元素的文本修饰属性。

【示例 3-14】文本属性示例。

```
<html>
<head>
  <style>
    p{
      letter-spacing:2px;
      word-spacing:6px;
      line-height:2;
      text-indent:4px;
      text-align:center;
      text-decoration:underline;
    }
  </style>
</head>
<body>
  <p>Cascading Style Sheets (CSS) is a style sheet language used for describing the presentation of a document written in a markup language like HTML. CSS is a cornerstone technology of the World Wide Web, alongside HTML and JavaScript.</p>
</body>
</html>
```

如图 3-14 所示，文本被设置为字符间距 2 个像素，单词间距 6 个像素，行高为 2，文本缩进为 4 个像素，文本居中对齐，且具有下划线修饰。

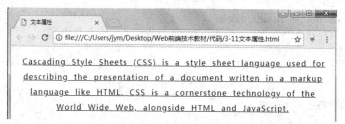

图 3-14　文本属性设置

3.3.3 颜色与背景属性

CSS 中的颜色和背景属性主要用来对页面元素的颜色、背景颜色、背景图像、背景重复方式以及背景位置进行设置，相关属性的定义如表 3-4 所示。

表 3-4 颜色与背景属性

属 性	属 性 值	描 述
color	red、#ff0000、rgb(255,0,0)	设置颜色
background-color	red、#ff0000、rgb(255,0,0)	设置背景颜色
background-image	url('URL')、none、inherit	设置背景图像
background-repeat	repeat-x、repeat-y、repeat、no-repeat	设置背景图像重复方式
background-position	xpos ypos、x% y%、x y	设置背景图像位置
background-attachment	scroll、fixed	设置背景图像是否固定

color 属性用来设置元素文本的颜色，其属性取值有三种方法。一种是直接使用常用颜色的英文名称，例如 red、blue、yellow 等。另一种方法是规定颜色值为十六进制值的颜色，以#号开头，后面跟上 6 位十六进制数，例如#ff0000。第三种方法是规定颜色值为 rgb 代码的颜色，例如 rgb(255,0,0)。

background-color 属性用来设置元素的背景颜色，其属性取值和使用与 color 属性相同。在实际使用时，需要注意搭配合理的背景颜色和文本颜色，提高文本的可读性。

background-image 属性用来设置元素的背景图像，其中默认属性值为 none，表示不显示背景图像，如果要显示图像，可以使用 url('URL')的形式，例如 background-image: url('images/background.jpg')。

background-repeat 属性用来设置是否及如何重复背景图像。默认属性值为 repeat，表示背景图像将在垂直方向和水平方向上重复。属性值 repeat-x 和 repeat-y 分别表示图像在水平方向和垂直方向上重复。属性值 no-repeat 表示背景图像不重复，仅显示一次。

【示例 3-15】背景图像及重复属性示例。

```
<html>
<head>
  <style>
    body{
      background-image:url('background.jpg');
      background-repeat:repeat-x;
    }
  </style>
</head>
<body></body>
</html>
```

如图 3-15 所示，设置网页的背景图像为 background.jpg，同时设置背景图像重复方式为沿水平方向平铺。

图 3-15 设置背景图像及重复方式

background-attachment 属性用来设置背景图像是否固定或者随着页面的其余部分滚动。其中 scroll 为默认属性值，表示背景图像随着页面的滚动而滚动，属性值 fixed 表示背景图像不会随着页面的滚动而滚动。

【示例 3-16】背景图像附着属性示例。

```
<html>
<head>
  <style>
    body{
    background-image: url('image/smile.png');
    background-repeat: no-repeat;
    background-attachment: fixed;
    }
  </style>
</head>
<body>
<p>background-attachment</p>
<p>background-attachment</p>
<p>background-attachment</p>
<p>background-attachment</p>
<p>background-attachment</p>
<p>background-attachment</p>
<p>background-attachment</p>
</body>
</html>
```

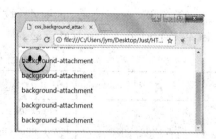

页面显示效果如图 3-16 所示。

图 3-16 背景图像附着属性

此外，还可以通过 background-position 属性设置背景图像的起始位置，其取值有如下三种形式：

　　第一种取值形式为 xpos ypos，表示使用预定义关键字定位，其中水平方向可选关键字有 left、center、right，垂直方向可选关键字有 top、center、bottom，因此所有可能的组合包括 top left、top center、top right、center left、center center、center right、bottom left、bottom center、bottom right，对于 center center 这种组合，可以仅规定一个关键字 center。

　　第二种取值形式为 x% y%，分别表示水平位置和垂直位置的百分比，其中左上角是 0% 0%，右下角是 100% 100%，如果仅规定了一个值，另一个值将是 50%。

　　第三种取值形式为 x y，分别表示水平位置和垂直位置的像素值，其中左上角是 0 0，单位是像素或任何其他的 CSS 单位。

　　需要注意的是，为了保证 background-position 属性在所有浏览器中正常工作，必须把 background-attachment 属性设置为 fixed。

　　【示例 3-17】背景图像位置属性示例。

```
<html>
<head>
  <style>
    body{
        background-image:url('background.jpg');
        background-repeat:no-repeat;
        background-attachment:fixed;
        background-position:center;
    }
  </style>
</head>
<body></body>
</html>
```

　　页面显示效果如图 3-17 所示。

图 3-17　背景图像位置属性

3.3.4　列表属性

　　在 CSS 中，使用 list-style 设置列表样式。可以设置的属性包括 list-style-type、list-style-position、list-style-image 等，相关属性的定义如表 3-5 所示。

表 3-5　列表属性

属　性	属　性　值	描　述
list-style-type	none、disc、circle、square、decimal、lower-alpha、upper-alpha、lower-roman、upper-roman、…	设置列表项目的符号类型
list-style-position	outside、inside	设置列表项标记的位置
list-style-image	uRL、none	设置图像作为列表项的标记

list-style-type 属性用来设置列表项的符号类型，默认取值为 none，表示无标记。disc 表示实心圆点，circle 表示空心圆点，square 表示实心方块，decimal 表示普通阿拉伯数字，lower-alpha 表示小写英文字母，upper-alpha 表示大写英文字母，lower-roman 表示小写的罗马数字，upper-roman 表示大写的罗马数字。

list-style-position 属性表示如何相对于对象的内容绘制列表项目标记。属性值 outside 为默认值，表示列表项目标记位于文本的左侧，放置在文本以外，且环绕文本不根据标记对齐。属性值 inside 表示列表项目标记放置在文本以内，且环绕文本根据标记对齐。

list-style-image 属性表示使用图像来替换列表项的标记。默认属性值为 none，表示无图像被显示，也可以通过 URL 指定一个图像作为标记。

【示例 3-18】列表属性示例。

```
<html>
<head>
 <style>
  ul li{
    border:1px solid #000000;
    list-style-type:square;
    list-style-position:inside;
  }
 </style>
</head>
<body>
 <h2>我喜欢吃的水果</h2>
 <ul>
    <li>苹果</li><li>香蕉</li><li>葡萄</li>
 </ul>
</body>
</html>
```

页面显示效果如图 3-18 所示。

图 3-18　列表属性

列表属性可以不设置其中的某个属性值，比如"list-style:circle inside;"也是允许的，未设置的属性会使用其默认值。

3.3.5　表格属性

CSS 表格属性可以极大地改善表格的外观，相关属性如表 3-6 所示。

表 3-6　表 格 属 性

属　　　性	描　　　述
border-collapse	设置是否把表格边框合并为单一的边框
border-spacing	设置分隔单元格边框的距离
caption-side	设置表格标题的位置
empty-cells	设置是否显示表格中的空单元格
table-layout	设置显示单元、行和列的方法

【示例 3-19】表格属性示例。

```
<html>
<head>
  <style type="text/css">
    #customers{
        width:100%;
        border-collapse:collapse;
    }
    #customers td, #customers th {
        font-size:1em;
        border:1px solid #98bf21;
    }
    #customers th {
        font-size:1.1em;
        text-align:left;
        background-color:#a7c942;
        color:#ffffff;
    }
    #customers tr.alt td {
        color:#000000;
        background-color:#eaf2d3;
    }
  </style>
</head>
<body>
  <table id="customers">
    <tr><th>Company</th><th>Contact</th><th>Country</th></tr>
```

```
        <tr><td>Apple</td><td>Steven Jobs</td><td>USA</td></tr>

        <tr class="alt"><td>Baidu</td><td>Li YanHong</td><td>China</td></tr>

        <tr><td>Google</td><td>Larry Page</td><td>USA</td></tr>

        <tr class="alt"><td>Lenovo</td><td>Liu Chuanzhi</td><td>China</td></tr>

    </table>

</body>

</html>
```

页面显示效果如图 3-19 所示，其中标题背景色为绿色，文字为白色。表格中的奇数行背景色设置为白色，偶数行的背景色设置为草绿色。

Company	Contact	Country
Apple	Steven Jobs	USA
Baidu	Li YanHong	China
Google	Larry Page	USA
Lenovo	Liu Chuanzhi	China

图 3-19　表格属性

通过设置 CSS 属性，可以对页面元素中的字体、文本、颜色、背景及其他元素实现更加精确的控制，但在使用属性时，需要注意以下几个方面。

(1) 属性的合法属性值。例如，段落缩进属性 text-indent 只能接收一个表示长度的值，而背景图案 background-image 属性则应该设置一个表示图片位置链接的值或者是关键字 none。

(2) 属性的默认值。当样式表中没有设置属性，而且属性不能从它的父级元素继承时，浏览器将使用属性的默认值。

(3) 属性所适用的元素。有的属性只适用于某些个别的元素，比如 white-space 属性就只适用于块级元素。

3.4　CSS 盒子模型

3.4.1　盒子组成

在盒子模型中，所有页面中的元素都可以看成是一个个盒子，它们占据一定的页面空间，并存放特定内容，可以通过调整盒子的边框和间距等参数来调节盒子的位置与大小。

盒子模型由 content(内容)、border(边框)、padding(内边距)、margin(外边距)四个部分组成，如图 3-20 所示。一个盒子在页面上实际占据的空间是由"内容+内边距+外边距+边框"组成的，可以通过定义盒子的 border、padding、margin 来实现各种排版效果。

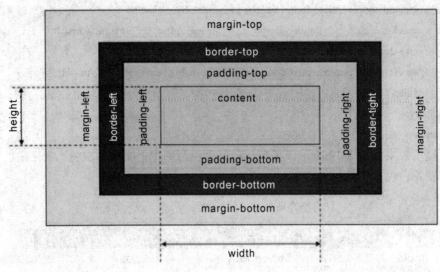

图 3-20　CSS 盒子模型

3.4.2　盒子边框属性

　　border 是盒子边框，包围了盒子的内边距及内容，形成盒子的边界。border 会占据空间，所以在计算排版位置时需要考虑 border 带来的影响。border 主要有颜色(color)、宽度(width)、样式(style)三个属性。在 CSS 中，分别使用 border-color、border-width、border-style 进行属性的设置。其中，border-color 用来指定边框颜色，设置方法和 color 属性一样，可以采用颜色名称、十六进制以及 rgb 函数等三种方式设置；border-width 指定边框的粗细程度；border-style 指定边框的类型，可以设置 none、hidden、dotted、dashed、solid、double 等。

　　【示例 3-20】盒子边框属性示例。

```
<html>
<head>
  <style>
    #div1{
        border-color:#990000;
        border-width:5px;
        border-style:solid;
    }
    #div2{
        border:5px solid gray
    }
  </style>
</head>
<body>
```

```
        <div id="div1">设置盒子 1 的 border 属性</div></br>
        <div id="div2">设置盒子 2 的 border 属性</div>
    </body>
    </html>
```

页面显示效果如图 3-21 所示。

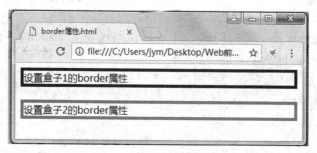

图 3-21   盒子边框属性设置

在上面的示例中，我们设置了两个边框属性，其中第一个边框分别设置了 border-color、border-width、border-style 属性，第二个边框则采用简写的形式，用一个 border 属性分别设置了颜色、宽度和样式这三个属性。下面就 border 属性的设置及简写形式进一步展开介绍。

1. 对不同的边框设置不同的属性值

可以分别使用 border-top、border-right、border-bottom、border-left 设置上、右、下、左四个边框的属性，代码如下：

```
border-top:2px dotted #990000;
border-right:10px solid #3399ff;
border-bottom:2px dotted #00ff33;
border-left:10px solid #cc33ff;
```

另外，也可以通过给出指定数量的属性值对边框进行设置。如果给出两个属性值，那么前者表示上下边框的属性，后者表示左右边框的属性；如果给出三个属性值，那么前者表示上边框的属性、中间数值表示左右边框的属性、后者表示下边框的属性；如果给出四个属性值，那么依次表示上、右、下、左四个边框的属性，呈顺时针方向排序，代码如下：

```
border-color:gray red;
border-width:2px 4px 2px
border-style:dotted solid double dashed;
```

上述代码的效果为：第一行设置上下边框颜色为灰色，左右边框颜色为红色；第二行设置上边框宽度为 2 px，左右边框宽度为 4 px，下边框宽度为 2 px；第三行分别设置上边框为点线，右边框为单实线，下边框为双实线，左边框为虚线。

2. 只设置一条边框的某一属性

例如，仅设置上边框的颜色为红色，可以使用代码 border-top-color:red;。

3.4.3   盒子内边距属性

padding 是盒子的内边距，即边框和内容之间的空白区域。和边框属性设置一样，内边距 padding 也可以设置不同的属性值。

(1) 设置一个属性值：表示上、下、左、右四个内边距的值。

(2) 设置两个属性值：前者表示上、下内边距的值，后者表示左、右内边距的值。

(3) 设置三个属性值：前者表示上内边距的值，中间数值表示左、右内边距的值，后者表示下内边距的值。

(4) 设置四个属性值：依次表示上、右、下、左内边距的值。

如果需要单独设置某一方向的内边距，可以通过设置 padding-top、padding-right、padding-bottom 或 padding-left 来实现。

【示例 3-21】盒子内边距属性示例。

```
<!DOCTYPE html>
<html>
<head>
  <style>
    #box{
      width:200px;
      height:200px;
      padding:10px 20px 50px 20px;
      border:2px solid gray;
    }
    #box img{
      border:1px red solid;
      width:100px;
      height:100px;
    }
  </style>
</head>
<body>
    <div id="box"><img src="html5.png"></img></div>
</body>
</html>
```

图 3-22　盒子内边距属性设置

页面显示效果如图 3-22 所示，可以明显看出图片和包含图片的盒子之间的间距是由内边距 padding 属性值决定的，其中上侧的内边距为 10 px，右侧的内边距为 20 px，下侧的内边距为 50 px，左侧的内边距为 20 px。

3.4.4　盒子外边距属性

margin 为盒子的外边距属性，即页面上元素和元素之间的距离。

【示例 3-22】盒子外边距属性示例。

```
<html>
<head>
  <style>
    #div1{
        width:200px;
        height:60px;
        margin-top:20px;
        margin-left:40px;
        border:2px solid gray;
    }
  </style>
</head>
<body>
    <div id="div1">盒子左侧外边距为 40px，上侧外边距为 20px</div>
</body>
</html>
```

页面显示效果如图 3-23 所示。

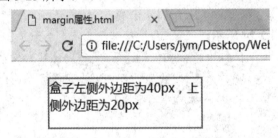

图 3-23　盒子外边距属性设置

外边距 margin 属性值的设置和边框 border 及内边距 padding 的设置是一样的，也可以通过指定不同的属性值个数对不同位置的外边距进行设置。

3.5　CSS 元素布局与定位

传统的网页元素布局方法基于表格的形式，利用事先设计好的、相互嵌套的表格来实现网页元素的定位。随着 CSS 技术的出现，页面元素的布局不再使用表格形式，而是采用 <div> 元素进行分块，然后对每个块进行 CSS 定位并设置显示效果。基于 CSS 的布局方法可以更容易地控制页面上每个元素的位置，更新也更容易。

3.5.1　标准文档流

"标准文档流"简称"标准流"，是指在不使用与布局和定位相关 CSS 规则时，页面元素默认的排列规则。

　　在网页设计中，页面元素可以分为如下两类：

　　(1) 块级元素(block)：左右撑满占据一行，和同级兄弟元素依次垂直排列，如 div、li 元素等。其中，div 元素是区块内容标记，可以容纳段落、标题、表格和图像等各种 HTML 元素，div 的起始标签和结束标签之间的所有内容构成了整个 div 块。

　　(2) 行内元素(inline)：相邻元素之间横向排列，到文档右端自动换行，如 span、a 元素等。

【示例 3-23】块级元素与行内元素示例。

```
<html>
<body>
    <p>div 是一个块级元素</p>
    <div><img src="html5.png" width="100" height="100"></div>
    <div><img src="html5.png" width="100" height="100"></div>
    <div><img src="html5.png" width="100" height="100"></div>
    <p>span 是一个行内元素</p>
    <span><img src="html5.png" width="100" height="100"></span>
    <span><img src="html5.png" width="100" height="100"></span>
    <span><img src="html5.png" width="100" height="100"></span>
</body>
</html>
```

页面显示效果如图 3-24 所示。

图 3-24　块级元素与行内元素

　　标准流就是 CSS 默认的块级元素和行内元素的排列方式。在一个页面中，如果没有设置特殊的排列方式，那么页面元素将以标准流的方式排列，即同级别的盒子依次按照块级元素或行内元素的排列方式进行排列。

3.5.2　元素在标准流中的定位

margin 属性对于元素在标准流中的定位十分重要，它会直接影响与其相邻的其他元素的位置。

1. 行内元素的水平定位

在标准流中，两个行内元素处于同一行上，它们之间的水平间距是由这两个元素所在盒子的外边距之和决定的。如图 3-25 所示，元素 span1 和 span2 之间的水平间距等于 span1 的 margin-right 加上 span2 的 margin-left。

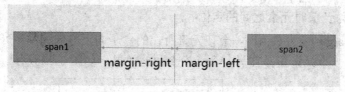

图 3-25　行内元素的水平定位

2. 块级元素的垂直定位

相邻的块级元素总是上下垂直排列，不同于行内元素，两个块级元素之间的间距不是第一个元素的 margin-bottom 加上第二个元素的 margin-top，而是两者之中的较大者。如图 3-26 所示，元素 div1 和 div2 之间的垂直距离是 div1 的 margin-bottom 和 div2 的 margin-top 中的较大者。

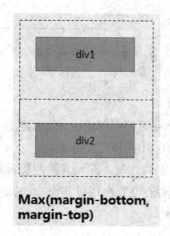

图 3-26　块级元素的垂直定位

3. 嵌套元素的定位

除了上面的行内元素和块级元素之间的定位，页面元素之间的嵌套关系(也称为父子关系)，对于页面排版也是非常重要的。当页面中一个元素包含另一个元素时，就形成了父子关系，其中子元素的 margin 将以父元素的内容为参考。如图 3-27 所示，外层的虚线边框是父 div 的内容区域，可以看出，子元素的 margin 及其他部分都是从父元素的内容区域开始计算的。

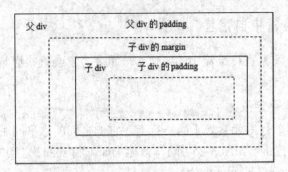

图 3-27　嵌套元素的定位

4. margin 为负值时元素之间的定位

当元素的 margin 设为负值时，会使元素所在的盒子向反方向移动，可能会导致两个元素的重叠，产生一个元素覆盖在另一个元素上面的效果，如图 3-28 所示。

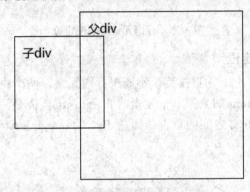

图 3-28　margin 设为负值时的元素定位

3.5.3　元素的定位属性

在 CSS 中，元素通过 position 属性实现定位，分为静态定位(static)、相对定位(relative)、绝对定位(absolute)和固定定位(fixed)四种定位方式。

(1) 静态定位(static)：默认的属性值，即元素按照标准流方式进行布局。

(2) 相对定位(relative)：元素的位置将相对其原本的标准位置偏移指定的距离。

【示例 3-24】相对定位示例。

```
<html>
<head>
  <style>
      h2.pos_left{position:relative; left:-20px}
      h2.pos_right{position:relative; left:20px}
  </style>
</head>
<body>
```

<h2>这是位于正常位置的标题</h2>

<h2 class="pos_left">这个标题相对于其正常位置向左移动</h2>

<h2 class="pos_right">这个标题相对于其正常位置向右移动</h2>

</body>

</html>

页面显示效果如图 3-29 所示，叮以明显看出，第一行显示的文字遵循标准布局，第二行设置了相对定位，left 属性取值为-20，表示元素位置向左偏移 20 个像素，第三行同样设置相对定位，left 取值为 20，表示元素位置向右偏移 20 个像素。

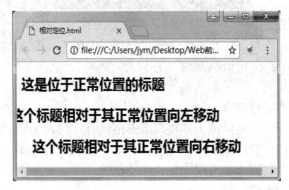

图 3-29　元素的相对定位

(3) 绝对定位(absolute)：元素可以放在页面上的任意位置，位置相对于最近已定位的父元素。如果元素没有已定位的父元素，那么它的位置将相对于整个<html>。

【示例 3-25】绝对定位示例。

<html>

<head>

  <style>

    #box1{ width:400px; height:320px; position:relative; }

    #box2{ position:absolute; top:40px; left:50px; font-size:32px;}

  </style>

</head>

<body>

  <div id="box1"><img src="temple.jpg" width="400px" height="320px">

  <div id="box2">崇山峻岭中的古寺庙</div>

  </div>

</body>

</html>

页面显示效果如图 3-30 所示，其中盒子 box1 设置了相对定位，在 box1 中定义了一张图片，同时嵌入了另一个盒子 box2，box2 是一段文字，设置定位方式为绝对定位，其位置设置为 top:40px，表示距离父元素的顶端 40 个像素，设置 left:50px，表示距离父元素的左边距 50 个像素。

图 3-30   元素的绝对定位

由此可见，在水平方向上，元素的位置可以通过 left 和 right 属性进行设置，而在垂直方向上，则可以通过 top 和 bottom 属性进行设置。另外，在使用绝对定位时，盒子总是以它最近的一个已经定位的祖先元素为基准进行偏移，如果没有已经定位的祖先元素，那么会以浏览器窗口为基准进行定位。

(4) 固定定位(fixed)：总是以浏览器窗口为基准进行定位，当拖动浏览器窗口滚动条时，元素位置不会发生变化。我们平时在浏览网页时，无论怎么拖动滚动条，都能看到右下角的广告，其实就是通过设置元素为固定定位来实现的。

【示例 3-26】固定定位示例。

```
<html>
<head>
  <style>
    #pos_fixed{
        width:200px;height:200px;
        border:1px solid black;
        position:fixed;
        bottom:1px;right:1px;
    }
  </style>
</head>
<body>
  <div id="pos_fixed">这是广告位置</div>
  <p>Some text</p><p>Some text</p><p>Some text</p><p>Some text</p>
  <p>Some text</p><p>Some text</p><p>Some text</p><p>Some text</p>
  <p>Some text</p><p>Some text</p><p>Some text</p><p>Some text</p>
</body>
</html>
```

页面显示效果如图 3-31 所示，无论如何拖动鼠标或者缩放浏览器窗口，广告所在的盒子位置始终位于页面的右下角。

图 3-31　元素的固定定位

3.5.4　元素的浮动属性

在标准流中，一个块级元素在水平方向会自动伸展，直到包含它的父级元素的边界，在垂直方向上与兄弟元素依次排列，不能并排。如果需要设置块级元素在同一行并排显示，可以通过设置浮动方法来实现。

在 CSS 中使用 float 属性设置浮动效果，该属性指定元素是否浮动以及如何浮动，默认取值为 none，即在默认情况下，浮动效果是关闭的。如果将 float 属性设置为 left 或 right，那么元素就会脱离标准布局，漂浮在标准流之上，向其父级元素的左侧或右侧靠紧。同时，盒子的宽度不再伸展，而是根据盒子里面的内容决定其宽度。

【示例 3-27】元素浮动属性示例。

```
<html>
<head>
  <style>
    .father{background-color:gray; border:1px solid black; margin:3px;}
    .father div{padding:10px;margin:5px; border:1px dashed black;}
    .son1{float:left;}
    .son2{float:left;}
    .son3{float:left;}
  </style>
</head>
<body>
  <div class="father">
    <div>第一个 div</div>
    <div>第二个 div</div>
    <div>第三个 div</div>
  </div>
  <div class="father">
```

```
        <div class="son1">第一个 div 被设为左浮动</div>
        <div class="son2">第二个 div 被设为左浮动</div>
        <div class="son3">第三个 div 被设为左浮动</div>
    </div>
</body>
</html>
```

页面显示效果如图 3-32 所示，从图中可看出嵌入在 father 中的前 3 个 div 元素未设置浮动效果，这三个 div 元素是按照标准流进行排列的。嵌入在 father 中的后 3 个 div 元素均脱离了标准流，设置左浮动效果，盒子在同一行排列，其宽度不再自动伸展，而是根据盒子里面的内容决定其宽度。

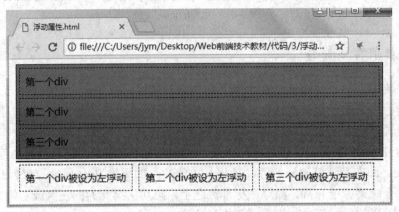

图 3-32　元素的浮动属性

此外，float 属性值也可以设置为 right，表示右浮动。需要注意的是，不同于左浮动中元素从左向右依次排列，在右浮动中，元素将紧贴浏览器右侧从右向左进行排列，其效果如图 3-33 所示。

图 3-33　元素的右浮动效果

从上面的几个示例中可以看出，元素浮动之前，也就是在标准流中，是上下垂直排列的，而设置浮动之后，变成了水平排列。如果希望打破浮动的水平排列，可以使用 clear 属性清除浮动效果。clear 属性可以取值 none、left、right、both，其中 none 为默认值，表示允许元素两边都可以有浮动对象，left 表示不允许左边有浮动对象，right 表示不允许右边有浮动对象，both 表示不允许有浮动对象。

在实际使用时一定要注意，这个属性只会影响使用清除的元素本身，不能影响其他元素。例如，页面中有两个元素 div1 和 div2，它们都设置为左浮动，如果希望 div2 能排列在

div1 下边，就像 div1 没有浮动，div2 左浮动那样，只要在 div2 的 CSS 样式中使用 clear:left 指定 div2 元素左边不允许出现浮动元素，这样 div2 就会移到下一行。如图 3-34 所示，左侧为未清除左浮动效果，右侧图像为在 div2 上设置清除左浮动之后的效果。同样，如果页面中有两个 div 元素均设置了右浮动效果，如果希望 div2 排列在 div1 的下边，可以在 div1 元素上使用 clear:right，即清除右浮动效果。

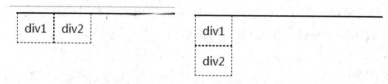

图 3-34　清除左浮动效果

3.5.5　元素的显示属性

在 CSS 中，元素的显示可以通过 display 属性进行设置，其可取的属性值如表 3-7 所示。

表 3-7　display 属性值

属性值	描　　述	属性值	描　　述
none	隐藏对象	table-cell	指定对象作为表格单元格
inline	指定对象为内联元素	table-row	指定对象作为表格行
block	指定对象为块元素	table-row-group	指定对象作为表格行组
list-item	指定对象为列表项目	table-column	指定对象作为表格列
inline-block	指定对象为内联块元素	table-column-group	指定对象作为表格列组显示
table	指定对象作为块元素级的表格	table-header-group	指定对象作为表格标题组
inline-table	指定对象作为内联元素级的表格	table-footer-group	指定对象作为表格脚注组
table-caption	指定对象作为表格标题		

从表 3-7 可以看出，display 属性值较多，其中常用的属性值有 none、inline、block、inline-block 等。none 用来隐藏元素，关于这一属性值的作用，我们会在下一节中详细介绍。本节主要介绍 inline、block、inline-block 这三个属性值。

利用 display 属性可以实现块级元素和行内元素的相互转换。例如，设置 display:inline 可以将任意的块级元素转换为行内元素，设置该属性值后，元素将拥有行内元素的特性，即可以与其他行内元素共享一行，不会独占一行；不能更改元素的 height 和 width 属性值，大小由内容撑开；可以使用 padding 属性，设置上下左右值都有效，而使用 margin 属性时，仅 left 和 right 属性会产生边距效果，设置 top 和 bottom 属性没有任何效果。

反之，设置 display:block 可以将任意的行内元素转换为块级元素，元素将拥有块级元素的特性，即元素将独占一行，在不设置自己的宽度的情况下，块级元素会默认填满父级元素的宽度；能够改变元素的 height 和 width 值；可以设置 padding、margin 的各个属性值，top、left、bottom、right 都能够产生边距效果。

　　在一些场合下，例如在设计水平导航栏效果时，通常希望多个导航链接项处于同一行，即呈现行内元素的特征。同时，我们还希望可以设置各个导航链接项的宽度和高度，即同时兼有块级元素的特征。此时，可以设置 display 属性值为 inline-block，该属性值结合了 inline 与 block 的一些特点，使得块级元素不再独占一行。在元素的显示上，inline-block 与浮动效果相似，但是两者又有着本质的区别，对元素设置 display:inline-block，元素不会脱离标准流，而 float 则会使得元素脱离标准流，示例 3-28 给出两种不同设置方式。

【示例 3-28】inline-block 与浮动效果设置示例。

```html
<html>
<head>
  <style>
    .box {
        width:200px;
        overflow:hidden;
        border:solid 2px #000;
    }
    .child1, .child2{
        display:inline-block;
        background-color:gray;
        color:white;
        width:50px;height:30px;
    }
    .child3, .child4{
        float:left;
        background-color:gray;
        color:white;
        width:50px;height:30px;
    }
  </style>
</head>
<body>
  <div class="box">
      <div class="child1">child1</div>
      <div class="child2">child2</div>
  </div><br>
  <div class="box">
      <div class="child3">child3</div>
      <div class="child4">child4</div>
  </div>
</body>
```

</html>

上述示例代码在浏览器中的运行效果如图 3-35 所示，其中 child1 和 child2 是设置显示属性为 inline-block 的效果，child3 和 child4 是设置为左浮动后的效果。从图中可以看出，这两种设置方式在显示效果上还是存在一些区别的。

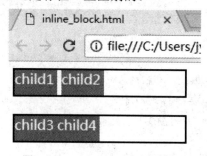

图 3-35　inline-block 与浮动效果

3.5.6　元素的可见性属性

在网页设计中经常需要隐藏页面中的元素，这就需要设置元素的可见性。在 CSS 中，可以使用 visibility 或者 display 属性设置元素的可见性。

visibility 属性用来指定一个元素是否可见。visibility 默认属性值为 visible，表示元素可见。当属性值为 hidden 时，表示元素不可见。另外，visibility 还可以设置属性值为 collapse，当在表格元素中使用时，此值可删除一行或一列，但是它不会影响表格的布局，被行或列占据的空间会留给其他内容使用，如果此值被用在其他的元素上，会呈现为 hidden 的效果。

在 CSS 中，也可以使用 display 属性设置可见性，即通过指定属性值为 none 来隐藏一个元素。虽然 display:none 和 visibility:hidden 都能够实现元素的隐藏，但是这两种方法在网页布局上却有着不同的效果。display:none 在隐藏元素时不会占用任何空间，也就是说该元素不但被隐藏，而且该元素原本占用的空间也会从页面布局中消失。而使用 visibility: hidden 时，元素虽然被隐藏，但仍占据原来所在位置，会影响布局。

【示例 3-29】元素可见性设置示例。

```
<html>
<head>
  <style>
    img.hidden{visibility:hidden;}
    img.none{display:none;}
  </style>
</head>
<body>
  <img class="hidden" src="html5.png" width="100px" height="100px">
  <p>visibility 设置为 hidden 后，元素虽然被隐藏，但仍占据原来所在位置，仍会影响布局</p>
  <img class="none" src="html5.png" width="100px" height="100px">
  <p>display 设置为 none 后，不会影响布局</p>
```

```
    </body>
    </html>
```

页面显示效果如图 3-36 所示。

visibility设置为hidden后，元素虽然被隐藏，但仍占据原来所在位置，仍会影响布局

display设置为none后，不会影响布局

图 3-36　元素可见性设置

3.5.7　元素的溢出处理属性

在网页设计中，如果设置了一个盒子的宽度与高度，则盒子中的内容可能会超过盒子本身的宽度或高度，此时可以使用 overflow 属性来控制内容溢出时的处理方式。overflow 属性的可选取值有 visible、hidden、scroll、auto，除了 body 和 textarea 的默认值为 auto 外，其他元素的默认值均为 visible。如果不设置 overflow 属性，则默认值就是 visible。

假设有一个设置了固定宽度和高度的盒子，其内容的尺寸超过了盒子本身的尺寸，在未设置 overflow 属性的情况下，溢出内容会渲染到盒子的外面，其运行结果如图 3-37 所示。

可以看出，由于溢出的内容并不改变盒子的形状，尽管盒子外面的内容是可见的，但它不会把周围其他容器中的内容挤下去。所以，溢出的内容不会影响页面布局，但可能会与周围其他容器中的内容相互重叠。如果把 overflow 属性设置为 hidden，情况则与 visible 相反，它会把超出盒子的内容全部隐藏掉，其效果如图 3-38 所示。

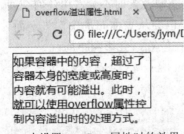
图 3-37　未设置 overflow 属性时的效果

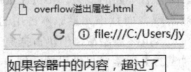
图 3-38　设置 overflow:hidden 的效果

如果把 overflow 属性设置为 scroll，它将会隐藏渲染到盒子之外的内容，但会在盒子内部提供一个滚动条，从而可以查看剩下的内容，其结果如图 3-39 所示。

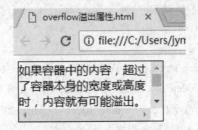
图 3-39　设置 overflow:scroll 的效果

　　从图中可以看出，这种情况下，无论内容是否溢出，都会在水平和垂直方向同时出现滚动条。此时，也可以使用 overflow-x 或 overflow-y 属性，来单独设置水平方向和垂直方向溢出时的处理方式，其语法与 overflow 完全相同。

　　如果把 overflow 属性设置为 auto，则只在需要的时候出现滚动条，即当内容溢出时自动出现滚动条，未溢出时不出现。

习　　题

一、选择题

1. 在多个外部样式中，后定义的样式优先级(　　　　)先定义的样式。

A. 高于　　　　　　　B. 低于　　　　　　　C. 等于　　　　　　　D. 视情况而定

2. 下列说法错误的是(　　　　)。

A. CSS 样式表可以将格式与结构相分离

B. CSS 样式表可以控制页面元素的布局

C. CSS 样式表可以给多个页面设置相同样式

D. CSS 样式表不利于制作体积更小的网页

3. 下列不属于 CSS 插入形式的是(　　　　)。

A. 索引式　　　　　　B. 内联式　　　　　　C. 内部式　　　　　　D. 外部式

4. 若要在网页中插入外部样式表文件 main.css，以下用法正确的是(　　　　)。

A. <link src="main.css" type="text/css" rel="stylesheet">

B. <link href="main.css" type="text/css" rel="stylesheet">

C. <style src="main.css" type="text/css" rel="stylesheet"></style>

D. <style href="main.css" type="text/css" rel="stylesheet"></style>

5. 若要在当前网页中定义一个样式 myText，使具有该样式的文字字体为"Arial"，字体大小为 9 pt，行间距为 13.5 pt，以下定义正确的是(　　　　)。

A. .myText{font-family:Arial;font-size:9pt;line-height:13.5pt}>

B. <style>.myText{font-family:Arial;font-size:9pt;lineHeight:13.5pt}></style>

C. <style>..myText{fontFamily:Arial;font-size:9pt;lineHeight:13.5pt}></style>

D. <style>.myText{font-family:Arial;font-size:9pt;line-height:13.5pt}></style>

6. 有关如下代码片段，说法正确的是(　　　　)。

```
<style>
    a{color:blue;text-decoration:none;}
    a:link{color:blue;}
    a:hover{color:red;}
    a:visited{color:green;}
</style>
```

A. a 样式与 a:link 样式效果相同

B. a:hover 是鼠标正在按下时链接文字的样式

C. a:link 是未被访问前的链接样式

D. a:visited 是鼠标点击与释放之间链接文字的样式

7. 以下关于 CSS 样式中文本属性的描述，错误的是(　　　　)。

A. font-size 用于设置文本字体的大小

B. font-family 用于设置文本的字体类型

C. color 用于设置文本的颜色

D. text-align 用于设置文本的字体形状

8. 下列哪个选项能够设置盒子模型的内边距为 10、20、30、40(顺时针方向)(　　　　)。

A. padding:10px   B. padding:10px 20p 30px

C. padding:10px 20px 30px 40px   D. padding:10px 40px

9. 用 CSS 设置 div 的左边框为蓝色实线，下面代码正确的是(　　　　)。

A. style="border-top:#0000ff 1px dotted"

B. style="border-left:1px, #0000ff, solid"

C. style="border-left:1px #0000ff solid"

D. style="border-right:1px, #0000ff , dashed"

10. 以下关于 class 和 id 的说法错误的是(　　　　)。

A. class 的定义方法是：.类名 {样式}；

B. id 的引用方法：<指定标签 id="id 名">

C. class 的引用方法：<指定标签 class="类名">

D. id 和 class 只是在写法上有区别，在应用和意义上没有区别

二、填空题

1. CSS 中文全称为＿＿＿＿＿＿＿＿＿＿＿＿＿，英文全称为＿＿＿＿＿＿＿＿＿＿＿＿＿。

2. 在 HTML 中应用 CSS 的方式有＿＿＿＿＿＿＿、＿＿＿＿＿＿＿和＿＿＿＿＿＿＿。

3. 在 CSS 中，可以使用＿＿＿＿＿＿＿或者＿＿＿＿＿＿＿属性设置元素的可见性。

4. 在盒子模型中，所有页面中的元素都可以看成是一个个盒子。盒子模型由内容、＿＿＿＿＿＿＿、＿＿＿＿＿＿＿、内边距共四个部分组成。

5. 在网页设计中，页面元素可以分为＿＿＿＿＿＿＿和＿＿＿＿＿＿＿两类。

三、简答题

1. 简要叙述 CSS 及其特点。

2. 简要叙述并举例说明 CSS 样式在 HTML 中的三种使用方法。

3. 简要叙述 CSS 链接伪类。

四、设计分析题

1. CSS 内部样式表要编写在页面之中，请完成一段 CSS 内部样式表的编写，要求网页主体<body>：

(1) 字体大小是 12 px。

(2) 字体样式为 normal。

(3) 字体带下划线。

(4) 字体颜色是#ff3300。

2. 编写 CSS+DIV 代码完成三列固定宽度的网页结构布局，图 3-40 为最终效果图，相

关属性参数如下。

图 3-40　效果图

(1) 左列背景色为#ffc33c，边框属性为 2px、solid、#333。

(2) 右列 1 背景色为#ff33cc，边框属性为 2px、solid、#333。

(3) 右列 2 背景色为#ff33cc，边框属性为 2px、solid、#333。

(4) 第二个盒子和第三个盒子的距离是 50px；第三个盒子页面左边距是 700px。

(5) 三个盒子的宽度和高度都是 300px。

3. 编写 CSS 样式代码，要求如下：

(1) 创建一个 div 盒子，添加样式效果，其中边框为 1 个像素的红色实线，盒子宽度为 400 像素、高度为 200 像素，背景色为灰色，文字颜色为白色。

(2) 在 div 盒子内定义一个超链接，超链接文字为"欢迎访问我的个人网站"，链接 URL 为 http://www.myweb.com。

(3) 为上面定义的超链接添加伪类样式，其中超链接点击前颜色为#ff0000，文本修饰为无下划线，超链接被访问后颜色为#00ff00，鼠标悬停在超链接时颜色为#ff00ff，鼠标点击标签不松手时，颜色为#0000ff。

第 4 章　CSS3 层叠样式表进阶

本章概述

　　本章主要学习层叠样式表最新技术标准 CSS3，包括 CSS3 新增选择器、CSS3 新增盒子属性、CSS3 渐变属性、字体与文字效果、2D/3D 变换、过渡与动画效果、CSS 应用案例。通过相关概念学习和应用案例的演示，使读者快速了解和掌握 CSS3 新技术标准，为页面添加更多动态效果。图 4-1 是本章的学习导图，读者可以根据学习导图中的内容，从整体上把握本章学习要点。

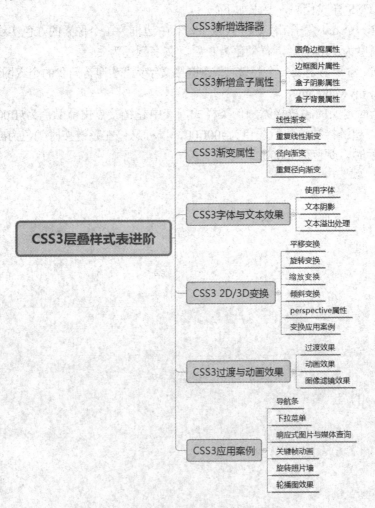

图 4-1　"CSS3 层叠样式表进阶"学习导图

CSS3 是层叠样式表技术的最新标准，于 1999 年开始制订，2001 年 5 月 23 日 W3C 完成了 CSS3 的工作草案，主要包括盒子模型、背景和边框、文字特效、2D/3D 转换、动画、多列布局等模块。与之前的技术标准相比，CSS3 的新属性有很多，例如圆角边框、图形化边框、块阴影与文字阴影、渐变效果、多背景图、文字或图像的变形处理(旋转、缩放、倾斜、移动)、过渡与动画效果、多列布局、媒体查询等。

4.1　CSS3 新增选择器

在原有 CSS 选择器的基础上，CSS3 主要对伪类选择器进行了拓展，相关选择器如表 4-1 所示。

表 4-1　CSS3 新增选择器

选 择 器	描　　述
E:not()	匹配除 not()中选择的元素外的所有元素
E:root	匹配文档所在的根元素，一般是 html 元素
E:target	匹配锚点#指向的文档中的具体元素
E:first-child	匹配父元素下的第一个子元素
E:last-child	匹配父元素下的最后一个子元素
E:only-child	如果父元素下仅有一个子元素，则匹配
E:nth-child(n)	匹配父元素下面的第 n 个子元素，n 从 1 开始且 n 可以是表达式
E:nth-last-child(n)	从后向前匹配父元素下面的第 n 个子元素
E:first-of-type	在父元素下面寻找第一个匹配的子元素
E:last-of-type	在父元素下面寻找最后一个匹配的子元素
E:only-of-type	匹配父元素的所有子元素中唯一的那个子元素
E:nth-of-type(n)	匹配父元素的第 n 个子元素
E:nth-of-last-type(n)	从后向前匹配父元素的第 n 个子元素
E:empty	匹配没有任何子元素的元素
E:checked	匹配用户界面上处于选中状态的元素
E:enabled	E:disabled	用于选择 input 的正常状态和不可操作状态
E:read-only	E:read-write	用于设置 input 是否只读，或者可读可写

4.1.1　E:not()

E:not()用于匹配除 not()中选择的元素外的所有元素。

【示例 4-1】E:not 选择器。

```
<html>
<head>
  <style>
```

```
        p:not(.p3) {background-color:gray;}
    </style>
</head>
<body>
    <p>p1</p>
    <p>p2</p>
    <p class="p3">p3</p>
</body>
</html>
```

程序在浏览器中的运行结果如图 4-2 所示，可以看出，除了 class="p3"的元素未被选择外，其余元素均被选中。

图 4-2　E:not()选择器

4.1.2　E:target

E:target 用来匹配锚点#指向的文档中的具体元素，即当 URL 后面跟锚点#，指向文档内某个具体的元素，那么该元素就会触发 target。

【示例 4-2】E:target 选择器。

```
<html>
<head>
    <style>
        div{
            width:100px;height:100px;
            background-color:gray;
        }
        #box1:target{background-color:red;}
        #box2:target{background-color:red;}
    </style>
</head>
<body>
    <a href="#box1">box1</a>
    <a href="#box2">box2</a>
    <div id="box1">box1</div><br>
```

```
    <div id="box2">box2</div>
  </body>
</html>
```

程序在浏览器中的运行结果如图 4-3 所示，可以看出，当鼠标点击超链接 box1 时，将匹配#box1:target 样式，box1 盒子背景色变成红色。同样，当点击超链接 box2 时，box2 盒子背景色变成红色。

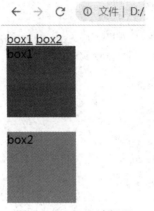

图 4-3　E:target 选择器

4.1.3　E:first-child, E:last-child

E:first-child 表示选择父元素下的第一个子元素，E:last-child 表示选择父元素下最后一个子元素。

【示例 4-3】E: first-child 选择器。

```
<html>
<head>
  <style>
    .div1 p:first-child{background-color:gray;}
  </style>
</head>
<body>
  <div class="div1">
    <p>p1</p><p>p2</p>
  </div>
</body>
</html>
```

程序在浏览器中的运行结果如图 4-4 所示。如图所示，类 div1 所在的 div 为父元素，第一个子元素将被选中，背景色被设置为灰色。需要注意，在定义 first-child 或者 last-child 样式时，一定要定义在子元素上。

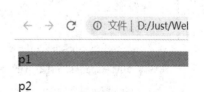

图 4-4　E:first-child 选择器

4.1.4　E:only-child

E:only-child 表示如果父元素下仅有一个元素，那么该元素将被选中。

【示例 4-4】E: only-child 选择器。

```
<html>
<head>
  <style>
    p:only-child{background-color:gray;}
    li:only-child{background-color:gray;}
  </style>
</head>
<body>
  <div><p>p1</p></div>
  <ul><li>li1</li><li>li2</li></ul>
</body>
</html>
```

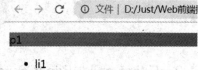

程序在浏览器中的运行结果如图 4-5 所示。从图中可以看出，由于 div 中仅有一个子元素 p，所以该子元素被选中，而 li 所在的父元素 ul 由于不止有一个子元素，所以不会被选择。

图 4-5　E:only-child 选择器

4.1.5　E:nth-child(n), E:nth-last-child(n)

E:nth-child(n)表示选择父元素下面的第 n 个子元素，注意在 CSS 中 n 从 1 开始，且 n 可以是表达式。E:nth-last-child(n)表示从父元素最后一个元素开始计数，反向选择。

【示例 4-5】E: nth-child(n)选择器。

```
<html>
<head>
  <style>
    li:nth-child(2n){background-color:gray;}
    span:nth-child(odd){background-color:gray;}
    p:nth-child(2){background-color:gray;}
  </style>
</head>
<body>
  <ul><li>1</li><li>2</li><li>3</li><li>4</li><li>5</li><li>6</li></ul>
  <div><span>span1</span><span>span2</span><span>span3</span>
  <span>span4</span><span>span5</span><span>span6</span></div>
  <div><p>p1</p><p>p2</p><p>p3</p></div>
```

```
    </body>
    </html>
```

程序在浏览器中的运行结果如图 4-6 所示。可以看出，对于列表项，由于 n 从 1 开始，所以 2n 表示 2、4、6 等偶数项。对于 span 元素，关键词 odd 表示奇数项，even 表示偶数项。另外，也可以直接指定数值，表示选择数值指定的项。

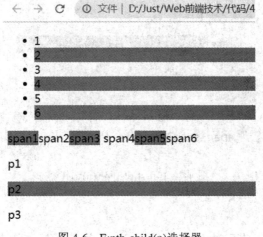

图 4-6　E:nth-child(n)选择器

4.1.6　E: first-of-type, E: last-of-type, E: only-of-type, E:nth-of-type(n), E:nth-of-last-type(n)

以上介绍的几种选择器都会受到其他元素的影响，如果在父元素下面添加其他元素，那么就会改变子元素的原有次序，导致无法选中元素的情况。为了解决这一问题，CSS3 中增加了一系列新的选择器，这些选择器只考虑样式中定义的子元素类型，不会受到其他元素的影响。

【示例 4-6】E:first-of-type 选择器。

```
    <html>
    <head>
      <style>
        li:first-of-type{background-color:gray;}
        span:first-child{background-color:gray;}
      </style>
    </head>
    <body>
      <ul><p>p1</p><li>1</li><li>2</li><li>3</li></ul>
      <div>
        <p>p2</p><span>span1</span><span>span2</span><span>span3</span>
      </div>
    </body>
    </html>
```

程序在浏览器中的运行结果如图 4-7 所示。可以看出，使用 li:firt-of-type 定义的样式，将忽略父元素 ul 下的非 li 元素类型，而 span:firt-child 定义的样式则无法忽略父元素 div 下的段落元素 p。

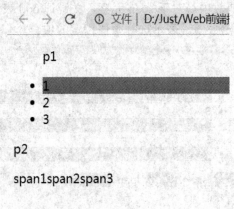

图 4-7　E:first-of-type (n)选择器

4.1.7　E: empty

E:empty 比较特殊，表示选择没有任何子元素的父元素。

【示例 4-7】E: empty 选择器。

```
<html>
<head>
  <style>
    div{
      border:black 1px solid;
      width:100px;height:100px;
    }
    box:empty{
      background-color:gray;
    }
  </style>
</head>
<body>
  <div class="box"></div>
  <div class="box">　</div>
</body>
</html>
```

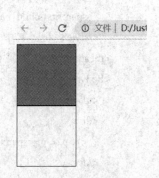

程序在浏览器中的运行结果如图 4-8 所示。可以看出，只有第一个盒子被选中，背景色变成灰色，第二个盒子虽然没有子元素，但是包含一个空格，所以没有被选中。

图 4-8　E:empty 选择器

4.1.8　E:checked

E:checked 匹配用户界面上处于选中状态的元素 E，该选择器主要用于检测表单中单选框或复选框是否为选中状态。

【示例 4-8】E: checked 选择器。

```
<html>
<head>
  <style>
    input:checked+span::after{content:"这个爱好不错哦";}
  </style>
</head>
<body>
  <h1>爱好</h1>
  游泳:<input type="checkbox"><span></span>
  <br>登山:<input type="checkbox"><span></span>
</body>
</html>
```

程序在浏览器中的运行结果如图 4-9 所示。当你选择一个爱好时，后面会自动添加一段文字内容 "这个爱好不错哦"，从样式代码可以看出，这里使用了 input:checked 来获取用户的选择状态，一旦用户选择了某个选项，如果选项后面紧跟着 span 元素，则产生一个伪元素，添加文字内容。

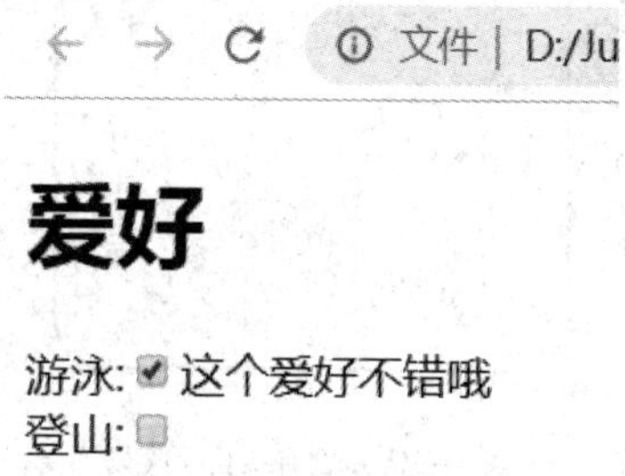

图 4-9　E:checked 选择器

另外，还有一些和表单 input 元素状态相关的选择器，如 E:enabled、E:disabled、E:read-only、E:read-write 等，分别对应 input 元素的可用、不可用、只读、可读可写状态等，这里就不举例了，有兴趣的读者可以参考前面的示例代码进行测试。

4.2　CSS3 新增盒子属性

4.2.1　圆角边框属性

在 CSS3 中使用 border-radius 属性创建圆角边框效果。其中，最简单的方法是仅设置一个属性值，表示边框四个角的圆角大小。

【示例 4-9】圆角边框效果。

```
<html>
<head>
  <style>
    #rcorner {
        border-radius: 25px;
        border: 2px solid #333333;
        padding: 20px;
        width: 200px;
        height: 150px;
    }
  </style>
</head>
<body>
  <p> border-radius 属性允许向元素添加圆角。</p>
  <p id="rcorner">圆角</p>
</body>
</html>
```

上述示例在浏览器中的运行效果如图 4-10 所示。

图 4-10 圆角边框效果

从图 4-10 可以看出，当仅设置一个属性值时，边框的四个角具有相同的大小。如果希望单独设置四个角的圆角效果，可以使用 border-top-left-radius、border-top-right-radius、border-bottom-right-radius、border-bottom-left-radius 属性分别指定左上角、右上角、右下角、左下角的圆角值。

当然，也可以直接给 border-radius 设置不同个数的属性值。例如，设置四个属性值，border-radius:15 px 50 px 30 px 5 px，表示左上角为 15 px，右上角为 50 px，右下角为 30 px，左下角为 5 px。也可以设置三个属性值，border-radius:15 px 50 px 30 px，第一个值为左上角，第二个值为右上角和左下角，第三个值为右下角。还可以设置两个属性值，border-radius:15px 50px，第一个值为左上角，第二个值为右上角和左下角，第三个值为右下角。如图 4-11 所示，分别为设置四个属性值、三个属性值、两个属性值时的圆角边框效果。

图 4-11 设置不同属性值的圆角边框效果

此外，还可以利用 border-radius 属性设置椭圆边框效果，如图 4-12 所示。左图 border-radius 设置为 50px/15px，其中第一个数值表示水平半径，第二个数值表示垂直半径。右图 border-radius 设置为 50%。

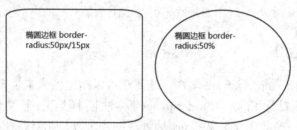

图 4-12 椭圆边框效果

border-radius 属性除了可以作用于 div 和 p 等元素，也可以直接作用于图像元素 img，如示例 4-10 所示。

【示例 4-10】图片的圆角效果。

```
<html>
<head>
<style>
img{
    margin:10px; width:200px; height:150px; display:inline-block;
}
#rcorner1 {
    border-radius: 10px;
}
#rcorner2 {
    border-radius: 50%;
}
</style>
</head>
<body>
    <img id="rcorner1" src="desert.jpg">border-radius:10px</div>
    <img id="rcorner2" src="desert.jpg">border-radius:50%</div>
</body>
</html>
```

上述示例在浏览器中的效果如图 4-13 所示，从图中可以看出，通过 border-radius 属性能够直接对图片进行处理，而在 CSS3 标准发布之前，要实现这样的效果，需要美工使用 Photoshop 对每一张图片进行处理。由此可见，border-radius 属性的使用将降低美工的工作负担，大大提升网页设计与制作的效率。

border-radius:10px   border-radius:50%

图 4-13   图片的圆角效果

4.2.2　边框图片属性

在 CSS3 中提供了 border-image 属性，该属性可以指定图像来填充盒子的边框。

和 background 属性相似，border-image 属性同样有三个参数，第一个参数是 border-image-source，表示背景图像的 url 地址，图片可以是相对路径或绝对路径，也可以不使用图片，即 border-image:none;。

第二个参数是 border-image-slice，即图片剪裁位置，该参数无须设置单位，默认单位为像素，例如 border-image:url(border.png) 27 repeat，这里 27 指的是 27 px。参数也支持百分比值，百分比值大小是相对于边框图片的大小，假设边框图片大小为 400 px×300 px，则 20%的实际效果就是剪裁了图片的 60 px 80 px 60 px 80 px 的四边大小。与 margin，padding 相似，剪裁位置可以设置 1 到 4 四个参数，这些参数将按照上右下左的顺序指定，即第一个参数表示距离上面多少，第二个表示距离右边多少，以此类推。如图 4-14 所示，设置裁剪位置为 border-image:url(border.png) 30% 35% 40% 30% repeat，表示距离图片上部 30%，距离右边 35%，距离底部 40%，左边 30%的地方各剪裁一下，也就是对图片进行了"四刀切"，形成了九个分离的区域，这就是九宫格。

图 4-14   图片裁剪九宫格

第三个参数是 border-image-repeat，即边框图片的重复性，可取值 repeat(重复)、round(平铺)、Stretch(拉伸)，其中 Stretch 是默认值。该参数可设置 0 到 2 两个值，0 个参数表示使用默认值 stretch，例如 border-image:url(border.png) 30% 40%，等同于 border-image:url (border.png) 30% 40% stretch stretch。1 个参数表示水平方向及垂直方向均使用相同参数值，2 个参数的话则第一个参数表示水平方向，第二个参数表示垂直方向。例如 border-image:url(border.png) 30% 40% round repeat，即水平方向为 round(平铺)，垂直方向为 repeat(重复)。

图 4-15   原始图像

下面，我们用一个具体的示例来演示 border-image 属性，如图 4-15 所示是我们使用的原始图像，图像大小为 81 px×81 px。

首先设置 border-image:url(border.png) 27 stretch，其中第一个参数为 url(border.png)，表示使用的填充图像是 border.png，第二个参数为 27，表示裁剪位置为距离上面、右边、下面、左边分别为 27 像素的距离，这样所形成的裁剪九宫格正好将每一块菱形分隔开。第三个参数是 stratch，表示图像将在水平方向和垂直方向上进行拉伸。这里需要注意的是，边角的四个位置，也就是深灰色的四个菱形，位置不会发生变化，浅灰色菱形则在水平和垂直两个方向上进行拉伸，其效果如图 4-16 所示。

图 4-16　图像拉伸效果

下面，我们再来看看平铺效果，代码为 border-image:url(border.png) 27 round;，其中水平和垂直方向都是平铺，图 4-17 是图像平铺效果。

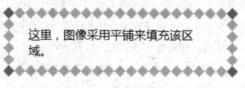

图 4-17　图像平铺效果

和拉伸效果类似，在裁剪九宫格中，深灰色的四个菱形位置不会发生变化，浅灰色菱形则根据框架的宽度和高度进行平铺，图 4-18 是图像平铺示意图，左边是剪裁九宫格，其中 1、3、6、8 是四个角落，不会进行平铺，2、4、5、7 会根据宽度和高度进行平铺。

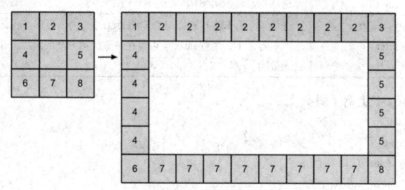

图 4-18　图像平铺示意图

另外，还可以设置重复效果，代码为 border-image:url(border.png) 27 repeat;，其效果如图 4-19 所示。可以看到，重复效果和平铺效果类似，但还是有区别的，当设置为重复效果时，与四个角落的深色菱形相邻的浅色菱形只显示了一部分，这是因为在重复模式下，会发生深色菱形和浅色菱形相互重叠的情况。那为什么平铺可以做到呢？这是因为平铺会把每一个方块都等比例的缩小，使他们刚好可以完好的放置在中间，不会产生重叠，这是平铺和重复最主要的区别。

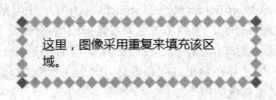

图 4-19　图像重复效果

4.2.3　盒子阴影属性

CSS3 使用 box-shadow 属性定义盒子的阴影效果，该属性可以向一个盒子添加一个或多个阴影，基本语法为 box-shadow: offset-x offset-y blur spread color inset;，各个属性取值及其描述如表 4-2 所示。

表 4-2　box-shadow 的属性取值

属 性 值	描 　 述
offset-x	必填项，表示水平阴影的位置，它是相对于 x 轴的偏移量，取值正负均可，如果是负值则阴影位于元素左边
offset-y	同样是必填项，表示垂直阴影的位置，它是相对于 y 轴的偏移量，取值正负均可，如果是负值则阴影位于元素上面
blur	选填项，表示阴影模糊半径，只能取正值，0 为无模糊效果，值越大模糊面积越大，阴影边缘越模糊
spread	选填项，表示阴影大小，取值正负均可，取正值时，阴影扩大，取负值时，阴影收缩，默认值为 0，此时阴影与元素同样大
color	选填项，表示阴影颜色
inset	选填项，用于将外部投影(默认 outset)改为内部投影，inset 阴影在背景之上内容之下，注意 inset 可以写在参数的第一个或最后一个，其他位置是无效的

【示例 4-11】盒子阴影效果。

```
<html>
<head>
 <style>
  body{
    background-color:#000;
  }
  div{
    width:150px;height:150px;margin:50px;
    background-color:#fff;
    box-shadow:120px 80px 40px 20px #ccc;
  }
```

```
    </style>
    </head>
    <body>
        <div>div</div>
    </body>
    </html>
```

运行结果如图 4-20 所示。

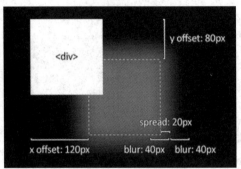

图 4-20　盒子阴影效果

当然，为了产生阴影效果，一般情况下不会设置很大的 offset-x 和 offset-y 的值。例如，下面的 CSS 代码给出了 6 种简单的盒子阴影定义，其效果如图 4-21 所示。其中盒子 1 展示的是模糊半径 5 个像素，阴影大小 1 个像素的内阴影效果。盒子 2 展示的是垂直向下偏移 1 个像素，阴影模糊半径 2 个像素，阴影大小 1 个像素的内阴影效果。盒子 3 没有指定内阴影，所以采用默认值，为外阴影效果。盒子 4 为水平向右偏移 2 个像素，垂直向下偏移 2 个像素的右下阴影效果。盒子 5 为模糊半径 5 个像素，阴影大小 15 个像素的扩大阴影效果。盒子 6 使用 rgba(0,0,255,.2) 定义了向右下偏移 12 个像素的半透明阴影效果。

```
.box { background-color: #CCCCCC; border-radius:10px; width: 200px; height: 200px; }
.boxshadow1{ box-shadow:inset 0px 0px 5px 1px #000; }
.boxshadow2{ box-shadow:inset 0 1px 2px 1px #000; }
.boxshadow3{box-shadow:0 0 10px #000;}
.boxshadow4{box-shadow:2px 2px 5px #000;}
.boxshadow5{box-shadow:0 0 5px 15px #000;}
.boxshadow6{box-shadow: 12px 12px 2px 1px rgba(0, 0, 255, .2);}
```

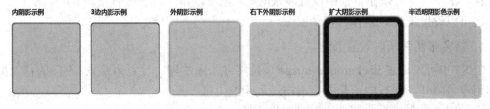

图 4-21　简单的盒子阴影效果

利用 box-shadow 属性，还可以创建类似卡片的阴影效果。

【示例 4-12】利用 box-shadow 属性创建卡片样式效果。

```
    <html>
```

```
    <head>
      <style>
        div.polaroid {
          width:250px;
          box-shadow:0 4px 8px 0 rgba(0,0,0,0.2), 0 6px 20px 0 rgba(0,0,0,0.19);
          text-align:center;
        }
        div.container {
          padding: 10px;
        }
      </style>
    </head>
    <body>
      <p>box-shadow 属性可以用来创建卡片样式:</p>
      <div class="polaroid">
        <img src="Desert.jpg" alt="desert" style="width:100%">
        <div class="container">
          <p>沙 漠</p>
        </div>
      </div>
    </body>
    </html>
```

运行结果如图 4-22 所示。

从上述示例代码可以看出，利用 box-shadow 属性可以同时创建多个阴影，每个阴影定义部分用逗号隔开，创建的多个阴影效果会叠加在一起。

图 4-22　卡片样式效果

4.2.4　盒子背景属性

在上一章中，我们已经学习过与背景相关的若干属性。在 CSS3 中，进一步拓展了背景属性，使我们既可以在背景中设置多张图片，也可以指定每一张背景图片的大小和位置，另外还可以设置渐变效果作为背景图像。

1. 将多张图片同时设置为背景

CSS3 中可以通过 background-image 属性将多张图片同时设置为背景，不同的背景图片之间用逗号隔开，所有的图片中显示在最顶端的为第一张。

【示例 4-13】将多张图片同时设置为背景。

```
    <html>
    <head>
      <style>
```

```
#example1 {
    background-image:url(smile.png), url(background.jpg);
    background-position: right bottom, left top;
    background-repeat: no-repeat, repeat;
    padding: 15px;
}
</style>
</head>
<body>
    <div id="example1">
        <h1>背景图片示例</h1>
        <p>在 CSS3 中，我们既可以在背景中设置多张图片，也可以指定每一张背景图片的大小和
        位置，另外还可以设置渐变效果作为背景图像。</p>
    </div>
</body>
</html>
```

从上述示例代码可以看出，在使用 background-image 设置多张图片时，需要注意添加的图片顺序，先添加的图片将在最顶端显示。此外，也可以使用 background-position 属性指定各个图片的位置，属性值既可以是相对位置，如 left top，也可以是绝对位置，如 0 0。另外，还可以使用 background-repeat 属性指定图片重复方式，示例代码的运行结果如图 4-23 所示。

背景图片示例

在CSS3中，我们既可以在背景中设置多张图片，也可以指定每一张背景图片的大小和位置，另外还可以设置渐变效果作为背景图像。

图 4-23　将多张图片同时设置为背景

在 CSS3 中，还提供了一种简化的设置背景图片的方法，可以直接设置 background 属性，例如 background:url("smile.png") 400px 100px no-repeat, url("background.jpg") 0 0 no-repeat;。

2. 设置背景图像大小

在 CSS 早期标准中，背景图像大小是由图像的实际尺寸决定的，而在 CSS3 中，提供了 background-size 属性，用来设置背景图像的大小。基本语法如下：background-size: auto | <长度值> | <百分比> | cover | contain。其中 auto 为默认值，即不改变背景图像的原始高度和宽度。<长度值>表示设定具体的宽度和高度值，需要成对出现，例如 80px 60px。<百分比>表示设置宽度和高度的百分比，例如 100% 100%。属性值 cover 表示覆盖，背景图片会按等比例缩放以填满整个容器。属性值 contain 表示容纳，背景图片会按照等比

例缩放至某一边紧贴容器边缘。

3. 设置背景图像的起始区域

在 CSS3 中，可以使用 background-origin 属性指定背景图像的起始区域。我们知道，在盒子模型中，一个盒子可以分解为三个部分，即 border-box 部分、padding-box 部分和 content-box 部分，如图 4-24 所示。

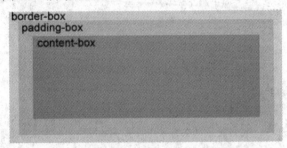

图 4-24　盒子模型的组成

在 CSS 中，border-box 区域的大小是由 border 属性控制的，padding-box 区域的大小是由 padding 属性控制的，content-box 区域的大小是由实际内容区域大小控制的。通过设置 background-origin 属性，可以指定背景图像的起始区域，基本语法如下：background-origin: border-box | padding-box | content-box。background-origin 默认取值为 padding-box，表示背景图像的坐标原点设置在盒模型 padding-box 区域的左上角。取值 border-box，表示把背景图像的坐标原点设置在盒模型 border-box 区域的左上角。取值 content-box，表示把背景图像的坐标原点设置在盒模型 content-box 区域的左上角。需要注意的是，当 background-attachment 属性设置为 fixed 时，background-origin 属性会失效。

【示例 4-14】设置背景图像的不同起始区域。

```
<html>
<head>
  <style>
    div{
      border:1px solid black; padding:35px;
      background-image:url('smile.png');
      background-repeat:no-repeat;
      background-position:left;
    }
    #div1{ background-origin:border-box;}
    #div2{ background-origin:content-box;}
  </style>
</head>
<body>
  <p>border-box 作为背景图像的起始区域：</p>
  <div id="div1">背景图像的坐标原点设置在盒模型 border-box 区域的左上角</div>
```

<p>content-box 作为背景图像的起始区域：</p>

<div id="div2">背景图像的坐标原点设置在盒模型 content-box 区域的左上角</div>

</body>

</html>

上述示例的运行结果如图 4-25 所示。

border-box作为背景图像的起始区域：

content-box作为背景图像的起始区域：

图 4-25　设置背景图像的不同起始区域

4. 指定背景绘制区域

background-clip 属性用来指定背景绘制区域。和 background-origin 属性一样，background-clip 属性只能取 border-box、padding-box 和 content-box，其中 border-box 是默认值，表示背景绘制在边框方框内(剪切成边框方框)。取值 padding-box，表示背景绘制在填充方框内(剪切成填充方框)。取值 content-box，表示背景绘制在内容方框内(剪切成内容方框)。这里就不再举例子了，有兴趣的读者可以参考示例 4-14 自己编写代码查看运行结果。

4.3　CSS3 渐变属性

渐变(Gradients)效果提供了在两个或多个指定颜色之间显示平稳的过渡。在 CSS3 标准之前，网页设计人员需要使用图像处理软件，如 Photoshop 生成渐变图像，然后将图像嵌入在网页中。而在 CSS3 中，因为渐变效果是由浏览器生成的，所以可以大大减少下载的时间和带宽的使用。此外，渐变效果的元素在放大时不会失真，效果更好。

CSS3 定义了三种类型的渐变：第一种是线性渐变(Linear Gradients)，根据渐变方向的不同，又分为向下、向上、向左、向右、对角等不同方向的线性渐变；第二种是径向渐变(Radial Gradients)，由具有不同半径的圆的中心进行定义；第三种是重复渐变，是由单个渐变重复而成。

由于不同浏览器厂商在实现渐变标准时，对于渐变方向的定义、角度的定义以及顺时针还是逆时针有所不同，所以在使用渐变时需要添加浏览器前缀。例如，对于 Chrome 和 Safari 浏览器，前缀为-webkit-，而火狐浏览器 Firefox 的前缀为-moz-，Opera 浏览器的前缀为-o-。下面我们来了解线性渐变的使用。

4.3.1　线性渐变

创建线性渐变至少需要定义两种颜色结点，从而实现颜色之间的渐变过渡。同时，也可以设置一个起点和一个方向(或一个角度)。

线性渐变的基本语法为：

background: linear-gradient(direction, color-stop1, color- stop2, ...);

其中 direction 表示方向，color-stop1 和 color-stop2 表示实现渐变效果的两种过渡颜色。在不添加角度和方向的前提下，默认方向是从上到下渐变，代码如下：

```
#grad1 {
    height:200px;
    /* Safari */
    background: -webkit-linear-gradient(red, blue);
    /* Opera */
    background: -o-linear-gradient(red, blue);
    /* Firefox 或者 Chrome */
    background: -moz-linear-gradient(red, blue);
    /* 标准的语法，放在最后 */
    background: linear-gradient(red, blue);
}
```

上述代码中，我们根据不同浏览器给出相应的浏览器前缀，一般建议把标准语法放在最后。当然，也可以通过指定方向，实现从左到右的渐变效果，代码如下：

```
#grad2 {
    height:200px;
    background: -webkit-linear-gradient(left, red, blue);
    background: -o-linear-gradient(right, red, blue);
    background: -moz-linear-gradient(right, red, blue);
    background: linear-gradient(to right, red, blue);
}
```

从上述代码可以看出，不同于上下渐变，在定义左右渐变时，不同浏览器的实现有着细微的差别。其中 Safari 浏览器需要指定起始方向，即 left，而 Opera、Firefox、Chrome 则需要指定目标方向，即 right。对于其他浏览器，则需要指定 to right，表明渐变的方向。

此外，还可以实现对角线渐变效果，代码如下：

```
#grad3 {
    height:200px;
    background: -webkit-linear-gradient(left top, red, blue);
    background: -o-linear-gradient(bottom right, red, blue);
    background: -moz-linear-gradient(bottom right, red, blue);
    background: linear-gradient(to bottom right, red, blue);
}
```

和左右渐变类似，对于 Safari 浏览器需要指定起始对角线方向，即 left top，表示左上角。Opera、Firefox、Chrome 则需要指定对角线目标方向，即 bottom right，表示右下角。对于其他浏览器，则需要指定渐变的方向，即 to bottom right，表明向右下角。

如果想在渐变的方向上做更多的控制，则可以定义一个角度，而不用预定义方向(to bottom、to top、to right、to left、to bottom right…)。

如图 4-26 所示，角度是指水平线和渐变线之间的角度，按逆时针方向计算。也就是说，0deg 将创建一个从下到上的渐变，90deg 将创建一个从左到右的渐变。但是，在某些浏览器的低版本中，可能使用了旧的标准，即 0deg 创建从左到右的渐变，90deg 创建从下到上的渐变，可以用换算公式 $90 - x = y$，其中 x 为标准角度，y 为非标准角度。

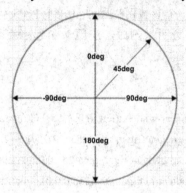

图 4-26 角度方向示意图

通过指定角度创建由下往上的渐变，代码如下：

```
#grad4 {
        height:200px;
        background: -webkit-linear-gradient(90deg, red, blue);
        background: -o-linear-gradient(0deg, red, blue);
        background: -moz-linear-gradient(90deg, red, blue);
        background: linear-gradient(0deg, red, blue);
}
```

除了指定渐变方向，还可以设置多个颜色过渡节点。例如，可以创建一个带有彩虹颜色的左右渐变效果，代码如下：

```
#grad5 {
        height:200px;
        background: -webkit-linear-gradient(left, red,orange,yellow,green,blue,indigo,violet);
        background: -o-linear-gradient(right, red,orange,yellow,green,blue,indigo,violet);
        background: -moz-linear-gradient(right, red,orange,yellow,green,blue,indigo,violet);
        background: linear-gradient(to right, red,orange,yellow,green,blue,indigo,violet);
}
```

另外，还可以精确控制从某一像素位置渐变到另一像素位置。例如，可以创建如下渐变：

```
#grad6 {
        Width:200px;height:200px;
```

```
        background: -webkit-linear-gradient(90deg, #f0f 0px, #0ff 50px, #fff 100px);
        background: -o-linear-gradient(0deg, #f0f 0px, #0ff 50px, #fff 100px);
        background: -moz-linear-gradient(90deg, #f0f 0px, #0ff 50px, #fff 100px);
        background: linear-gradient(0deg, #f0f 0px, #0ff 50px, #fff 100px);
    }
```

上述代码表示颜色# f0f 从 0px 位置开始渐变到 50px 位置，然后第二个颜色#0ff 从位置 50px 开始渐变到 100px，第三个颜色#fff 从 100px 位置开始，一直渐变到宽度 200px 处。除了使用像素值，也可以使用百分数。

CSS3 渐变也支持透明度(transparent)，为了添加透明度，可以使用 rgba()函数来定义颜色结点，rgba()函数中的最后一个参数可以是从 0 到 1 的值，它定义了颜色的透明度，0 表示完全透明，1 表示完全不透明。例如，实现一个起点完全透明，慢慢过渡到完全不透明的红色，代码如下：

```
    #grad7 {
    height:200px;
        background: -webkit-linear-gradient(left, rgba(255,0,0,0), rgba(255,0,0,1));
        background: -o-linear-gradient(right, rgba(255,0,0,0), rgba(255,0,0,1));
        background: -moz-linear-gradient(right, rgba(255,0,0,0), rgba(255,0,0,1));
        background: linear-gradient(to right, rgba(255,0,0,0), rgba(255,0,0,1));
    }
```

4.3.2　重复线性渐变

重复线性渐变repeating-linear-gradient 的语法和线性渐变是一样的。不同的是，linear-gradient 后面没填充完的地方会使用最后一个颜色去填充，而 repeating-linear-gradient 是用填充好的效果，重复填充还未填充的地方。例如：

```
        background: repeating-linear-gradient(black, gray 10%, white 15%);
```

表示黑色渐变到灰色从高度的 0%至 10%，灰色渐变到白色从高度的 10%至 15%，然后重复这一渐变，最终效果如图 4-27 所示。

图 4-27　重复线性渐变

4.3.3　径向渐变

为了创建一个径向渐变，必须至少定义两种颜色结点，并指定渐变的中心、形状(圆形或椭圆形)、大小等。

径向渐变的基本语法为：

```
        background:radial-gradient(shape [size] at position, start-color, ..., last-color);
```

其中，shape 表示渐变形状，可以取值 circle(圆形)或 ellipse(椭圆形)，默认值是 ellipse，形状可以搭配 at top，at center 或 at bottom 等位置使用，例如：

```
        radial-gradient(circle at center, #f00, #ff0, #080);
```

也可以使用%或 px 指定中心点位置，例如：

　　　　radial-gradient(circle at 50%, #f00, #ff0, #080);

　　size 是可选值,表示边缘轮廓的位置。size 可取值为 closest-side,表示渐变的半径长度为从圆心到离圆心最近的边;取值为 closest-corner,表示渐变的半径长度为从圆心到离圆心最近的角;取值为 farthest-side,表示渐变的半径长度为从圆心到离圆心最远的边;取值为 farthest-corner,表示渐变的半径长度为从圆心到离圆心最远的角,例如:

　　　　radial-gradient(circle farthest-corner, #f00, #ff0, #080);

　　也可以配合 at 使用,即

　　　　radial-gradient (circle farthest-corner at 30px 30px, #f00, #ff0);

　　颜色设置和线性渐变类似,可以设置颜色结点均匀分布的径向渐变,例如:

```
#grad8 {
    height:200px;
    background: -webkit-radial-gradient(red, yellow, green);
    background: -o-radial-gradient(red, yellow, green);
    background: -moz-radial-gradient(red, yellow, green);
    background: radial-gradient(red, yellow, green);
}
```

　　颜色设置也可以设置颜色结点不均匀分布的径向渐变,例如 background: radial-gradient (red 5%, yellow 15%, green 60%);。

4.3.4　重复径向渐变

　　重复径向渐变语法和径向渐变相同。例如,定义一个重复径向渐变,颜色从黑色渐变到白色,再到灰色,代码如下:

　　　　background:repeating-radial-gradient(black, white 10%, gray 15%);

　　最终效果如图 4-28 所示。

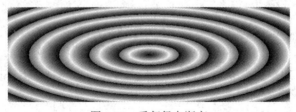

图 4-28　重复径向渐变

4.4　CSS3 字体与文本效果

4.4.1　使用字体

　　在网页设计过程中,经常遇到一些漂亮的字体,但这些字体并不是计算机上已经安装的字体,此时我们可以通过@font-face 加载特定的字体,来实现特定的文字效果。@font-face语句是 CSS 中的一个功能模块,是为了解决由于浏览者系统中没有安装字体导致不能显示的问题，用于实现网页字体多样性。

　　@font-face 的使用比较简单，只需定义字体的名称(比如 myFirstFont)，然后指向该字体文件即可，当 HTML 元素需要使用字体时，可以通过 font-family 属性来引用字体的名称。下面的例子给出了字体的自定义与使用。

```
<style>
@font-face {
    font-family: 'FZCYS';
    src: local('FZYaSongA-B-GB');
    src: url('YourWebFontName.eot');
}
div { font-family:FZCYS;}
</style>
```

　　从上述代码可以看出，在@font-face 规则中，font-family 的作用是声明字体变量，与普通选择器中的 font-family 作用是不一样的。src 属性定义了字体的下载地址，local 表示本机地址，url 表示网址，当网页加载时会自动从服务器上下载字体文件，再显示出来。如果在 src 上同时定义了多种字体，这些字体之间是一种候选关系。当修改 src 中定义的字体或者顺序时，需要关闭浏览器，再打开才能看到修改后的效果，刷新是不起作用的。

　　使用 CSS3 的@font-face 属性可以实现在网页中嵌入任意字体，但是微软的 IE 浏览器只支持自有的 EOT 格式字体，而其他浏览器都不支持这一字体格式，例如 Firefox、Safari、Opera 浏览器支持 TTF(TrueType)和 OTF(OpenType)字体格式，Chrome 浏览器支持 SVG 格式。由于每种浏览器对@font-face 的兼容性不同，不同的浏览器对字体的支持格式不同，因此在@font-face 中至少需要.woff 和.eot 两种格式字体，有时还需要.svg、.ttf、.otf 等字体格式，从而得到更多种浏览器版本的支持。

4.4.2　文本阴影

　　CSS3 中的 text-shadow 属性定义了文本阴影效果，基本语法为：text-shadow: h-shadow v-shadow blur color;。其中，h-shadow 和 v-shadow 是必填项，分别表示垂直和水平阴影，允许为负值。blur 为选填项，表示模糊的距离。color 为选填项，表示阴影颜色。

　　【示例 4-15】设置文本阴影效果。

```
<html>
<head>
    <style>
        h1 {text-shadow:2px 2px 8px #333;}
    </style>
</head>
<body>
    <h1>Text-shadow with blur effect</h1>
</body>
</html>
```

上述代码在浏览器中的运行结果如图 4-29 所示。

Text-shadow with blur effect

图 4-29　文本阴影效果

4.4.3　文本溢出处理

上一章我们介绍了元素内容溢出属性 overflow，主要用来对超出盒子的内容部分进行处理，例如隐藏超出部分的内容或者自动产生滚动条等。本小节，我们学习 CSS3 中对文本溢出的处理，所使用的属性为 text-overflow，其基本语法为：

　　　　text-overflow: clip | ellipsis | string

其中，clip 表示裁剪文本，即将超出的部分删除，ellipsis 表示使用省略符号代表被裁剪的文本，string 表示使用给定的字符串来代表被裁剪的文本。如图 4-30 所示，分别为取值 ellipsis 和 clip 时的效果。

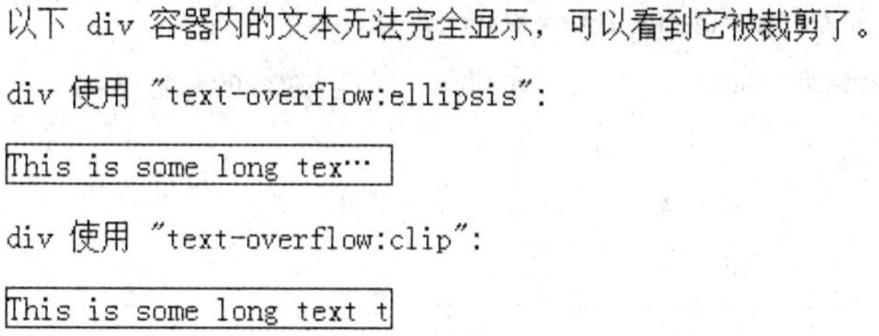

以下 div 容器内的文本无法完全显示，可以看到它被裁剪了。

div 使用 "text-overflow:ellipsis":

This is some long tex…

div 使用 "text-overflow:clip":

This is some long text t

图 4-30　文本溢出处理效果

4.5　CSS3 2D/3D 变换

在 CSS3 中，可以使用 transform 属性实现文字和图像等各类元素的变换效果，如平移、缩放、旋转、倾斜等。transform 变换又分为 2D 变换与 3D 变换，其中 2D 变换是在二维空间，而 3D 变换是在三维空间进行。目前，2D/3D 变换已获得各主流浏览器的支持，是 CSS3 中具有颠覆性的特征之一，可以实现元素的平移、缩放、旋转、倾斜，甚至支持矩阵方式，可以取代大量之前只能靠 Flash 或 JavaScript 才可以实现的效果。

4.5.1　平移变换

translate 方法能够重新定位元素的坐标,实现将元素沿水平方向(X轴)和垂直方向(Y轴)的移动，其语法格式如下：

　　　　transform:translate(x,y)

　　　　transform:translateX(x)

　　　　transform:translateY(y)

语法中的 x 表示元素在水平方向(X 轴)的移动距离，y 表示元素在垂直方向(Y 轴)的移动距离，x、y 也可取负值，表示向 X 轴或 Y 轴的相反方向移动。translateX(x)表示仅在水平方向上移动，translateY(y)表示仅在垂直方向上移动。

【示例 4-16】平移变换效果。

```
<html>
<head>
  <style>
    #div1{
       width:150px;height:75px;
       border:1px dashed silver;
    }
    #div2{
       width:150px;height:75px;
       background-color:#eee;
       transform:translate(100px,30px);
       -ms-transform:translate(100px,30px); /* IE 9 */
       -webkit-transform:translate(100px,30px); /* Safari and Chrome */
    }
  </style>
</head>
<body>
  <div id="div1">原始 div
  <div id="div2">平移后的 div</div>
  </div>
</body>
</html>
```

图 4-31　平移变换效果

上述代码在浏览器中的运行结果如图 4-31 所示。

代码中增加了-ms-、-webkit-前缀，其中 Internet Explorer 10、Firefox 和 Opera 支持 transform 属性，Chrome 和 Safari 浏览器需要添加前缀-webkit-，Internet Explorer 9 浏览器需要添加前缀-ms-。

另外，也可以通过 translate3d(x, y, z)或 translateZ(z)方法实现元素在三维空间的平移变换。在进行 Z 轴平移时，可以简单想象成你和计算机屏幕的距离，这就是 Z 轴的距离，translateZ()设置的值越大，表示计算机屏幕离你越近，那么计算机上的元素看上去就更大。反过来，如果 translateZ()的值越小，表示计算机屏幕离你越远，计算机上的元素看上去就更小。需要注意的是，要实现在三维空间中的变换，需要在父元素上设置透视属性 perspective，关于 perspective 属性，将在 4.5.5 节进一步讨论。

【示例 4-17】3D 平移变换效果。

```
<html>
<head>
  <style>
```

```
#div1{
    height:150px;width:150px;
    border:1px solid black;
    perspective:600px;
}
#div2{
    width:150px;height:150px;
    text-align:center;
    border:1px solid black;
    background-color:gray;
    transform:translate3d(30px,30px,-600px);
}
</style>
</head>
<body>
    <div id="div1">原始 div
        <div id="div2">平移后的 div</div>
    </div>
</body>
</html>
```

代码在浏览器中的运行结果如图 4-32 所示，可以看出，由于在 z 轴上平移了-600 个像素，按照近大远小的规律，平移后的 div 离屏幕更远，所以尺寸缩小了。

图 4-32　3D 平移变换效果

4.5.2　旋转变换

rotate()方法用来在二维空间中将元素对象相对中心原点进行旋转，该方法一般配合 transform-origin 属性设置旋转点，默认情况下元素是按照中心点旋转的。rotate()方法的语法格式如下：

```
transform:rotate(angle)
transform:rotateX(angle)
transform:rotateY(angle)
```

rotate()方法接收一个角度参数值，用来指定旋转的幅度，角度为正值时，元素按顺时针方向旋转，角度是负值时，元素按逆时针方向旋转。

【示例 4-18】旋转变换效果。

```html
<html>
<head>
  <style>
    #div1{
        margin:50px;width:150px;height:75px;
        border:1px dashed silver;
    }
    #div2{
        width:150px;height:75px;
        background-color:#eee;
        transform: rotate(45deg);
    }
  </style>
</head>
<body>
    <div id="div1">原始 div
      <div id="div2">旋转后的 div</div>
    </div>
</body>
</html>
```

上述代码在浏览器中的运行结果如图 4-33 所示，div 所在盒子按顺时针方向旋转 45 度。

图 4-33   旋转变换效果

任何一个元素都有一个中心原点，默认情况下，元素的中心原点位于 X 轴和 Y 轴的 50%处，所有平移、缩放、旋转、倾斜等操作都是以元素的中心原点进行变换。如果想要改变默认情况，使得上述变换的中心原点不是原来元素的中心位置，在 CSS3 中，我们可以通过 transform-origin 属性来改变元素变换时的中心原点位置。transform-origin 属性和 background-position 属性相似，其属性值既可以取关键字，如 top left，也可以使用位置所在的像素值或百分比，如 0 0。下面的样式示例就是将旋转中心改为 0 0 位置：

```css
#div3{
        width:150px;height:75px;
        background-color:#eee;
            transform:rotate(45deg);
        transform-origin:0 0;
    }
```

即按照左上角进行旋转，重新运行后，浏览器显示结果如图 4-34 所示。

图 4-34   设置 transform-origin
后的旋转效果

当然，也可以设置 rotateX(angle)、rotateY(angle)、rotateZ(angle)使元素绕 X 轴、Y 轴以及 Z 轴同时进行旋转。例如，设置旋转样式如下：

```
#div4{
    width:150px;height:75px;
    background-color:gray;
    transform-origin:center center;
    transform:rotateX(60deg) rotateY(60deg) rotateZ(60deg);
}
```

div4 先按照 X 轴旋转 60 度，然后按照 Y 轴旋转 60 度，最后再按照 Z 轴旋转 60 度，最终结果如图 4-35 所示。

图 4-35　绕 X、Y、Z 轴同时旋转效果

另外，还可以使用 rotate3d()方法，该方法有 4 个参数，其中前 3 个参数为 x、y、z，用来定义旋转的主轴，这 3 个值实际上设置的是矢量的方向，例如设置 1,1,0，即表示后面的旋转沿 x=1,y=1 这一矢量方向进行旋转。下面给出 CSS 代码：

```
#div5{
    width:150px;height:75px;
    background-color:gray;
    transform-origin:center center;
    transform:rotate3d(1,1,0,45deg);
}
```

上述样式代码的运行结果如图 4-36 所示。

图 4-36　rotate3D(1,1,0,45deg)旋转效果

4.5.3　缩放变换

缩放，指的是"缩小"和"放大"。在 CSS3 中，可以使用 scale()方法将元素根据中心原点进行缩放。和平移一样，其语法格式同样有下面三种形式：

```
transform:scale(x, y)
transform:scaleX(x)
```

transform:scaleY(y)

scale()方法包含两个参数,分别用来定义宽(水平方向 X 轴)和高(垂直方向 Y 轴)的缩放比例。参数可以是正数、负数或小数,默认值为 1,取正数表示放大相应的倍数,取小于 1 的小数值表示缩小相应的倍数,取负数值不会缩小元素,而是翻转元素。当设置一个参数时,表示水平和垂直方向同时缩放该倍率,设置两个参数时,第一个参数指定水平方向的缩放倍率,第二个参数指定垂直方向的缩放倍率。scaleX(x)和 scaleY(y)可以单独实现水平和垂直方向的缩放。

需要强调的是,此处的缩放改变的不是元素的宽和高,而是对 X 轴、Y 轴的缩放,从而在外观上显示为元素大小的改变。

【示例 4-19】缩放变换效果。

```
<html>
<head>
  <style>
    #div1{
        width:150px;height:75px;
        border:1px dashed silver;
    }
    #div2{
        margin:100px;width:100px;height:75px;
        background-color:#eee;
        transform: scale(2,1.5);
    }
  </style>
</head>
<body>
  <div id="div1">原始 div
    <div id="div2">缩放后的 div</div>
  </div>
</body>
</html>
```

上述代码在浏览器中的运行结果如图 4-37 所示,div 所在盒子的宽度缩放为原来的 2 倍,高度为原来的 1.5 倍。

和平移一样,也可以在三维空间中对对象执行缩放操作,为此 CSS3 提供了 scale3d(x,y,z)和 scaleZ(z)方法。

图 4-37　缩放变换效果

4.5.4　倾斜变换

skew()方法用来实现元素对象的倾斜显示,和 translate()方法、scale()方法一样,也有如下三种语法形式:

transform:skew(angle[,angle])

transform:skewX(angle)

transform:skewY(angle)

skew 方法包含两个参数值，其中第一个参数表示元素在 X 轴方向上倾斜的角度，如果度数为正，表示元素沿 X 轴方向逆时针倾斜；如果度数为负，则表示元素沿 X 轴方向顺时针倾斜。第二个参数表示元素在 Y 轴方向的倾斜度数，如果度数为正，则表示元素沿 Y 轴方向顺时针倾斜；如果度数为负，则表示元素沿 Y 轴方向逆时针倾斜。同样，也可以用 transform:skewX(angle)或 transform:skewY(angle)，单独设置元素沿水平或垂直方向倾斜。

【示例 4-20】倾斜变换效果。

```
<html>
<head>
  <style>
    #div1{
        margin:100px;width:200px;height:100px;
        border:1px dashed silver;
    }
    #div2{
        width:200px;height:100px;
        background-color:#eee;
        transform:skewX(30deg);
    }
  </style>
</head>
<body>
  <div id="div1">
  <div id="div2">倾斜后的 div</div>
  </div>
</body>
</html>
```

上述代码在浏览器中的运行结果如图 4-38 所示，div 所在盒子沿 X 轴按顺时针倾斜 30 度。可以看出，skewX()方法是沿着 X 轴方向倾斜，元素的高度保持不变，为了保持倾斜，只能沿 X 轴拉长。相似的，skewY()方法会保持宽度，沿着 Y 轴倾斜，skew(x,y)方法则先按照 skewX()方法倾斜，然后按照 skewY()方法倾斜。

图 4-38　倾斜变换效果

4.5.5　perspective 属性

perspective 属性定义元素距离视图(人眼)的距离，用来在网页中实现透视效果，一般以像素为单位。需要注意的是，当元素定义 perspective 属性时，其子元素会获得透视效果，而不是元素本身。

　　想要理解 perspective 属性，需要了解浏览器坐标系以及浏览器透视原理。其中，浏览器平面可以理解为 Z=0 的平面，坐标原点默认为图片的中心，浏览器透视即把近大远小的图像，投影在屏幕上，如图 4-39 所示，黑色实心原点相当于观察点，称为视点，视点到投影平面的距离称为视距，因为 Z=0，所以此时投影在屏幕上的图像尺寸和原始图片大小一样。如果此时通过 translateZ 增大 Z 的值，即图片向视点靠近，如图 4-40 所示，此时视距减小，投影到屏幕上的图像变大了。反之，如果设置 Z 值为负数，此时图片会移动到屏幕外面，在屏幕上的投影反而是变小了。

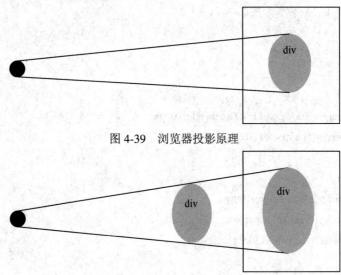

图 4-39　浏览器投影原理

图 4-40　视距减少的投影效果

4.5.6　变换应用案例

　　借助旋转变换，可以使用两张或更多图片做出简单的照片叠加效果。

　　【示例 4-21】照片叠加效果。

```
<html>
<head>
  <style>
    body{
      margin:30px; background-color:#E9E9E9;
    }
    div{
      width:294px;padding:10px 10px 20px 10px;
      border:1px solid #BFBFBF;
      background-color:white;
      box-shadow:2px 2px 3px #aaaaaa;
    }
    div.rotate_left{
      float:left; transform:rotate(7deg);
```

```
          }
        div.rotate_right{
            float:left; transform:rotate(-8deg);
        }
    </style>
</head>
<body>
    <div class="rotate_left">
        <img src="Lighthouse.jpg" width="284" height="213"><p>灯塔</p>
    </div>
    <div class="rotate_right">
        <img src="Desert.jpg" width="284" height="213"><p>沙漠</p>
    </div>
</body>
</html>
```

上述代码在浏览器中的运行结果如图 4-41 所示，从示例代码可以看出，实现这样的效果其实并不复杂，只要将灯塔图片所在的盒子向右旋转 7 度，将沙漠图片所在的盒子旋转向左 8 度即可，这里的旋转度数不是固定的，可以根据需要进行调整。

图 4-41　照片叠加效果

除了上述介绍的几种变换方法，在 CSS3 中，还提供了一种矩阵变换 matrix()方法，可以用来将前面平移、旋转、缩放、倾斜等方法合并在一起，matrix()方法有六个参数，其使用较为复杂，这里就不再详细介绍了，有兴趣的读者可以在网上查找 matrix()方法及其参数的使用。其实，单纯地对某个元素使用变换操作是没有太多实际意义的，这些操作一般都是结合 CSS3 动画一起使用，从而实现复杂的动画效果。

4.6　CSS3 过渡与动画效果

4.6.1　过渡效果

过渡是元素从一种样式逐渐改变为另一种样式的效果，例如，将一个元素的宽度 width

属性从 100 像素变为 200 像素。另外，除了宽度外还可以指定改变其他属性，如设置过渡效果时，通常还需指定过渡的速度、时间和类型等。

在 CSS3 中，设置过渡效果的语法格式为：

　　　transition:property duration time-function delay

其中参数 property 表示要设置的属性，可以单独使用 transition-property 进行设置；参数 duration 表示过渡效果需要多少秒或毫秒才能完成，也可以使用 transition-duration 进行设置；参数 time-function 用来指定过渡动画的类型，如匀速动画、加速动画等，其可选参数如表 4-3 所示；参数 delay 表示延迟多长时间后执行该过渡效果，可以用 transition-delay 单独设置。

表 4-3　过渡动画类型

参　数	描　述
linear	匀速过渡，等同于贝塞尔曲线(0.0, 0.0, 1.0, 1.0)
easy	默认值，表示平滑过渡，等同于贝塞尔曲线(0.25, 0.1, 0.25, 1.0)
easy-in	由慢到快，等同于贝塞尔曲线(0.42, 0, 1.0, 1.0)
easy-out	由快到慢，等同于贝塞尔曲线(0, 0, 0.58, 1.0)
easy-in-out	由慢到快再到慢，等同于贝塞尔曲线(0.42, 0, 0.58, 1.0)
cubic-bezier	特定的贝塞尔曲线类型

【示例 4-22】过渡效果。

```
<html>
<head>
  <style>
   div{
      width:100px; height:100px; background:red;
      transition:width 2s, height 2s, background 2s;
   }
   div:hover {
      width:300px; height:300px; background:black;
   }
  </style>
</head>
<body>
  <div></div>
  <p>鼠标移动到 div 元素上，查看过渡效果。</p>
</body>
</html>
```

当鼠标移动到 div 元素上，可以看到 div 元素的宽度、高度和背景色均发生了变化，具体表现为宽度和高度变成 300 像素，背景色由红色变成黑色，2 秒内完成过渡效果。

4.6.2　动画效果

　　动画和过渡的功能类似，都是实现元素样式的变化，不同点在于动画提供了更多的控制方式。在 CSS3 中，可以使用@keyframes 创建动画变换规则，这里的@keyframes 类似于 Flash 中的关键帧，主要任务是定义动画变换过程中的关键点。例如，想要实现背景色从红色变为黄色，可以定义@keyframes 规则，代码如下：

```
@keyframes myRule {
    from {background:red;}
    to { background:yellow;}
}
```

　　其中，myRule 是关键帧名称，关键词 from 和 to 分别定义了动画的起点和终点效果，这里也可以使用 0%代替 from，100%代替 to。如果想实现更多的背景色变换，可以添加更多的关键帧。例如，希望在整个动画时长的四分之一处将背景色变为黄色，在一半处将背景色变成蓝色，最后将背景色变成绿色，则可以重新定义@keyframes 规则，代码如下：

```
@keyframes myRule {
    0% {background:red;}
    25% { background:yellow;}
    50% {background:blue;}
    100% { background:green;}
}
```

　　定义好动画变换规则后，就可以在元素上定义动画了。示例 4-23 实现了一种动画效果，元素的背景色和位置会同时发生变化。

　　【示例 4-23】动画效果。

```
<html>
<head>
  <style>
    div{
        width:100px;height:100px;
        background:red;
        position:relative;
        animation-name:myfirst;
        animation-duration:5s;
        animation-timing-function:linear;
        animation-delay:2s;
        animation-iteration-count:infinite;
        animation-direction:alternate;
        animation-play-state:running;
```

```
        }
    @keyframes myfirst
    {
        0%    {background:red; left:0px; top:0px;}
        25%   {background:yellow; left:200px; top:0px;}
        50%   {background:blue; left:200px; top:200px;}
        75%   {background:green; left:0px; top:200px;}
        100%  {background:red; left:0px; top:0px;}
    }
    </style>
    </head>
    <body>
        <div></div>
    </body>
    </html>
```

　　程序运行后，可以看到延迟 2 秒后动画开始执行，元素的背景色由红色变成黄色，再变成蓝色、绿色和红色，同时位置也发生变化，整个动画会重复交替执行。

4.6.3　图像滤镜效果

　　CSS3 Filter(滤镜)属性提供了模糊和改变元素颜色的功能。CSS3 Fitler 常用于调整图像的渲染、背景或边框的显示效果，从而实现图像灰度、亮度、模糊、饱和度或透明等效果。表 4-4 列出了 Filter 滤镜属性的取值及含义。

表 4-4　Filter 滤镜属性

Filter	描　　述
none	默认值，没有效果
blur(px)	给图像设置高斯模糊，值越大图像越模糊
brightness(%)	给图片应用一种线性乘法，使其看起来更亮或更暗。如果值是 0%，图像会全黑，值是 100%，图像无变化，其他的值对应线性乘数效果，值超过 100% 时，图像会比原来更亮
drop-shadow(h-shadow v-shadow blur spread color)	给图像设置阴影效果。除了 inset 关键字是不允许的，该函数与 box-shadow 属性很相似，不同之处在于，通过滤镜，一些浏览器为了更好的性能会提供硬件加速
grayscale(%)	将图像转换为灰度图像。值定义转换的比例，值为 100% 表示完全转为灰度图像，值为 0% 表示图像无变化。值为 0% 到 100%，则是效果的线性乘子，若未设置，值默认是 0
hue-rotate(deg)	旋转图像应用色相。angle 值设定图像会被调整的色环角度值，值为 0deg，表示图像无变化

invert(%)	反转输入图像。值定义转换的比例，值为 100%的表示完全反转，值为 0% 则图像无变化，值为 0%到 100%，则是效果的线性乘子，若值未设置，默认 是 0

续表

Filter	描　　述
opacity(%)	转化图像的透明程度。值定义转换的比例,值为 0%表示完全透明,值为 100% 表示图像无变化，值为 0%到 100%，则是效果的线性乘子，相当于图像样本 乘以数量，若值未设置，默认是 1
saturate(%)	转换图像饱和度。值定义转换的比例，值为 0%表示完全不饱和，值为 100% 表示图像无变化，其他取值则是效果的线性乘子，取值超过 100%表示更高的 饱和度，若值未设置，值默认是 1
sepia(%)	将图像转换为深褐色。值定义转换的比例，值为 100%表示深褐色，值为 0% 表示图像无变化，值为 0%到 100%，则是效果的线性乘子，若未设置，值默 认是 0

【示例 4-24】图像滤镜效果。

```
<html>
<head>
  <style>
    img {
        width: 33%; height: auto; float: left; max-width: 235px;
    }
    .blur {-webkit-filter: blur(4px);filter: blur(4px);}
    .brightness {-webkit-filter: brightness(250%);filter: brightness(150%);}
    .contrast {-webkit-filter: contrast(180%);filter: contrast(150%);}
    .grayscale {-webkit-filter: grayscale(100%);filter: grayscale(100%);}
    .huerotate {-webkit-filter: hue-rotate(180deg);filter: hue-rotate(180deg);}
    .invert {-webkit-filter: invert(70%);filter: invert(100%);}
    .opacity {-webkit-filter: opacity(50%);filter: opacity(90%);}
    .saturate {-webkit-filter: saturate(7); filter: saturate(5);}
    .sepia {-webkit-filter: sepia(100%);filter: sepia(100%);}
    .shadow {-webkit-filter: drop-shadow(8px 8px 10px green);filter: drop-shadow(8px 8px
    10px green);}
  </style>
</head>
<body>
  <img src="desert.jpg" alt="desert" width="300" height="300">
  <img class="blur" src="desert.jpg" alt="desert" width="300" height="300">
  <img class="brightness" src="desert.jpg" alt="desert" width="300" height="300">
  <img class="contrast" src="desert.jpg" alt="desert" width="300" height="300">
```

```
    <img class="grayscale" src="desert.jpg" alt="desert" width="300" height="300">
    <img class="huerotate" src="desert.jpg" alt="desert" width="300" height="300">
    <img class="invert" src="desert.jpg" alt="desert" width="300" height="300">
    <img class="opacity" src="desert.jpg" alt="desert" width="300" height="300">
    <img class="saturate" src="desert.jpg" alt="desert" width="300" height="300">
    <img class="sepia" src="desert.jpg" alt="desert" width="300" height="300">
    <img class="shadow" src="desert.jpg" alt="desert" width="300" height="300">
</body>
</html>
```

4.7　CSS3 应用案例

4.7.1　导航条

　　导航条是网页设计中不可缺少的部分，它指通过一定的技术手段，为网站的访问者提供一定的途径，使其可以方便地访问所需的内容。导航条是人们浏览网站时可以快速从一个页面切换到另一个页面的快速通道。

　　网页设计一般包含水平和垂直两种导航条，如图 4-42、图 4-43 所示。水平导航条的设计并不复杂，只要将导航条中的各个项设置为列表项，并设置各列表项为左浮动即可，示例 4-25 给出了水平导航条的代码。

图 4-42　水平导航条

图 4-43　垂直导航条

【示例 4-25】水平导航条。

```
<html>
<head>
    <title>水平导航条</title>
    <style>
        ul{ list-style-type:none; margin:0; padding:0; overflow:hidden; }
        li{ float:left; }
```

```
a:link,a:visited{
    display:block; width:120px;
   font-weight:bold; color:#FFFFFF;
   background-color:#98bf21;
    text-align:center; padding:4px;
   text-decoration:none; text-transform:uppercase;
}
a:hover,a:active{
   background-color:#7A991A;
}
  </style>
</head>
<body>
  <ul>
    <li><a href="#home">Home</a></li>
    <li><a href="#news">News</a></li>
    <li><a href="#contact">Contact</a></li>
    <li><a href="#about">About</a></li>
  </ul>
</body>
</html>
```

要实现垂直导航条也不复杂，只要将上述代码中的 li{ float:left; }这一行删除即可，即
列表项将按照默认的标准流进行上下排列。

4.7.2　下拉菜单

下拉菜单通常嵌入在导航条中，当鼠标经过或点击导航项时，弹出下拉菜单，效果如
图 4-44 所示。

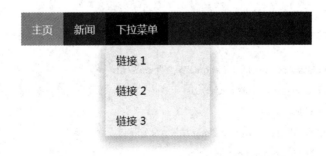

图 4-44　下拉菜单效果

【示例 4-26】下拉菜单。

```
<html>
```

```html
<head>
  <title>下拉菜单</title>
  <style>
    ul {
      list-style-type: none; margin: 0; padding: 0;
      overflow: hidden; background-color: #333;
    }
    li { float: left;}
    li a, .dropbtn {
      display: inline-block; color: white;
      text-align: center; padding: 14px 16px;
      text-decoration: none;
    }
    li a.active {background-color:#98bf21;}
    li a:hover, .dropdown:hover .dropbtn { background-color: #111;}
    .dropdown {display: inline-block;}
    .dropdown-content {
      display: none; position: absolute;
      background-color: #f9f9f9; min-width: 160px;
      box-shadow: 0px 8px 16px 0px rgba(0,0,0,0.2);
    }
    .dropdown-content a {
      color: red; padding: 12px 16px;
      text-decoration: none; display:block;
    }
    .dropdown-content a:hover {background-color: #333}
    .dropdown:hover .dropdown-content { display:block; }
  </style>
</head>
<body>
  <ul>
    <li><a class="active" href="#home">主页</a></li>
    <li><a href="#news">新闻</a></li>
    <li class="dropdown">
      <a href="#" class="dropbtn">下拉菜单</a>
      <div class="dropdown-content">
        <a href="#">链接 1</a>
        <a href="#">链接 2</a>
        <a href="#">链接 3</a>
```

```
            </div>
          </li>
        </ul>
      </body>
    </html>
```

从上述示例代码可以看出，实现下拉菜单效果的核心是 class="dropdown-content"的 div 部分，默认情况下，该部分的显示属性取值为 none，表示隐藏该 div 元素，当鼠标经过时，设置显示属性值为 block，即显示该菜单项。

4.7.3 响应式图片与媒体查询

图片作为现代网站开发工作流中一个重要的部分，占据了很大一部分的页面加载和屏幕尺寸。所谓响应式图片是指图片能够根据浏览器终端的尺寸，自动调整图片的显示，使同一图片能够自动适配各种尺寸的屏幕。对单张图片来说，实现响应式图片只需设置 max-width 属性值为 100%，height 属性值为 auto 即可，具体可通过调整浏览器大小查看响应式图片的效果。

【示例 4-27】响应式图片。

```
    <html>
    <head>
      <title>响应式图片</title>
      <style>
        img { max-width: 100%; height: auto;}
      </style>
    </head>
    <body>
      <p>响应式图片会自动适配各种尺寸的屏幕，通过重置浏览器大小查看效果:</p>
      <img src="desert.jpg" alt="desert">
    </body>
    </html>
```

执行上述示例代码可以看出，当屏幕尺寸缩小时，屏幕上的图片会跟着自动缩小。这是一张图片的情况，对于多张图片组成的图片相册，可以通过查询媒体的方式实现响应式效果。

在 CSS3 中，媒体查询用@media 表示，可用于检测视窗、屏幕、设备的宽度和高度、朝向(横屏或竖屏)、分辨率等。每条媒体查询语句都由一个可选的媒体类型和任意数量的媒体特性表达式构成，可以使用多种逻辑操作符和多条媒体查询语句，媒体查询语句不区分大小写。其中媒体类型(Media types)用于描述设备的一般类别，常用值有：all 表示适用于所有设备；print 表示用于在打印预览模式下，在屏幕上查看的、分页的材料和文档；screen 表示用于屏幕；speech 表示用于语音合成器。除非使用 not 或 only 逻辑操作符，媒体类型是可选的，并且会(隐式地)应用 all 类型。

媒体特性(Media features)描述了 user agent、输出设备，或是浏览环境的具体特征。媒体特性表达式是完全可选的，用于测试这些特性或特征是否存在、值为多少，每条媒体特性表达式都必须用括号括起来。常见的媒体特性有 device-height、device-width 表示输出设备渲染表(如屏幕)的高度和宽度，height 和 width 表示视窗(viewport)的高度和宽度，orientation 表示视窗的旋转方向，light-level 表示环境光亮度等。逻辑运算符可用于组合复杂的媒体查询，运算符有三种，分别为 not、and 和 only，可以通过逗号分隔多个媒体查询，将它们组合成一个规则。

媒体查询的基本语法形式为：

@media not|only mediatype and (expression) { CSS 代码…; }

例如，查询屏幕可视窗口尺寸，在尺寸大于 600 像素的设备上设置背景颜色为lightgreen，样式代码如下：

```
@media screen and (min-width:600px){
    body { background-color:lightgreen; }
}
```

下面，结合媒体查询，给出响应式图片相册示例。

【示例 4-28】响应式图片相册。

```
<html>
<head>
  <title>响应式图片相册</title>
  <style>
    div.img {border: 1px solid #ccc;}
    div.img:hover {border: 1px solid #777;}
    div.img img {width: 100%; height: auto;}
    div.desc {padding: 15px; text-align: center;}
    * { box-sizing: border-box;}
    .responsive {padding: 0 6px; float: left; width: 24.9%;}
    @media only screen and (max-width: 700px){
        .responsive {width: 49.9%; margin: 6px 0;}
    }
    @media only screen and (max-width: 500px){
        .responsive { width: 100%; }
    }
  </style>
</head>
<body>
  <h2 style="text-align:center">响应式图片相册</h2>
  <div class="responsive">
    <div class="img">
      <a target="_blank" href="Chrysanthemum.jpg">
```

```
    <img src="Chrysanthemum.jpg" alt="Chrysanthemum" width="300" height="200">
    </a>
    <div class="desc">Chrysanthemum</div>
  </div>
</div>
<div class="responsive">
<div class="img">
    <a target="_blank" href="Hydrangeas.jpg">
      <img src="Hydrangeas.jpg" alt="Hydrangeas" width="600" height="400">
    </a>
    <div class="desc">Hydrangeas</div>
  </div>
</div>
<div class="responsive">
<div class="img">
    <a target="_blank" href="Jellyfish.jpg">
      <img src="Jellyfish.jpg" alt="Jellyfish" width="600" height="400">
    </a>
    <div class="desc">Jellyfish</div>
  </div>
</div>
<div class="responsive">
<div class="img">
    <a target="_blank" href="Penguins.jpg">
      <img src="Penguins.jpg" alt="Penguins" width="600" height="400">
    </a>
    <div class="desc">Penguins</div>
  </div>
</div>
</body>
</html>
```

　　代码执行结果如图 4-45 所示。可以看出，在默认情况下，每张图片的宽度为 24.9%，即一行可以显示 4 张图片；当浏览器窗口宽度小于 700 像素时，每张图片宽度为 49.9%，此时一行显示 2 张图片；当浏览器窗口宽度 500 时，此时图片宽度为 100%，即每行仅显示 1 张图片。

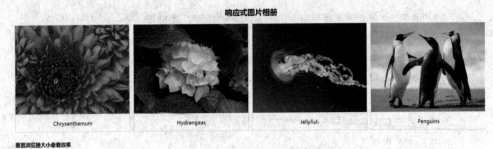

图 4-45　响应式图片相册

4.7.4　关键帧动画

所谓关键帧动画(Keyframe Animation)，就是给需要动画效果的属性，准备一组与时间相关的值，这些值都是从动画序列中比较关键的帧中提取出来的，而其他时间帧中的值，可以用这些关键值，采用特定的插值方法计算得到，从而达到比较流畅的动画效果。任何动画要表现运动或变化效果，至少前后要给出两个不同的关键状态，而中间状态的变化和衔接计算机可以自动完成。

借助 CSS3 中的 animation 功能，无须使用 Flash 等动画制作工具，就可以实现关键帧动画。在 CSS3 中制作关键帧动画，首先需要提供关键帧动画素材，这里使用超级马里奥作为动画素材，如图 4-46 所示，注意图片格式为背景透明的 png 格式，并且图片给出了每一帧的运动动画。在本例中，图片大小为 480×32，即每一帧图像的大小为 32×32 像素。

图 4-46　超级马里奥动画素材

接下来，需要定义 CSS 样式，并使用 animation 实现动画效果，代码如示例 4-29 所示。

【示例 4-29】关键帧动画。

```html
<html>
<head>
  <style>
    @keyframes run{
      0%    {left:0px;}
      100% {left:-480px;}
    }
    .wra{
      position:relative; width:32px; height:32px;
      overflow:hidden;   /*父容器，溢出隐藏*/
    }
    .box{
      position:absolute; left:0; top:0;
      width:480px;height:32px;
```

```
        background-image:url('mariosheet.png');
        animation:run 2s steps(15,end) infinite;
        /*steps 把动画总时长 2 秒分割成 15 个单元，每个单元的播放时长为 2/15 秒*/
      }
    </style>
  </head>
  <body>
    <div class="wra">
    <div class="box"></div>
    </div>
  </body>
</html>
```

4.7.5　旋转照片墙

　　旋转照片墙是指利用多张图片，以 3D 方式旋转而产生的动态效果，如图 4-47 所示。要实现旋转照片墙效果，通常需要四个步骤：① 把照片堆叠在一起，并使用 rotateY 旋转各个图片，每张图片旋转不同角度；② 设置 perspective 和 transform-style 属性，使浏览器以 3D 方式渲染，产生在 3D 空间中旋转的效果；③ 设置 translateZ，产生深度效果；④ 设置旋转动画。

图 4-47　旋转照片墙

【示例 4-30】旋转照片墙。

```
<html>
<head>
  <style>
    *{ padding: 0; margin: 0;}
    :root,body{ height: 100%; perspective: 1000px; }
    /*旋转 360 度，开始 0 结束 360，循环即可*/
    @keyframes run{
      0%{ transform: rotateY(0deg); }
      100%{ transform: rotateY(360deg);}
    }
```

```css
.wra{
    position: absolute;        /*把父级作为容器，定位到屏幕的中间去*/
    width: 200px; height: 100px;
    left: calc(50% - 100px);   /*使用 calc 方法动态计算长度值*/
    top: calc(50% - 50px);
    transform-style: preserve-3d; /*以 3d 方式渲染，该属性要添加在父级元素上，那么其子元
    素，就能以 3d 的方式展示。*/
    animation: run 30s linear infinite; /* linear 是匀速运动，infinite 是无限循环*/
}
.img{
    position: absolute; width: 200px; height: 100px;
}
.img:nth-of-type(1){
    background-image: url('Chrysanthemum.jpg');
    background-size: cover;
    transform: translateZ(350px);
}
.img:nth-of-type(2){
    background-image: url('Desert.jpg');
    background-size: cover;
    transform: rotateY(45deg) translateZ(350px);
}
.img:nth-of-type(3){
    background-image: url('Hydrangeas.jpg');
    background-size: cover;
    transform: rotateY(90deg) translateZ(350px);
}
.img:nth-of-type(4){
    background-image: url('Jellyfish.jpg');
    background-size: cover;
    transform: rotateY(135deg) translateZ(350px);
}
.img:nth-of-type(5){
    background-image: url('Koala.jpg');
    background-size: cover;
    transform: rotateY(180deg) translateZ(350px);
}
.img:nth-of-type(6){
    background-image: url('Lighthouse.jpg');
```

```
            background-size: cover;
            transform: rotateY(225deg) translateZ(350px);
        }
        .img:nth-of-type(7){
            background-image: url('Penguins.jpg');
            background-size: cover;
            transform: rotateY(270deg) translateZ(350px);
        }
        .img:nth-of-type(8){
            background-image: url('Tulips.jpg');
            background-size: cover;
            transform: rotateY(315deg) translateZ(350px);
        }
    </style>
</head>
<body>
    <div class="wra">
        <div class="img"></div>
        <div class="img"></div>
        <div class="img"></div>
        <div class="img"></div>
        <div class="img"></div>
        <div class="img"></div>
        <div class="img"></div>
        <div class="img"></div>
    </div>
</body>
</html>
```

4.7.6　轮播图效果

轮播图即实现图片的轮换播放效果，在页面上具体表现为先显示一张图片，经过一定的时间，让这张图片消失，再显示下一张图片。在本例中，轮播图实现原理是利用动画中的延迟属性，事先指定每一张图片在某一时刻执行淡出动画效果。如示例 4-31 代码，其中 slider-item 用来设置轮播时各图片的动画效果，focus-item 用来设置底部圆形图标的动画效果，圆形图标随着图片的显示进行相应的切换。

【示例 4-31】轮播图效果。

```
<html>
<head>
```

```
<style>
  *{ margin:0; padding:0;}
  ul,li{list-style: none;}
  .floatfix {zoom: 1;}
  .floatfix:after {content: ""; display: table; clear: both;}
  .slider-container{width:100%; position:relative; }
  .slider-item + .slider-item{ opacity:0; }
  .slider-item{
      width:100%; position:absolute;
      animation-timing-function: linear;
      animation-name:fade;
      animation-iteration-count: infinite;
      background-size:100%;
  }
  .slider-item1{background-image:url(Chrysanthemum.jpg);}
  .slider-item2{background-image:url(Desert.jpg);}
  .slider-item3{background-image:url(Hydrangeas.jpg);}
  .slider-item4{background-image:url(Lighthouse.jpg);}
  .slider-item5{background-image:url(Koala.jpg);}
  /*设置图片的高度，请根据具体需要修改百分比*/
  .slider,.slider-item{padding-bottom:50%;}
  /*设置动画，请根据实际需要修改秒数*/
  .slider-item,.focus-item{animation-duration: 20s;}
  .slider-item1,.focus-item1{animation-delay: -1s;}
  .slider-item2,.focus-item2{animation-delay: 3s;}
  .slider-item3,.focus-item3{animation-delay: 7s;}
  .slider-item4,.focus-item4{animation-delay: 11s;}
  .slider-item5,.focus-item5{animation-delay: 15s;}
  @keyframes fade{
    0%{opacity:0;z-index:2;}
    5%{opacity:1;z-index:1;}
    20%{opacity:1;z-index:1;}
    25%{opacity:0;z-index:0;}
    100%{opacity:0;z-index:0;}
  }
  .focus-container{
    position:absolute; z-index:7; margin:0 auto;
    left:0; right:0; bottom:2%;
  }
```

```
    .focus-container ul{margin-left:46%;}
    .focus-container li{
        width:10px; height:10px; border-radius:50%;
        float:left; margin-right:10px; background:#fff;
    }
    .focus-item{
        width:100%; height:100%; border-radius:inherit;
        animation-timing-function: linear;
        animation-name:fade;
        animation-iteration-count: infinite;
        background:#51B1D9;
    }
    .focus-item2,.focus-item3,.focus-item4,.focus-item5{opacity:0;}
    .focus-item1{animation-delay: -1s;}
    .focus-item2{animation-delay: 3s;}
    .focus-item3{animation-delay: 7s;}
    .focus-item4{animation-delay: 11s;}
    .focus-item5{animation-delay: 15s;}
  </style>
</head>
<body>
  <div class="slider-container">
  <ul class="slider">
    <li class="slider-item slider-item1"></li>
    <li class="slider-item slider-item2"></li>
    <li class="slider-item slider-item3"></li>
    <li class="slider-item slider-item4"></li>
    <li class="slider-item slider-item5"></li>
  </ul>
  </div>
  <div class="focus-container">
  <ul class="floatfix">
    <li><div class="focus-item focus-item1"></div></li>
    <li><div class="focus-item focus-item2"></div></li>
    <li><div class="focus-item focus-item3"></div></li>
    <li><div class="focus-item focus-item4"></div></li>
    <li><div class="focus-item focus-item5"></div></li>
  </ul>
  </div>
```

```
    </body>
    </html>
```

习　　题

一、选择题

1. 下列哪一个不是 CSS3 中的新增选择器(　　　)。

A. :root　　　　　B. :first-child　　　　C. :first-of-type　　　　D. :sibling

2. 在设置圆角边框时，如果希望设置左上角为 15 个像素，右上角和左下角为 20 个像素，右下角为 30 个像素，下列哪一个选项的设置是正确的(　　　)。

A. border-radius:15px 15px 20px 30px　　　B. border-radius:15px 20px 30px

C. border-radius:15px 20px 20px 30px　　　D. border-radius: 20px 15px 30px

3. 在设置 border-image 属性时，参数 border-image-repeat 的主要功能是确定边框图片的重复性，其中表示平铺的属性值是(　　　)。

A. repeat　　　　B. round　　　　C. stretch　　　　D. cover

4. CSS3 使用 box-shadow 属性定义盒子的阴影效果，其中表示阴影大小的属性是(　　　)。

A. offset-x　　　　B. offset-y　　　　C. blur　　　　D. spread

5. 关于 CSS3 中 background-image 属性，下面描述正确的是(　　　)。

A. 只能设置一张图片作为背景图片。

B. 可以设置多张图片作为背景图片，多张图片之间用分号隔开。

C. 可以设置多张图片作为背景图片，所有的图片中显示在最顶端的为第一张图片。

D. 背景图片大小位置是固定的，不可以指定大小和位置。

6. 在 CSS3 中，可以使用 background-origin 属性指定背景图像的起始区域，下面描述错误的是(　　　)。

A. 默认取值为 padding-box，表示把背景图像的坐标原点设置在盒模型 padding-box 区域的左上角。

B. 取值 border-box，表示把背景图像的坐标原点设置在盒模型 border-box 区域的左上角。

C. 取值 content，表示把背景图像的坐标原点设置在盒模型 content 区域的左上角。

D. 当 background-attachment 属性设置为 fixed 时，background-origin 属性仍然有效。

7. CSS3 使用 transform 属性实现文字和图像的变换效果，下列变换操作正确的是(　　　)。

A. transform:translate(100)　　　　B. transform:translateX(100,200)

C. transform:rotate(90)　　　　D. transform:rotate(45deg)

8. 下面关于 CSS3 动画的描述，错误的是(　　　)。

A. 在 CSS3 中，使用@keyframes 创建动画变换规则。

B. 在动画规则中，关键词 from 和 to 分别定义了动画的起点和终点效果。

C. 在动画规则中，也可以使用百分比定义动画中的关键时间点。

D. 定义好动画变换规则后，就可以使用关键字 filter 使用动画了。

二、填空题

1. CSS3 新增了一些伪类选择器，其中_____表示匹配父元素下的第一个子元素，:checked 表示匹配用户界面上处于_____状态的元素，:empty 表示匹配没有任何_____的父元素。

2. 在 CSS3 中使用_____属性创建圆角边框效果，如果需要单独设置左边框的圆角效果，应使用_____属性。

3. 在 CSS3 中创建盒子阴影效果，应使用_____属性，其中属性值_____表示水平阴影的位置，_____表示阴影模糊半径。

4. 在 CSS3 中提供了_____属性，该属性可以指定图像来填充盒子的边框。其中参数_____，即边框图片的重复性，可取值 repeat、_____和_____。

5. CSS3 定义了三种类型的渐变，分别为_____、_____和重复渐变等。

6. _____属性定义元素距离视图(人眼)的距离，用于在网页中实现透视效果。

三、简单题

1. 简述 CSS3 实现元素动画的方法。

2. 简述 CSS3 中元素的变换操作。

3. 举例说明 CSS3 中的媒体查询功能。

四、设计分析题

1. 按照下面的要求，设计水平导航条和垂直导航条效果。

(1) 导航项文字为："首页"、"新闻"、"联系方式"、"关于我们"。

(2) 导航项文字字体为粗体、颜色为白色。

(3) 默认情况下，导航项背景颜色为#98bf21，导航项链接无下划线修饰。

(4) 鼠标经过导航项链接时，导航项背景色为#7A991A。

2. 按照下面的要求，结合媒体查询，设计响应式图片相册。

(1) 默认情况下，一行显示 4 张图片，每张图片的宽度为 24.9%。

(2) 当浏览器窗口宽度小于 800 像素时，一行显示 2 张图片，每张图片宽度为 49.9%。

(3) 当浏览器窗口宽度 400 时，每行仅显示 1 张图片，此时图片宽度为 100%。

第5章　JavaScript 语言基础

本章概述

　　本章主要学习 JavaScript 语言基础，包括 JavaScript 简介、语法规则、数据类型、运算符、流程控制语句、函数、对象等。通过简单实例的演示，使读者快速掌握 JavaScript 语言的编辑、调试和运行，为构建具有丰富交互功能的页面奠定基础。图 5-1 是本章的学习导图，读者可以根据学习导图中的内容，从整体上把握本章学习要点。

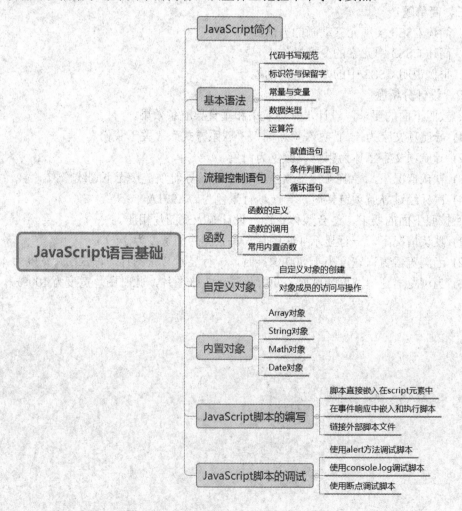

图 5-1　"JavaScript 语言基础"学习导图

5.1　JavaScript 简介

JavaScript 是一种在浏览器中运行的、基于对象(Object)和事件驱动(Event Driven)并具有安全性能的解释型脚本语言，主要用于 Internet 的客户端。作为一种解释型的脚本语言，JavaScript 是动态类型、弱类型、基于原型的语言，内置支持类型。它的解释器被称为 JavaScript 引擎，为浏览器的一部分，广泛用于客户端，最早在 HTML 网页上使用，用来给 HTML 网页增加动态功能。JavaScript 的出现弥补了传统的 HTML 语言不能接收用户输入，无法对用户请求做出响应的不足，使信息和用户之间不仅是一种显示和浏览的关系，还实现了一种实时的、动态的、可交互式的表达能力，从而使静态 HTML 网页能够提供动态实时信息，并实现交互。

JavaScript 语言最初命名为 LiveScript，由 Netscape 公司开发。在 Sun 公司推出 Java 语言之后，Netscape 公司与 Sun 公司合作，于 1995 年 12 月推出了一种新的语言，称为 JavaScript1.0。虽然在名称上 JavaScript 和 Java 语言很相似，但他们是两种完全不同的语言。Java 语言是一种比 JavaScript 更复杂的面向对象编程语言，而 JavaScript 语言则是相对简单且易理解的脚本语言。1996 年 11 月，网景公司将 JavaScript 提交给国际化标准组织 ECMA(European Computer Manufacturers Association，欧洲计算机制造联合会)，随后 ECMA 发布浏览器脚本语言的标准，即 ECMAScript。目前，ECMAScript 的最新版本是 2015 年 6 月发布的ECMAScript 6.0(简称 ES6)，它是 JavaScript 语言的最新标准，其目标是用 JavaScript 语言来编写复杂的大型应用程序，成为企业级开发语言。

相比于其他编程语言，JavaScript 语言具有简单性、动态性、对象性、安全性、跨平台性等多个特点。首先，它的基本语法和 C、C++ 类似，但它不像这些语言需要编译之后才能运行，而是在脚本运行过程中逐行的解释执行，通过与 HTML 结合在一起，方便了用户的使用操作；其次，JavaScript 是动态的，它对用户请求的响应采用事件驱动的方式，如按下鼠标、敲击按键、移动窗口等，这些事件都可以在 JavaScript 中触发并响应；再次，JavaScript 还是一种基于对象的语言，在脚本中可以创建和使用对象，但是 JavaScript 简化了面向对象机制，例如不支持对象的继承、多态等特点。此外，出于安全考虑，JavaScript 语言限制了用户访问本地硬盘，也不允许将数据直接存到服务器上，还限制了对网络文档的修改和删除，只能通过浏览器实现信息的浏览或动态交互，从而防止数据丢失，提升了安全性；最后，JavaScript 的运行仅依赖于浏览器本身，与操作环境无关，因此具有跨平台的特性。

实现一个完整的 JavaScript 语言由以下 3 个不同部分组成：

(1) ECMAScript：描述了 JavaScript 语言的语法和基本对象。

(2) 文档对象模型(DOM)：描述处理网页内容的方法和接口。

(3) 浏览器对象模型(BOM)：描述与浏览器进行交互的方法和接口。

5.2　基 本 语 法

所有编程语言都有一套自己的语法规则，用来详细说明如何使用该语言编写程序，

JavaScript 也不例外，为了确保代码的正确运行，编写 JavaScript 必须遵循相应的代码书写规范和语法规则。

5.2.1　代码书写规范

1. 区分大小写

JavaScript 语言是严格区分大小写的，例如，标识符 name 与 Name 是两个完全不同的符号。一般来说，对于变量、函数以及事件的命名建议采用小写和大写组合的形式，如 studentId、getNumber、onClick 等，而对于 JavaScript 中的保留字，如 if、else、switch、for、while 等全部都为小写。

2. 代码格式

JavaScript 中的代码书写遵循固定的格式。每条功能执行语句的最后必须以分号结束，一个单独的分号也可以表示一条语句，叫作空语句。在 JavaScript 程序中，一行可以写一条语句，也可以写多条语句，一行中写多条语句时，语句之间使用分号间隔。另外，为了程序代码的美观和可阅读性，通常建议使用 tab 键或空格键缩进代码。

3. 代码注释

为程序添加注释可以起到解释程序的作用和功能，从而提高程序的可读性。在调试程序时，也可以利用注释暂时屏蔽执行某些程序语句，在需要执行时，再取消注释。和其他编程语言类似，JavaScript 也包含两种方式书写注释。一种是单行注释，以两个斜杠//开头，后面跟上注释文字；另一种是多行注释，以符号/*作为起始，*/作为结束，中间是待注释的内容，注释内容可以跨越多行，但其中不能有嵌套的注释。

5.2.2　标识符与保留字

标识符就是一个名称，主要用来命名程序中的常量、变量和函数等。在 JavaScript 中，一个合法的标识符可以由字母、数字、下划线(_)和美元符号($)组成，但不能以数字开头，并且不能使用 JavaScript 中定义的保留字。例如，username、_username、$username 等都是合法的标识符，而 int、12.3、user name 等是非法的标识符。

保留字是指在程序中有特定含义，已成为编程语言语法体系的一部分字符，这些字符只能在 JavaScript 语法规定的场合下使用，不能用作变量名、函数名等标识符，表 5-1 列出了 JavaScript 中的保留字。

表 5-1　JavaScript 保留字

abstract	delete	goto	null	throws
as	do	if	package	transient
boolean	double	implements	private	true
break	else	import	protected	try
byte	enum	in	public	typeof
case	export	instanceof	return	use

续表

abstract	delete	goto	null	throws
catch	extends	int	short	var
char	false	interface	static	void
class	final	is	super	volatile
continue	finally	long	switch	while
const	float	namespace	synchronized	with
debugger	for	native	this	
default	function	new	throw	

5.2.3 常量与变量

程序运行过程中，值不能改变的量为常量，通常包括整型常量、实型常量、布尔常量、字符串常量等。在 ECMAScript 6 规范中，使用 const 语句声明常量，如 const PI = 3.141592653589793;。需要注意的是，使用 const 语句声明常量时必须进行初始化，且初始化后值不可再修改。

程序运行过程中，值可以改变的量称为变量。在 JavaScript 中，使用变量前需要先声明变量，可以使用关键字 var 或 let 进行声明，其中 let 语句是 ECMAScript 6 规范中新增加的变量声明方式。在 JavaScript 中，可以同时声明多个变量，如 var i,j,k;，也可以在声明变量的同时对其赋值，即对变量初始化，如 var i=1,j=2,k=3;。如果只是声明变量而未对其赋值，则变量值默认为 undefined，表示变量的值处于未知状态。由于 JavaScript 采用弱类型的形式，所以在定义变量时不用指定变量的数据类型，可以把任意类型的数据赋值给变量，JavaScript 会根据实际取值确定变量的类型。

和其他编程语言一样，变量有其作用域和生存周期。作用域是指变量在程序中的有效范围，主要有两种：全局变量和局部变量。全局变量定义在所有函数之外，作用于整个脚本代码；局部变量定义在函数体中，只作用于函数体。生存周期是指变量在计算机中存在的有效时间。和作用域类似，在 JavaScript 中变量的生存期也有两种：全局性和局部性。全局变量在主程序中定义，其有效范围从其定义开始，一直到程序结束；局部变量是在函数中定义，其有效范围在函数之中，当函数结束时，局部变量生存期也就结束了。

5.2.4 数据类型

JavaScript 语言采用了弱类型的方式，所以在声明变量时无须事先指定数据类型，可在使用或赋值时再确定其数据类型。在 JavaScript 中数据类型主要分为值类型(基本类型)和引用类型两类，其中值类型又包括数字型、字符串型、布尔类型、空类型、未定义类型等，引用类型包括数组、函数、对象等。

1. 数字型

数字型(Number)是最基本的数据类型，和其他编程语言不同，JavaScript 中不区分整数和浮点数，所有数字都由浮点型来表示。对于整型数据，既可以用十进制数来表示，也可以使用十六进制或八进制来表示，其中十六进制数以 0X 或 0x 开头，后面跟随十六进制数字，如 0X8F、0x3a；八进制数以 0 开头，后面跟随一个数字序列，如 0567。对于浮点型数据，可以采用传统的整数部分后加小数点和小数的表示方法，如 12.34，也可以采用科学计数法，即实数后跟随字母 e 或 E，后面跟上正负号，其后再加上一个整型指数，如 2e-3、3e5 等。

2. 字符串型

字符串是由 Unicode 字符、数字、标点符号等组成的序列，用单引号或双引号进行包含，如 var a ="Hello JavaScript"。在 JavaScript 中可以通过位置(索引)访问字符串中的任意一个字符，字符串数据也可看成是一个 String 对象，通过 String 对象的属性和方法对字符串进行操作。

3. 布尔类型

布尔数据类型只有两个取值：true 或 false。布尔值通常用于 JavaScript 的控制结构，例如 if/else 语句就是在布尔值为 true 时执行一个动作，在布尔值为 false 时执行另一个动作。

4. 特殊数据类型

JavaScript 中还有一些特殊的数据类型，如转义字符、未定义值、空值等。其中转义字符是以反斜杠开头不可显示的特殊字符，JavaScript 常用转义字符如表 5-2 所示。

表 5-2　JavaScript 常用转义字符表

转义字符	描　述	转义字符	描　述
\n	回车换行	\r	换行
\t	Tab 符号	\\	反斜杠
\b	退格	\v	跳格
\f	换页	\ddd	八进制整数
\'	单引号	\xHH	十六进制整数
\"	双引号	\uhhhh	十六进制编码 Unicode 字符

处于未赋值状态的变量是 undefined 类型，表示未知状态，而 null 类型表示变量被赋为空值，用于定义空或不存在的引用，如果引用一个没有定义的变量，同样也会返回 null 值。另外，JavaScript 中还有一种特殊类型的数字常量 NaN，表示非数字。当程序中由于某种原因发生计算错误时，将产生一个没有意义的数字，此时 JavaScript 返回的数字值就是 NaN。

5.2.5　运 算 符

运算符是完成一系列操作的符号，JavaScript 运算符按运算类型可以分为算术运算符、比较运算符、赋值运算符、逻辑运算符和条件运算符 5 种，按操作数可以分为单目运算符、双目运算符和多目运算符 3 种。

1. 算术运算符

算术运算符用于在程序中进行加、减、乘、除等运算。JavaScript 中常用的算术运算符有 +、-、*、/、%、++、--，其中%表示求模运算符，也就是求余数运算，如 7%3=4。++表示自增运算符，--表示自减运算符。需要注意的是，++ 或 -- 运算的位置对于运算结果是有影响的，例如 i=1;j=i++，执行该运算后，j 的值为 1，i 的值为 2；而对于 i=1;j=++i,执行该运算后，j 的值为 2，i 的值为 2。

2. 比较运算符

比较运算符用于对操作数进行比较，该操作数可以是数字也可以是字符串，比较后的结果返回布尔值 true 或 false。JavaScript 中常用的比较运算符有<、>、<=、>=、==、===、!=、!===。其中==表示只根据表面值进行判断，不涉及数据类型，例如"100"==100，结果返回 true，而===表示绝对等于，根据表面值和数据类型同时进行判断，所以"100"===100，结果将返回 false。

3. 赋值运算符

赋值运算符可以分为简单赋值运算和复合赋值运算。简单赋值运算是将赋值运算符(=)右边表达式的值保存在左边的变量中，而复合赋值运算则混合了其他操作(算术运算操作、位操作等)和赋值操作。JavaScript 中的赋值运算符有 =、+=、-=、*=、/=、%=、&=、|=、^=。和其他编程语言一样，+= 表示将运算符左边的变量加上右边表达式的值赋给左边的变量，例如 a+=b 相当于 a=a+b，其他 -=、*=、/= 等运算功能也是类似的。这里需要说一下，&=、|=、^= 这三个运算符分别属于逻辑与、逻辑或、逻辑异或运算，例如 a&=b，相当于 a=a&b，表示将运算符左边的变量与右边的表达式的值进行逻辑与运算，再将结果赋给左边的变量。

4. 字符串运算符

字符串运算符用于两个字符数据之间的运算，如可以使用比较运算符比较两个字符串，另外，还可以使用+和+=运算符，其中+运算符用于连接两个字符串，如"hello"+"javascript"，而+=运算符用于连接两个字符串并将结果赋给第一个字符串。

5. 逻辑运算符

JavaScript 支持的逻辑运算符有 !、&&、||，分别表示逻辑非(取反)、逻辑与、逻辑或。其中逻辑与&&的运算规则为：如果两个操作数都是逻辑值，则当两个操作数同时为 true 时，结果为 true，否则为 false；如果两个操作数中有一个不是逻辑值，则当第一个操作数的值为 false 时，结果为 false，否则返回第二个操作数的值。例如，false && 'A' 的结果为 false，true && 'A' 的结果为 A。

逻辑或||运算遵循的规则为：如果两个操作数都是逻辑值，则两个操作数只要有一个操作数为 true，结果就为 true，否则为 false；如果两个操作数中有一个不是逻辑值，则当第一个操作数的值为 true、字符串或数值时，返回第一个操作数的值，否则返回第二个操作数的值。例如，false || 'A'的结果为 A，'A' || false 的结果为 A，true || 'A'的结果为 true，'A' || 'B'的结果为 A。

逻辑非运算比较简单，对于!a，表示如果 a 为 true，则结果为 false，否则结果为 true。

6. 条件运算符

条件运算符是 JavaScript 支持的一种特殊的三目运算符，其基本语法为：操作数?结果 1:结果 2，表示如果操作数的值为 true，整个表达式的结果为"结果 1"，否则为"结果 2"。例如，判断两个变量是否相等，如果相等输出 Yes，否则输出 No，代码如下：

```
<script>
function test(){
    var a=10,b=10;
    alert((a==b)?"Yes":"No");
}
test();
</script>
```

7. 其他运算符

JavaScript 中还支持其他一些运算符，如位运算符、typeof 运算符、new 运算符、this 运算符等。其中普通位运算符有&、|、^、~，分别表示与运算、或运算、异或运算、非运算；位移运算符有<<、>>、>>>，分别表示左移、带符号右移、填零右移。位运算符在运算前，都先将操作数转换为 32 位的二进制整数，然后进行相关运算，最后输出结果以十进制数表示。

typeof 是一元运算符，放在单个操作数的前面，操作数可以是任意类型，返回值为表示操作数类型的一个字符串。typeof 运算符可以带上圆括号 typeof(i)，这让 typeof 看起来像一个函数名，而不是一个运算符。例如，var a=10; alert(typeof(a));，运行代码后，输出变量 a 的数据类型为 number 型。

new 运算符用于创建对象，基本语法为：

```
new constructor[(arguments)]
```

其中 constructor 是必选项，表示对象的构造函数；arguments 是可选项，表示传递给构造函数的参数，例如，var myDate = new Date()，表示创建一个 Date 对象 myDate。

this 运算符用于表示当前对象。

5.3　流 程 控 制 语 句

JavaScript 中提供了 if 条件判断、switch 多分支、for 循环、while 循环、do…while 循环、break、continue 等 7 种流程控制语句。

5.3.1　赋 值 语 句

赋值语句是程序中最常用的语句，用来将表达式的值赋值给某个变量，基本语法为：变量名=表达式，如 var i=100;。

5.3.2　条 件 判 断 语 句

条件判断语句是对表达式的值进行判断，并根据判断结果执行不同的分支语句。条件判断语句通常有两类：一类是 if 判断语句，另一类是 switch 多分支语句。

if 语句是最基本的流程控制语句，其基本语法为：

```
if(条件表达式){
    语句块 1;
}
```

该语句表示当条件表达式的值为真(True)时，执行语句块 1。还可以在 if 语句的基础上增加 else 部分，组成 if...else 语句，基本语法为：

```
if(条件表达式){
    语句块 1;
}
else{
    语句块 2;
}
```

上述语句表示当条件表达式的值为真(True)时，执行语句块 1；当条件表达式的值为假(False)时，执行语句块 2。

if 语句是一种很灵活的语句，除了可以使用 if...else 语句形式外，还可以使用 if...else if...else 语句形式，基本语法为：

```
if(条件表达式 1){
    语句块 1;
}
else if(条件表达式 2){
    语句块 2;
}
...
else if(条件表达式 n){
    语句块 n;
}
else {
    语句块 n+1;
}
```

上述语句表示当条件表达式 1 为真时，执行语句块 1；否则如果条件表达式 2 为真，执行语句块 2。以此类推，如果条件表达式 n 为真，则执行语句块 n。如果上述条件表达式都不满足，则执行 else 部分，即语句块 n+1。

上面的 if 语句还可以进行嵌套，即 if 语句的语句块部分可以是另一个完整的 if 语句。在 if 语句中嵌套其他 if 语句时，最好使用大括号{}来确定相互之间的层次关系。不过，当条件分支数较多，需要写大量的 if 语句时，建议使用 switch 语句，其作用与嵌套使用的 if 语句基本相同。但 switch 语句比 if 语句更具有可读性，而且 switch 语句允许在条件不匹配的情况下执行默认的语句，基本语法为：

```
switch(表达式){
```

```
        case 判断 1:
            语句块 1;break;
        case 判断 2:
            语句块 2;break;
        ...
        case 判断 n:
            语句块 n;break;
        default:
            语句块 n+1;break;
    }
```

对于 switch 语句，首先计算表达式的值，当表达式的值与某判断的值相等时，就执行此 case 后的语句块；如果表达式的值与所有的判断的值都不相等时，则执行 default 后面的语句块。break 在这里的作用是结束 switch 语句，从而使 JavaScript 只执行匹配的分支，如果没有 break 语句，该 switch 语句的所有分支都将被执行。

【示例 5-1】使用 switch 语句判断当前日期是星期几。

```
    <html>
    <body>
      <script>
        var now = new Date();
        var day = now.getDay();
        var week;
        switch(day){
            case 1:week="星期一";break;
            case 2:week="星期二";break;
            case 3:week="星期三";break;
            case 4:week="星期四";break;
            case 5:week="星期五";break;
            case 6:week="星期六";break;
            default:week="星期日";break;
        }
        document.write("今天是"+week);
      </script>
    </body>
    </html>
```

上述代码首先使用 Date 对象获取系统当前时间的日期，然后使用 switch 语句对日期进行判断来得到星期几。

5.3.3　循环语句

循环语句主要用于控制特定代码段的重复执行，直至遇到循环终止的条件。循环语句主要包括 for 循环、while 循环、do…while 循环。

for 循环一般用于已知循环次数的场合，基本语法为：

```
for(初始化;循环条件;循环变量增量表达式){
    循环体
}
```

在 for 循环语句中，首先执行初始化部分，初始化循环变量。然后判断循环条件，如果条件满足，执行一次循环体，否则直接退出循环。最后执行循环变量增量表达式，改变循环变量的值，至此完成一次循环。接下来，继续判断循环条件，只要条件满足，就一直重复执行循环体，直到循环条件为假，才结束循环。

【示例 5-2】使用 for 循环语句计算 100 以内偶数的和。

```
<html>
<body>
    <script>
        var sum = 0;
        for(var i=2; i<100; i+=2){
            sum += i;
        }
        document.write("100 以内偶数和等于"+sum);
    </script>
</body>
</html>
```

和 for 循环一样，while 循环也是常用的循环控制语句，与 for 语句不同的是，while 循环变量的初始化放在 while 循环前，循环变量增量表达式放在循环体中。while 循环一般适用于循环次数不确定的场合，基本语法如下：

```
初始化;
while(循环条件){
    循环体;
    循环变量增量表达式;
}
```

在 while 循环中，首先检查循环条件，如果条件满足就执行循环体和循环变量增量表达式，然后再判断循环条件。while 循环和 for 循环一样，需要控制循环次数，保证循环能够在有限次执行后结束，即必须保证循环条件的值存在 false 的情况，否则将形成死循环。

【示例 5-3】使用 while 循环语句计算 100 以内偶数的和。

```
<html>
<body>
    <script>
        var sum = 0;
        var i = 2;
```

```
        while(i < 100){
            sum += i;
            i += 2;
        }
        document.write("100 以内偶数和等于"+sum);
    </script>
</body>
</html>
```

另外，还有一种循环叫 do...while 循环，它与 while 循环类似，区别在于 do 循环会先执行循环体语句，再去判断循环条件，而 while 循环是先判断循环条件，再执行循环体。do...while 循环的基本语法如下：

```
初始化;
do{
    循环体;
    循环变量增量表达式;
} while(循环条件);
```

【示例 5-4】使用 do...while 循环语句计算 100 以内偶数的和。

```
<html>
<body>
    <script>
        var sum = 0;
        var i = 2;
        do{
            sum += i;
            i+=2;
        }while(i < 100);
        document.write("100 以内偶数和等于"+sum);
    </script>
</body>
</html>
```

需要注意的是，do...while 语句结尾处的 while 语句括号后面有一个分号，在编写代码时不能遗漏，否则对于一些浏览器，可能会认为循环体语句是一个空语句，导致程序陷入死循环。

5.4　函　数

函数是完成特定任务的一段程序代码。在编写程序时，经常会重复使用某段程序代码，如果每次都重新编写，将在程序中产生大量重复代码。因此，从程序代码的维护性和结构性考虑，可以将经常使用的程序代码依照功能独立出来，也就是使用函数。

在 JavaScript 中，函数分为内置函数和用户自定义函数。内置函数由 JavaScript 语言提供，可以在编写程序时直接调用；自定义函数由开发人员根据需要编写函数，其定义和使用必须遵循一定的规范。

5.4.1　函数的定义

JavaScript 使用关键字 function 定义函数，函数可以通过声明定义，也可以是一个表达式。函数一般定义在 HTML 文档的<head>部分，在<script>元素内部，也可以单独定义在外部的脚本文件中。

定义函数的语法格式为：

```
function 函数名([参数 1，参数 2，…]){
        函数语句体;
        [return 表达式;]
    }
```

语法说明：

(1) 函数名：必选，函数名由用户自定义，可以是任何有效的标识符，通常给函数名赋予一个有意义的名称，如 getUsername、setPhoneNumber 等。

(2) 参数：可选，可以定义零个或多个参数，用于接收调用函数时传递的变量和值。定义函数时的参数没有具体值，所以称为形式参数，简称形参。函数名后必须紧跟括号，即使没有参数，括号也不能省略，多个参数之间用逗号分隔。

(3) 函数语句体：必选，用来实现函数功能的语句。

(4) return 表达式：可选，用于返回函数值，表达式为任意的表达式、变量或常量。对于无返回值的情况，可以省略 return 语句。

需要特别强调的是，与其他编程语言有所不同，在 JavaScript 的函数定义中无须指定函数的返回类型，并且在形式参数定义时，也无须指定形式参数的数据类型。

函数定义示例，用来实现 $1 + 2 + 3 + \cdots + n$ 的求和。

```
function sum(n){
    var s = 0;
    for(var i=1; i<=n; i++){
        s += i;
    }
    return s;
}
```

5.4.2　函数的调用

通常情况下，JavaScript 中的程序按照在 HTML 中出现的顺序逐行执行，但是函数体内的代码不会立即执行，只有当所在函数被其他程序调用时，代码才会执行。函数的定义语句通常放在 HTML 文件的<head></head>之间，而函数的调用语句则放在<body></body>

之间，调用函数之前必须定义函数，否则会报错。与函数定义不同，调用函数时的参数称为实际参数，简称实参。

JavaScript 中，函数调用有三种方式：函数的直接调用、在事件响应中调用、通过链接调用。函数的直接调用是指直接使用函数名，使用具体的实际参数替换形式参数。

【示例 5-5】函数的直接调用。

```html
<html>
<head>
  <script>
      function add(a,b){
          return a+b;
      }
  </script>
</head>
<body>
  6+5=<script>document.write(add(6,5))</script>
</body>
</html>
```

上述代码在 head 区域定义了函数 add，然后在 body 中传递实际参数直接调用该函数。此示例使用了 document 对象的 write 方法，表示向网页文档输出内容。

第二种函数调用方式是在事件响应中调用，通过将函数与事件相关联完成事件响应的过程。

【示例 5-6】在事件响应中调用函数。

```html
<html>
<head>
  <script>
      function eventFunctionTest(){
          alert("事件响应调用函数测试！");
      }
  </script>
</head>
<body>
  <form action="#" method="post" name="form1">
    <input type="button" value="提交" onclick="eventFunctionTest()">
  </form>
</body>
</html>
```

当点击提交按钮时触发 onclick 事件，在该事件中响应 eventFunctionTest 函数，函数体部分比较简答，通过 alert 方法弹出一个警告框。

另外，还可以在超链接标签中的 href 属性中使用"javascript:关键字"格式，即通过链接调用函数。

【示例 5-7】通过链接调用函数。

```
<html>
<head>
    <script>
        function linkFunctionTest(){
            alert("通过链接调用函数测试！");
        }
    </script>
</head>
<body>
    <a href="javascript:linkFunctionTest()">通过链接调用函数</a>
</body>
</html>
```

5.4.3　常用内置函数

除了自定义函数外，JavaScript 还提供了一些常用的内置函数，如表 5-3 所示。

表 5-3　JavaScript 常用内置函数

函　　数	描　　　述
parseInt()	将字符型转化为整型
parseFloat()	将字符型转化为浮点型
eval()	求字符串中表达式的值
isFinite()	判断一个数值是否为无穷大
isNaN	判断一个数值是否为 NaN
encodeURI()	将字符串转化为有效的 URL
decodeURI()	对 encodeURI()编码的文本进行解码

其中，parseInt(str)函数是将首位为数字的字符串转化成数字，如果字符串不是以数字开头，则返回 NaN。例如，var str="123abc"，执行 parseInt(str)后结果为 123，反之如果 var str="abc123"，执行 parseInt(str)后结果为 NaN。parseFloat 函数和 parseInt 类似，是将首位为数字的字符串转化为浮点型数字，如果字符串不是以数字开头，返回 NaN。

eval()函数可计算某个字符串，并执行其中的 JavaScript 代码。例如，执行 eval("2+2")，结果返回 4，执行 var x=10;eval(x+5);，结果返回 15。

isFinite(num)函数用于判断一个数字是否为无穷大，如果 num 是有限数字，返回 true；如果 num 是非数字 NaN，或者是正负无穷大，返回 false。例如，执行 isFinite(1/0)，结果返回 false。IsNaN(num)函数用来验证某个值 num 是否为非数字 NaN。

encodeURI(url)函数可以把字符串 url 作为 URI 进行编码，该方法不会对 ASCII 字母、数字及标点符号进行编码，但汉字字符将被十六进制的转义序列进行替换。例如，运行

encodeURI("http://localhost/save.html?name=测试")，结果返回 http://localhost/save.html?name
=%E6%B5%8B%E8%AF%95。与 encodeURI 函数功能相反，decodeURI(url)函数用来对
encodeURL()编码的文本进行解码。

5.5 自定义对象

JavaScript 对象就是一组属性和方法(函数)的集合，按类型可分为自定义对象、内置对
象和浏览器对象，本章主要讨论前两种类型的变量，浏览器对象放在第 6 章讨论。

5.5.1 自定义对象的创建

JavaScript 提供了两种创建自定义对象的方法。一种为字面量表示法，即手动的写出对
象的内容来创建一个对象，基本语法为：

```
var objectName = {
        member1Name:member1Value;
        member2Name:member2Value;
        member3Name:member3Value;
}
```

例如创建一个 person 对象，代码如下：

```
var person = {
    name : ['Bob', 'Smith'],
    age : 32,
    gender : 'male',
    interests : ['music', 'skiing'],
    bio : function() {
        alert(this.name[0] + ' ' + this.name[1] + ' is ' + this.age + ' years old. He likes ' +
        this.interests[0] + ' and ' + this.interests[1] + '.');
    },
    greeting: function() {
        alert('Hi! I\'m ' + this.name[0] + '.');
    }
};
```

从上述代码的 person 对象可以看出，该对象定义了四个成员变量 name、age、gender、
interests，称为对象的属性，其形式使用 key:value 的形式；定义了两个成员函数 bio 和
greeting，称为对象的方法，用来对对象属性进行操作。

另外一种方法是使用 new 关键字创建对象：

```
var person = new Object();
person.name = "Jack";
person.age = 25;
```

或者使用如下代码创建对象：

```
function Person(name, age) {
        this.name = name;
        this.age = age;
}
var person = new Person("Jack",25);
```

5.5.2　对象成员的访问与操作

用点(.)表示法访问对象成员(属性或方法)，此时对象名相当于一个命名空间(namespace)，必须写在第一位，当需要访问对象内部的属性或方法时，可以使用点(.)，后面跟要访问的属性或方法即可。例如，可以使用如下代码访问 person 对象中的属性和方法。

```
person.name[0]    // 'Bob'
person.age    //32
person.interests[1]    // 'skiing'
person.bio()    //Bob Smith is 32 years old. He likes music and skiing.
person.greeting()    //Hi! I'm Bob.
```

另外，还可以用一个对象来表示另一个对象成员的值，例如，可以将 person 对象中的 name 属性值定义为一个对象，代码如下：

```
name:{
        first:'Bob';
        last:'Smith';
}
```

此时，上述代码相当于创建一个子命名空间，当需要访问 name 中的 first 属性值时，只需要链式加点表示法，即可以通过 person.name.first 读写属性值 Bob。

除了使用点表示法访问对象的属性和方法，还可以使用中括号访问对象的属性，如 person['age']、person['name']['first']，这种方式看起来更像是访问一个数组元素。

对象成员创建后，还可以使用点或括号表示法修改、创建以及删除对象的属性和方法。例如，执行代码 person.age = 45; person['name']['last'] = 'Mark';，可修改已存在的属性取值，而执行代码 person['hairColor']='black'; person.bye = function(){alert("Bye everybody!")};，可以创建新的属性和方法。可以看出，括号表示法不仅可以动态地设置对象成员的值，还可以动态地设置成员的名字。要想删除已存在的属性也很简单，直接使用 delete 语句即可，如 delete person.hairColor。

另外，在实际编程中，有时需要判断一个对象有无属性，此时可以使用关键字 in，例如，执行'name' in person，结果返回布尔值 True。更多的时候，关键字 in 会和 for 联合使用，用来遍历对象的属性，代码如下：

```
var user={name:"john", age:30, isAdmin:true};
for (var key in person) {
        console.log(key);
```

```
console.log(user[key]);
}
```

5.6 内 置 对 象

常用内置对象包括 Array 对象、String 对象、Math 对象和 Date 对象。

5.6.1 Array 对象

Array 对象是使用单独的变量名存储一连串相同或不同类型的数据。创建 Array 数组对象有两种方式，第一种是使用先声明后赋值的方式，例如：

```
var hobbies = new Array();
hobbies[0] = "swimming";
hobbies[1] = "reading";
hobbies[2] = "writing";
```

第二种方式是在声明对象时直接赋值，例如：

```
var hobbies = new Array("swimming", "reading", "writing");
```

使用数组名可以获得整个数组的值，若要访问数组中某个元素，可以通过数组名和下标索引进行访问，注意数组下标从 0 开始，数组中最后一个元素的下标为数组长度减 1，例如，var hobby = hobbies[1];，表示将数组对象中的第二个元素赋值给变量 hobby。

与其他编程语言不同，JavaScript 数组有两个特点。第一个特点是 Array 数组的元素类型是可变的，如 var arr = [1,'2',false];，另外还可以将其他对象元素、函数以及数组作为数组的元素，如 var arr2 = new Array(); arr2[0] = Date.now; arr2[1] = fun; arr2[2] = arr;。第二个特点是数组长度是可变的。前面定义的 arr 数组虽然只有三个元素，但是在 JavaScript 中，可以直接给 arr[10]赋值，如 arr[10] = "hello"。

对于 Array 对象，length 是常用属性，用来获取数组的长度。另外，Array 对象的常用方法如表 5-4 所示。

表 5-4　Array 对象常用方法

函　数	描　述
join(分隔字符)	将数组元素按指定分隔符连接成一个字符串，默认分隔符为逗号
push()	向数组的末尾添加一个或更多元素，并返回新的长度
pop	移除数组最后一项，返回移除的那个值，减少数组的 length
sort()	按字典顺序对数组元素进行排序
reverse()	倒序数组对象，该方法会改变原始的数组，而不会创建新的数组
concat()	将元素添加到原数组中，该方法会先创建当前数组一个副本，然后将接收到的元素添加到这个副本的末尾，最后返回新构建的数组。在没有给 concat()方法传递元素的情况下，它只复制当前数组并返回副本

续表

函　　数	描　　述
indexOf(m,n)	从数组的开头开始向后查找 m 元素，第二个参数 n 表示查找起点位置的索引
lastIndexOf(m,n)	从数组的末尾开始向前查找 m 元素，n 表示查找起点位置的索引
splice(m,n)	删除在 m 位置的 n 个元素

【示例 5-8】Array 对象常用方法。

```
<html>
<body>
  <script>
      var arr = [1,2,3,4,5];
      len = arr.push(6,7);
      document.write("数组长度:" + len + " 当前数组元素为:" + arr + "<br/>");
      item = arr.pop()
      document.write("从数组中移出的元素为:" + item + " 当前数组元素为:" + arr +
       "<br/>");
      document.write("执行 reverse 方法后数组元素为:" + arr.reverse() + " 原始数组:" +arr +
       "<br/>");
      document.write("执行 sort 方法后数组元素为:" + arr.sort() + "<br/>");
      var arrCopy = arr.concat(8,[5,4]);
      document.write("执行 concat 方法后新数组元素为:" + arrCopy + " 原始数组:" +arr +
      "<br/>");
      document.write("从前向后查找元素 5 在数组中的位置:" + arrCopy.indexOf(5) +
       "<br/>");
      document.write("从后向前查找元素 5 在数组中的位置:" + arrCopy.lastIndexOf(5) +
      "<br/>");
      document.write("设置数组元素间的分隔符为#:" + arr.join("#") + "<br/>");
  </script>
</body>
</html>
```

执行上述代码后，浏览器运行结果如图 5-2 所示。

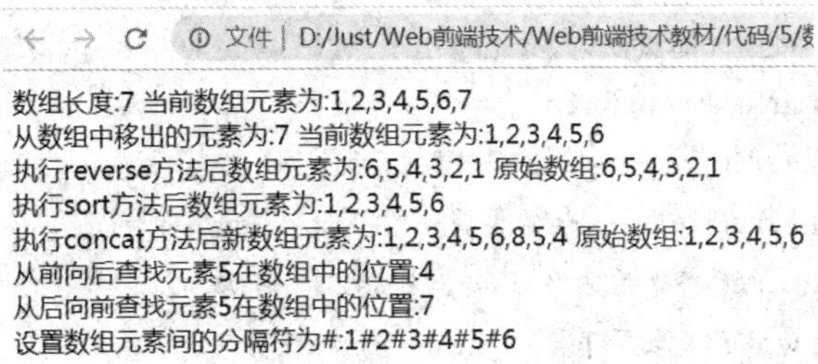

```
← → C ① 文件 | D:/Just/Web前端技术/Web前端技术教材/代码/5/费
数组长度:7 当前数组元素为:1,2,3,4,5,6,7
从数组中移出的元素为:7 当前数组元素为:1,2,3,4,5,6
执行reverse方法后数组元素为:6,5,4,3,2,1 原始数组:6,5,4,3,2,1
执行sort方法后数组元素为:1,2,3,4,5,6
执行concat方法后新数组元素为:1,2,3,4,5,6,8,5,4 原始数组:1,2,3,4,5,6
从前向后查找元素5在数组中的位置:4
从后向前查找元素5在数组中的位置:7
设置数组元素间的分隔符为#:1#2#3#4#5#6
```

图 5-2　Array 对象常用方法

5.6.2　String 对象

String 对象用来保存和处理字符串变量。创建 String 对象很简单，直接使用 new String 即可，例如 var str1 = new String("This is a string");。和 Array 对象类似，length 也是 String 对象的常用属性，表示字符串对象的长度。String 对象中的方法有很多，这里仅介绍一些常用方法，如表 5-5 所示。

表 5-5　String 对象常用方法

函　　数	描　　述
charAt(index)	返回指定索引位置的字符，其中 index 的值为 0 到字符串长度减 1 之间，若超出这个范围，那么将返回空字符
concat(string[,string])	返回连接后的字符串，返回的结果可以是两个字符串或者更多的字符串连接的结果
indexOf(string[,start])	参数 string 表示要查找的字符串，start 表示查询的起始索引位置，方法返回一个整数值，用来获取要查找的字符串在 String 对象中首次出现的位置，若结果返回-1，则表示没有找到字符串
lastIndexOf(string[,start])	获取查找的字符串在 String 对象中最后出现的位置
replace(str1,str2)	用字符串 str2 代替字符串 str1
substring(i, j)	返回索引值 i 到索引值 j 之间的字符串
substr(i[,len])	从 String 对象的字符串索引值 i 处截取 String 对象的所有字符串或截取长度为 len 的字符串
split(chr)	把 String 对象中的字符串按分隔符 chr 拆分成字符串数组

【示例 5-9】String 对象常用方法。

```html
<html>
<body>
  <script>
      var str1 = new String("This is a test String");
      var first = str1.indexOf("s");
      var last = str1.lastIndexOf("s");
      var str2 = str1.replace("test","tcsting");
      var str3 = str1.substring(0,4);
      document.write("第一个's'的位置： " + first + "<br/>");
      document.write("最后一个's'的位置： " + last + "<br/>");
      document.write("替换后的字符串： " + str2 + "<br/>");
      document.write("选取子串： " + str3 + "<br/>");
      var arr = new Array();
```

```
        arr = str1.split(" ");
        for (var i=0; i<arr.length; i++){
                document.write(arr[i]+"<br/>");
        }
    </script>
</body>
</html>
```

执行上述代码后，浏览器运行结果如图 5-3 所示。

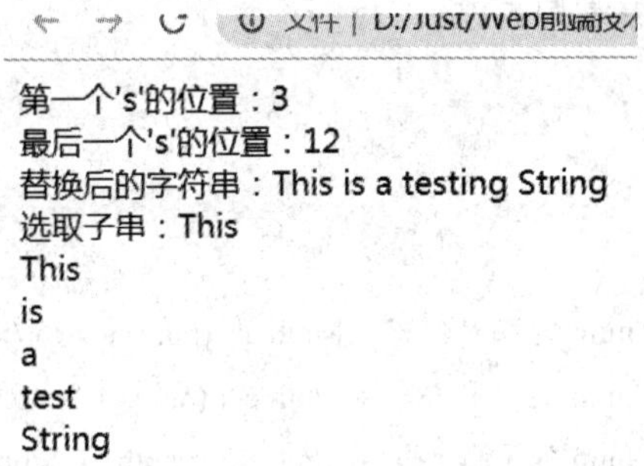

第一个's'的位置：3
最后一个's'的位置：12
替换后的字符串：This is a testing String
选取子串：This
This
is
a
test
String

图 5-3　String 对象常用方法

需要注意的是，两个字符串对象之间不能直接进行比较，必须先使用 toString()或 valueOf()方法获取字符串对象的值，然后用值进行比较。例如：

```
var str1 = new String("hello");
var str2 = new String("hello");
if(str1.valueOf()==str2.valueOf()){…}
```

5.6.3　Math 对象

Math 对象包含用于进行数学计算的各类属性和方法。Math 和其他对象不同，它不是一个构造函数，它属于一个工具类，不用创建对象，里边封装了数学运算相关的属性和方法，用于执行数学任务。

Math 对象的常用属性包括 E(欧拉常量)、PI(圆周率常数)、SQRT2(2 的平方根)、LN2(2 的自然对数)、LN10(10 的自然对数)。

Math 对象的常用方法如表 5-6 所示。

表 5-6　Math 对象常用方法

函　　数	描　　述
abs(n)	返回 n 的绝对值
ceil(n)	返回大于等于 n 的最小整数
floor(n)	返回小于等于 n 的最大整数
max(n1,n2)、min(n1,n2)	获取 n1、n2 中的最大值和最小值
pow(n1,n2)	返回 n1 的 n2 次方

续表

函　　数	描　　述
sqrt(n)	返回 n 的平方根
random()	产生 0~1 之间的随机数
round(n)	返回 n 四舍五入后的整数
exp(n)、log(n)	返回以 e 为底的指数和自然对数值

【示例 5-10】Math 对象常用方法。

```
<html>
<body>
  <script>
      var num = 12.34;
      document.write("num 的绝对值=" + Math.abs(num) + "<br/>");
      document.write("num 的上取整=" + Math.ceil(num) + "<br/>");
      document.write("num 的下取整=" + Math.floor(num) + "<br/>");
      document.write("num 的四舍五入值=" + Math.round(num) + "<br/>");
      document.write("生成 0-10 之间的随机数：" + Math.random()*10 + "<br/>");
  </script>
</body>
</html>
```

执行上述代码后，浏览器运行结果如图 5-4 所示。

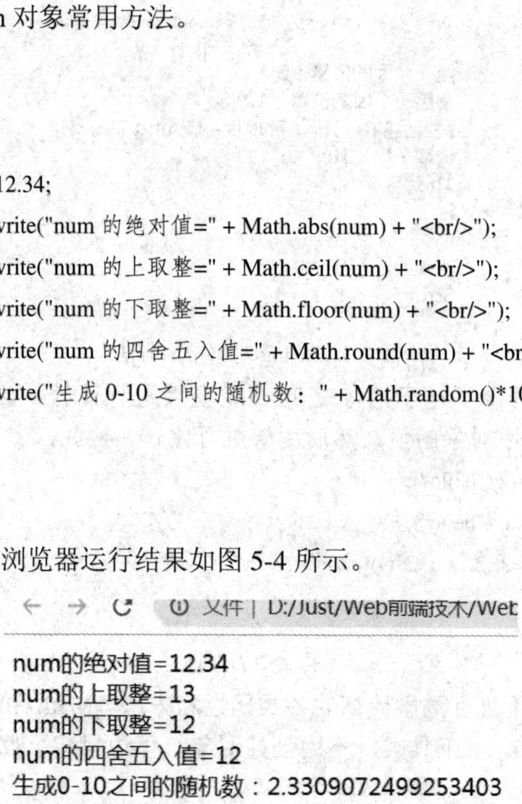

```
num的绝对值=12.34
num的上取整=13
num的下取整=12
num的四舍五入值=12
生成0-10之间的随机数：2.3309072499253403
```

图 5-4　Math 对象常用方法

5.6.4　Date 对象

Date 对象用来获取日期和时间。创建 Date 对象的基本语法为：var date = new Date(日期参数)。日期参数有如下几种情况：① 日期省略不写，此时获取系统当前日期和时间。② 采用格式为"月 日，公元年 时：分：秒"或"月 日，公元年"的日期字符串，如 var date = new Date("Apil 1, 2020 11:40:20")。③ 一律以数值表示日期，格式为"公元年，月，日，时，分，秒"或"公元年，月，日"的形式，如 var date = new Date(2020,4,1,11,40,20)。Date 对象的常用方法如表 5-7 所示。

表 5-7　Date 对象常用方法

函　　数	描　　述
Date()	返回当日的日期和时间
getDate(), setDate()	从 Date 对象返回/设置一个月中的某一天(1～31)
getDay(), setDay()	从 Date 对象返回/设置一周中的某一天(0～6)
getMonth(), setMonth()	从 Date 对象返回/设置月份(0～11)
getFullYear(), setFullYear()	从 Date 对象以四位数字返回/设置年份
getHours(), setHours()	返回/设置 Date 对象的小时(0～23)
getMinutes(), setMinutes()	返回/设置 Date 对象的分钟数(0～59)
getSeconds(), setSeconds()	返回 Date 对象的秒数(0～59)
toString()	把 Date 对象转换为字符串
toLocaleDateString()	根据本地时间格式，把 Date 对象的日期部分转换为字符串
toLocaleTimeString()	根据本地时间格式，把 Date 对象的时间部分转换为字符串

【示例 5-11】Date 对象常用方法。

```html
<html>
<body>
<script>
    var today = new Date();
    var year = today.getFullYear();
    var month = today.getMonth() + 1;
    var date = today.getDate();
    var day = today.getDay();
    var week=new Array("星期日","星期一","星期二","星期三","星期四","星期五","星期六");
    var hour = today.getHours();
    var minute = today.getMinutes();
    var second = today.getSeconds();
    hour = (hour < 10) ? "0"+hour:hour;
    minute = (minute < 10) ? "0"+minute:minute;
    second = (second < 10) ? "0"+second:second;
    var time = hour + ":" + minute + ":" + second;
    document.write("现在时间是"+year+"年"+month+"月"+date+"日"+time +"
    "+week[day]);
</script>
</body>
```

```
</html>
```

执行上述代码后，浏览器运行结果如图 5-5 所示。

```
←  →  C  ① 文件 | D:/Just/Web前端技术/Wel
```

现在时间是2020年4月21日15:08:47 星期二

图 5-5　Date 对象常用方法

5.7　JavaScript 脚本的编写

JavaScript 脚本可以出现在 HTML 页面的任何地方，页面中嵌入脚本有三种方式：直接嵌入在 script 元素中、在事件响应中嵌入和执行脚本、使用 script 元素链接外部脚本文件。

5.7.1　脚本直接嵌入在 script 元素中

直接嵌入的方式是首先将 <script> 元素插入到 <head></head> 之间或者插入到 <body></body> 之间，然后在 <script></script> 之间根据需要编写 JavaScript 脚本。该方式比较简单，在页面加载时脚本即可运行，前面在介绍各对象常用方法时，就采用了脚本直接嵌入的方式。

5.7.2　在事件响应中嵌入和执行脚本

为了避免在页面加载时直接执行脚本，可以将脚本编写为函数，在事件响应中触发执行。

【示例 5-12】在事件响应中嵌入和执行脚本。

```
<html>
<head>
  <script>
    function disp(){
     alert("Hello JavaScript");
     }
  </script>
</head>
<body>
  <input type="button" onclick="disp()" value="点击按钮执行脚本" >
</body>
</html>
```

上述代码在 input 元素的 onclick 事件中执行 disp()函数，当用户点击按钮时触发相应的 JavaScript 脚本，运行结果如图 5-6 所示。

图 5-6　在事件响应中嵌入和执行脚本

　　如果脚本语句比较少，如只有一行语句的情况下，也可以直接将脚本语句放在事件响应中，代码如下：

```
<input type="button" onclick=" alert('Hello JavaScript');" value="点击按钮执行脚本" >
```

5.7.3　链接外部脚本文件

　　为了重用 JavaScript 代码，使得在不同页面中可以使用相同的 JavaScript 脚本，在实际的开发中，通常将 JavaScript 代码编写为一个独立的以.js 为扩展名的脚本文件，然后在页面中用 script 元素链接外部脚本文件。

　　【示例 5-13】链接外部脚本文件。

　　(1) 定义脚本文件 my.js。

```
function disp(){
        alert("Hello JavaScript");
}
```

　　(2) 定义页面文件 test.html。

```
<html>
<head>
  <script src="my.js" type="text/javascript"></script>
</head>
<body>
  <input type="button" onclick="disp()" value="点击按钮执行脚本">
</body>
</html>
```

　　上述代码将 JavaScript 脚本单独定义在一个文件中，注意外部 JS 文件中不需要添加 <script>元素。

5.8　JavaScript 脚本的调试

　　脚本编写好之后，为了检验脚本的正确性，需要对脚本进行调试，在 JavaScript 中，常用的调试方法有以下三种。

5.8.1　使用 alert 方法调试脚本

在互联网刚刚起步的时代，网页前端主要以内容展示为主，浏览器脚本只能为页面提供非常简单的辅助功能。此时，网页主要运行在以 IE6 为主的浏览器中，JS 的调试功能非常弱，只能通过内置于 Window 对象中的 alert 方法进行调试。使用 alert 方法进行调试比较简单，直接在需要调试输出的地方输出字符串或变量即可，如 var name="abc"; alert(name);。

5.8.2　使用 console.log 调试脚本

随着 JavaScript 在 Web 前端开发中的功能越来越复杂，传统的 alert 调试方式已不能满足前端开发各种场景的需要，除了弹出的调试窗口会遮挡部分页面内容外，alert 调试方式还会阻碍页面的继续渲染，且开发人员在调试完成后，必须手动清除这些调试代码。所以，新一代的浏览器，如 Firefox、Chrome，包括 IE，都相继推出了 JS 调试控制台，支持使用类似"console.log(xxxx)"的形式，在控制台打印调试信息，而不直接影响页面显示。

对于常见浏览器，如 Chrome、FireFox 等，按下 F12 键然后选择 Console 即可打开调试控制台，如图 5-7 所示。

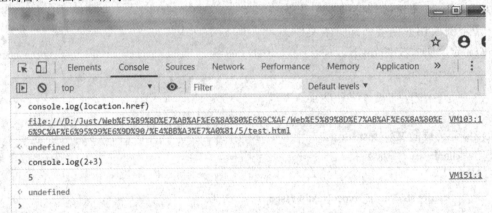

图 5-7　调试控制台

在调试控制台，可以使用 console.log 输入相关命令，查看脚本中的变量值等。在脚本调试时，可以将需要调试的代码放在脚本中，在调试完成后，删除这些与业务逻辑无关的调试代码即可。

【示例 5-14】使用 console.log 调试脚本。

```
<html>
<body>
  <script>
    function add(a,b){
      console.log("传入的实参为：a=" + a + ",b=" + b);
      var rnd = Math.random()*100;
      rnd = parseInt(rnd);
      console.log("增加的随机数为:" + rnd);
```

```
            a += rnd;
            b += rnd;
            return a + b;
        }
        console.log("结果为: " + add(10,20));
    </script>
</body>
</html>
```

上述代码增加了三条 console.log 命令，运行后的结果如图 5-8 所示，从图中可以方便地看出脚本运行过程中的变量值以及中间结果。

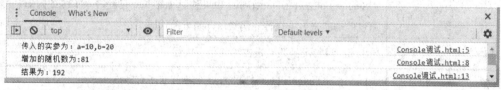

图 5-8　使用 console.log 调试脚本

5.8.3　使用断点调试脚本

所谓断点，是指可以让程序暂时停止执行的某个位置。JavaScript 断点调试，即在浏览器开发者工具中为 JavaScript 代码添加断点，让代码执行到某一特定位置的暂停，方便开发者分析与逻辑处理该处代码段。

给代码添加断点的主要流程：首先按 F12 键打开开发工具，然后单击 Sources 菜单，并在左侧树中找到相应文件，单击行号所在列，即完成了在当前行添加/删除断点操作。当断点添加完毕后，刷新页面 JavaScript 执行到断点位置停住，在 Sources 界面会看到当前作用域中所有变量和值，只需对每个值进行验证即可完成调试。如图 5-9 所示，在第 11 行添加了断点，运行脚本后，程序会暂停在第 11 行，且自动显示相关变量的值。

图 5-9　JavaScript 断点调试

如果在调试过程中，希望逐行查看代码运行后变量的变化情况，此时可以使用断点调试功能，相关图标在右上角，表 5-8 列出了各图标对应的快捷键和功能描述。

表 5-8 断点调试功能说明

图标	快捷键	功 能 描 述
▶	F8	Pause/Resume script execution：暂停/恢复脚本执行
⌒	F10	Step over next function call：当遇到函数时，直接执行完这个函数，跳到下一行，不显示该函数执行细节
↓	F11	Step into next function call：当遇到函数时，进入当前函数，一步一步地执行，可以更清楚地观察函数执行过程
↑	Shift+F11	Step out of current function：如果利用 step into 已经进入了函数内部，可以通过此功能来一下执行完函数内部剩下的代码
↦	F9	Step：遇到子函数会进去继续单步执行
▮/	Ctrl+F8	Deactive/Active all breakpoints：关闭/开启所有断点

习　　题

一、选择题

1. 关于 JavaScript 语言，以下说法错误的是(　　　)。

A. JavaScript 是目前 Web 应用程序开发者使用最为广泛的客户端脚本编程语言。

B. JavaScript 是网景公司专为 Navigator 浏览器开发、实现网页内容交互的功能。

C. Java 和 Jscript 是 JavaScript 语言的简称，是由 SUN 公司开发的。

D. ECMAScript 是一个为了规范 JavaScript 语言而产生的国际标准。

2. 关于 JavaScript 在 HTML 中的使用，以下说法错误的是(　　　)。

A. JavaScript 代码必须放置在网页的头部，<head></head>标签中间。

B. JavaScript 代码必须放置在<script></script>标签中间。

C. JavaScript 代码可以放置在网页的任何地方。

D. JavaScript 可以放置在一个单独文件中，链接到网页文件中。

3. 下列哪一个变量声明是正确的(　　　)。

A. var int =15　　　　　　　　　　　B. var how many = 63.9

C. var zipCode = "100124"　　　　　　D. var 321address = "北京市海淀区"

4. 下列哪一项不属于 JavaScript 中的基本数据类型(　　　)。

A. 数值型　　　　　B. 字符串型　　　　　C. 布尔型　　　　　　D. 浮点型

5. 关于 JavaScript 中的数据类型转换，下列哪一项是错误的(　　　)。

A. 0 转换为逻辑型的结果为 false

B. "0" 转换为逻辑型的结果为 true

C. "0"转换为数字型的结果为 0

D. 0 转换为字符串型的结果为 null

6. JavaScript 中的 '+' 号有数字相加和字串拼接两种含义，下列表达式错误的是（　　）。

A. "年龄："+22 运算结果为年龄：22

B. "年龄："+20+"2" 运算结果为年龄：22

C. 1+2+"3" 运算结果为 33

D. 100+1+2 运算结果为 103

7. 关于 JavaScript 中的比较运算符，下列表达式正确的是（　　）。

A. 6 <= 5 运算结果为 true　　　　　　B. 3 != 4 运算结果为 false

C. 4 == 7 运算结果为 false　　　　　　D. 10 === "10" 运算结果为 true

8. 表达式 5+22/2%2 的计算结果是（　　）。

A. 5　　　　　　B. 6　　　　　　C. 7　　　　　　D. 8

9. 关于 JavaScript 中的函数，下列描述错误的项是（　　）。

A. 定义多个函数时不能重名　　　　　　B. 函数必须要有参数

C. 函数使用 return 语句返回值　　　　　　D. 函数可以传递多个参数

10. 为康伯及他的儿子们定义数组 var son = new Array("阿光","阿宗","阿耀","阿祖")，下列表达式中错误的是（　　）。

A. "康伯的大儿子是："+ son[1]

B. "康伯的小儿子是："+ son[3]

C. "康伯小儿子的女友是："+ son["阿祖"].女友.name

D. "康伯一共有 "+ son.length + "个儿子"

二、填空题

1. 一个完整的 JavaScript 语言实现是由 ECMAScript、_____、_____三部分组成。

2. JavaScript 代码书写遵循固定的格式，每条功能执行语句的最后必须以_____结束。

3. JavaScript 中包含两种方式书写注释。一种是_____，以两个斜杠//开头，后面跟上注释文字；另一种是_____，以符号/*作为起始，以*/作为结束。

4. 在 JavaScript 中，要求一个合法的_____可以由字母、数字、下划线(_)和美元符号($)组成，但不能以_____开头，并且不能使用 JavaScript 中定义的_____。

5. JavaScript 对象就是一组_____和_____的集合，按类型可分为自定义对象、_____和_____。

三、设计分析题

1. 编写一段程序，计算 1 到 1000 之间所有整数的和，并在浏览器中显示计算结果。

2. 编写一段程序，使用函数计算 1000 以内的奇数的和，并在浏览器中显示计算结果。

第 6 章　DOM 与 BOM 编程

本章概述

　　本章主要学习 DOM 与 BOM 编程，包括 DOM 编程、BOM 编程、表单编程与正则表达式。通过简单实例的演示，使读者快速掌握 DOM 节点操作、DOM 事件编程与事件流、BOM 中的对象、表单编程等开发知识，为构建具有丰富交互的网站页面提供技术支撑。图 6-1 是本章的学习导图，读者可以根据学习导图中的内容，从整体上把握本章学习要点。

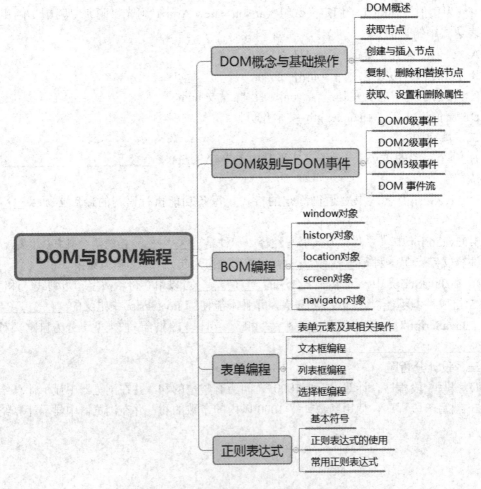

图 6-1　"DOM 与 BOM 编程"学习导图

6.1　DOM 概念与基础操作

6.1.1　DOM 概述

　　DOM(Document Object Model)即文档对象模型，是 W3C 制定的标准接口规范，是一种处理 HTML 和 XML 文件的标准 API。DOM 提供了对整个文档的访问模型，将文档作为一个树形结构，树的每个节点表示了一个 HTML 元素或元素内的文本项。DOM 中的节点有三种类型，第一种是元素节点，即标签节点，如<html>、<body>、<p>等；第二种是文本节点，用于向用户展示内容，如 a 元素中显示的文字内容等；第三种是属性节点，表示元素属性，如 a 元素的 href 属性。如图 6-2 所示，左边是 HTML 文档，右边是文档对应的 DOM 树形结构，可以看出 DOM 树的根元素是 Document，各类元素节点、文本节点、属性节点构成 DOM 的子节点。

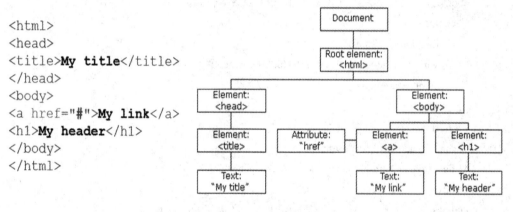

```
<html>
<head>
<title>My title</title>
</head>
<body>
<a href="#">My link</a>
<h1>My header</h1>
</body>
</html>
```

图 6-2　DOM 树形结构

　　DOM 树结构精确地描述了 HTML 文档中元素间的相互关联性，将 HTML 或 XML 文档转化为 DOM 树的过程称为解析(parse)。HTML 文档被解析后，转化为 DOM 树，因此对 HTML 文档的处理可以通过对 DOM 树的操作实现。DOM 模型不仅描述了文档的结构，还定义了节点对象的行为，利用对象的方法和属性，可以方便地获取、修改、添加和删除 DOM 树的节点和内容。

6.1.2　获取节点

　　如图 6-3 所示，获取节点的方式主要有两种：一种是从 document 顶层对象出发，调用相应方法访问各节点，另一种是从节点指针出发获取该节点所在的父节点、兄弟节点和子节点。

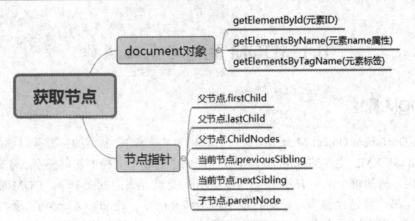

图 6-3　获取节点方法

(1) getElementById 方法：通过 ID 访问 HTML 元素节点。

【示例 6-1】使用 getElementById 方法访问元素节点。

```
<html>
<body>
  <script>
      function getValue(){
      var x = document.getElementById("username");
      alert(x.value);
      }
  </script>
  <input type="text" id="username">
  <input type="button" value="ok" onclick="getValue()">
</body>
</html>
```

图 6-4 是上述代码运行后的结果，其中代码 document.getElementById("username")用来访问 id="username"的文本框元素，value 属性用来读取或设置文本框中填写的内容。

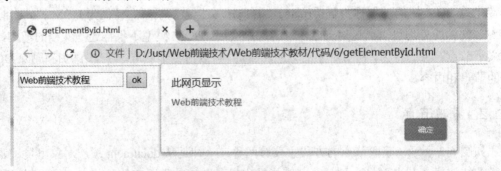

图 6-4　使用 getElementById 方法访问元素节点

(2) getElementsByName 方法：通过元素的 name 属性查找 HTML 元素节点。

【示例 6-2】使用 getElementsByName 方法访问元素节点。

```
<html>
```

```
<body>
    <p name="intro">Hello World! </p>
    <p name="intro">Hello JavaScript! </p>
    <script>
      x = document.getElementsByName("intro");
      for (var i=0; i<x.length; i++){
          document.write("The value is: "+x[i].innerHTML+"<br/>");
      }
    </script>
</body>
</html>
```

上述代码运行后的结果如图 6-5 所示，其中 getElementsByName("intro")用来访问所有
name="intro"的文本框元素，该文本框元素可能返回不止一个元素，所以在输出时，要使用
循环语句输出所有可能结果。

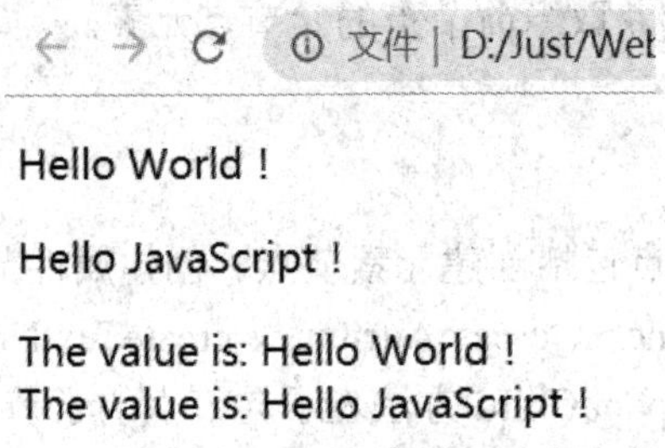

```
←  →  C   ① 文件 | D:/Just/Wel

Hello World !

Hello JavaScript !

The value is: Hello World !
The value is: Hello JavaScript !
```

图 6-5 使用 getElementsByName()方法访问元素节点

(3) getElementsByTagName 方法：通过标签名访问 HTML 元素节点。

【示例 6-3】使用 getElementsByTagName 方法访问元素节点。

```
<html>
<head>
  <script>
    function getElements(){
        var x = document.getElementsByTagName("input");
        document.write("input 元素个数为:"+x.length+",元素值为:"+x[0].value);
    }
  </script>
</head>
<body>
  <form>
    <input type="text" name="username" size="10" />
    <input type="password" name="password" size="10" />
    <input type="button" name="btn" onclick="getElements()" value="input 元素个数"/>
  </form>
```

</body>

</html>

上述代码运行后的结果如图 6-6 所示，其中 getElementsByTagName("input")用来访问所有标签名为 input 的元素，该方法也可能返回多个元素，所以在访问时需要使用下标索引的方式。

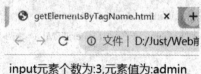

input元素个数为:3,元素值为:admin

图 6-6　使用 getElementsByTagName()方法访问元素

另外，也可以通过调用父节点、当前节点或子节点的相关方法访问其他节点，其中父节点.firstChild 表示获取父元素的首个子节点，父节点.lastChild 表示获取父元素的最后一个子节点，父节点. ChildNodes 表示获取父元素的所有子节点，当前节点.previousSibling 表示获取当前节点的前一个兄弟元素，当前节点.nextSibling 表示获取当前节点的后一个兄弟元素，子节点 .parentNode 表示获取当前节点的父节点元素。

6.1.3　创建与插入节点

如图 6-7 所示，创建节点包括创建元素节点、创建属性节点、创建文本节点三类，对应的方法名分别为 createElement、createAttribute、createTextNode。插入节点有 appendChild 方法和 insertBefore 方法，appendChild 方法表示向节点的子节点列表末尾添加新的子节点，insertBefore 方法表示在已知的子节点前面插入一个新的子节点。

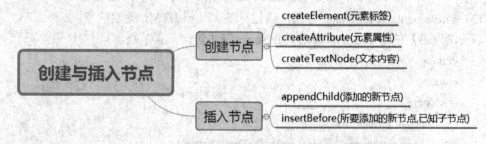

图 6-7　创建与插入节点

【示例 6-4】创建与插入节点。

```
<html>
<body>
  <div id="div1">
    <p id="p1">这是第一个段落</p>
    <p id="p2">这是第二个段落</p>
  </div>
  <script>
    var para = document.createElement("p");
```

```
        var node = document.createTextNode("这是一个新的段落");
        para.appendChild(node);
        var element = document.getElementById("div1");
        element.appendChild(para);
    </script>
</body>
</html>
```

上述代码运行后的结果如图 6-8 所示。程序首先使用 document.createElement 方法创建一个段落元素节点，然后使用 createTextNode 创建一个文本节点，并将该文本节点添加到新创建的段落节点中，进一步获取该段落节点所在的父元素节点，最后调用 appendChild 方法将新创建的段落节点添加到父节点中。

图 6-8　创建与插入节点

6.1.4　复制、删除和替换节点

如图 6-9 所示，复制节点使用 cloneNode 方法，其功能是创建指定节点的副本。该方法接收一个布尔值参数，当参数为 true 时，表示复制当前节点及其所有子节点，当参数为 false 时，表示仅复制当前节点。删除节点使用 removeChild 方法，用来删除指定的节点。替换节点使用 replaceChild 方法，表示将某个子节点替换为另一个节点。

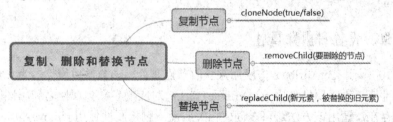

图 6-9　复制、删除和替换节点

【示例 6-5】使用 removeChild 方法删除节点。

```
<html>
<body>
    <div id="div1">
        <p id="p1">这是第一个段落</p>
        <p id="p2">这是第二个段落</p>
```

```
    </div>
    <script>
      var element = document.getElementById("div1");
      var child = document.getElementById("p1");
      element.removeChild(child);
    </script>
  </body>
</html>
```

此处，也可以通过设置父元素的 innerHTML 属性值为空，来清空父元素下所有的元素。

【示例 6-6】使用 replaceChild 方法替换节点。

```
<html>
<body>
  <div id="div1">
    <p id="p1">这是第一个段落</p>
    <p id="p2">这是第二个段落</p>
  </div>
  <script>
    var para = document.createElement("p");
    var node = document.createTextNode("这是一个新的段落");
    para.appendChild(node);
    var child = document.getElementById("p1");
    var element = document.getElementById("div1");
    element.replaceChild(para, child);
  </script>
</body>
</html>
```

6.1.5 获取、设置和删除属性

如图 6-10 所示，getAttribute 方法用来获取节点属性，该方法以属性名为参数，返回属性名对应的属性值。设置属性使用 setAttribute 方法，对应的参数为属性名和属性值，如果指定的属性名不存在，调用该方法还可以创建相关属性。删除属性使用 removeAttribute 方法。

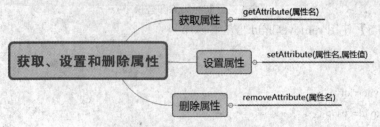

图 6-10 获取、设置和删除属性

除了上面介绍的各种操作，在 DOM 中还可以使用 innerHTML 属性改变元素内容，如 document.getElementById(id).innerHTML="新内容"。如果需要修改元素的属性，除了使用元素节点.setAttribute(属性名,属性值)外，也可以直接设置 document.getElementById(id).属性 ="新值"。另外，如果需要修改元素的 CSS 样式，可以使用 document.getElementById(id).style. 样式名="新值"。

【示例 6-7】使用 style 改变元素样式。

```
<html>
<body>
  <div id="div1">
    <p id="p1">这是第一个段落</p>
    <p id="p2">这是第二个段落</p>
  </div>
  <script>
    document.getElementById("p2").style.color="blue";
    document.getElementById("p2").style.fontFamily="Arial";
    document.getElementById("p2").style.fontSize="larger";
  </script>
</body>
</html>
```

6.2　DOM 级别与 DOM 事件

DOM 级别一共可以分为 4 个级别：DOM0 级、DOM1 级、DOM2 级和 DOM3 级。而 DOM 事件分为 3 个级别：DOM0 级事件、DOM2 级事件和 DOM3 级事件。它们的关系如图 6-11 所示。

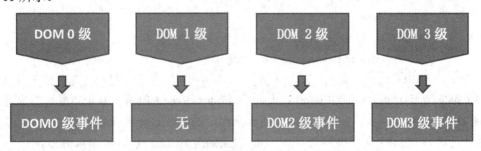

图 6-11　DOM 级别与 DOM 事件对应关系

6.2.1　DOM0 级事件

在介绍 DOM0 级事件之前，先了解下传统的 HTML 事件处理程序，也是最早的一种的事件处理方式，代码如下：

```
<button type="button" onclick="show()"></button>
```

```
<script>
    function show() { alert('Hello World'); }
</script>
```

以上代码通过直接在 HTML 代码里定义一个 onclick 的属性触发 show 方法，这样的事件处理程序最大的缺点就是 HTML 与 JavaScript 的强耦合，一旦需要修改函数名就得修改两个地方，其优点是不需要操作 DOM 来完成事件的绑定。

那么什么是 DOM0 级处理事件呢？DOM0 级事件就是将一个函数赋值给一个事件处理属性，比如：

```
<button id="btn" type="button"></button>
<script>
    var btn = document.getElementById('btn');
    btn.onclick = function() { alert('Hello World'); }
    // btn.onclick = null; 解绑事件
</script>
```

以上代码给 button 定义了一个 id，通过 JavaScript 获取这个 id 的按钮，并将一个函数赋值给一个事件处理属性 onclick，这样的方法便是 DOM0 级处理事件的体现，也可以通过给事件处理属性赋值 null 来解绑事件。DOM0 级事件处理程序的缺点在于一个处理程序无法同时绑定多个处理函数。

6.2.2　DOM2 级事件

DOM2 级事件在 DOM0 级事件的基础上弥补了一个处理程序无法同时绑定多个处理函数的缺点，允许给一个处理程序添加多个处理函数，代码如下：

```
<button id="btn" type="button"></button>
<script>
    var btn = document.getElementById('btn');
    function show () { alert('Hello World'); }
    btn.addEventListener('click', show, false);
    btn.removeEventListener('click', show, false);
</script>
```

DOM2 级事件定义了 addEventListener 和 removeEventListener 两个方法，分别用来绑定和解绑事件，方法包含 3 个参数，分别表示绑定的事件处理属性名称(不包含 on)、处理函数和是否在捕获时执行事件处理函数。如果还要添加一个鼠标移入的方法，只要对 mouseover 事件增加新的监听，即 btn.addEventListener('mouseover', show, false);，这样点击按钮和鼠标移入时都将触发 show 方法。

6.2.3　DOM3 级事件

DOM3 级事件在 DOM2 级事件的基础上添加了更多的事件类型，同时 DOM3 级事件也允许用户自定义一些事件，常用事件类型如表 6-1 所示。

表 6-1　DOM3 级事件类型

事件类型	描　述
页面事件	当用户与页面上的元素交互时触发，如 load、unload、scroll、resize
表单事件	当用户与表单元素交互时触发，如 blur、focus、reset、submit
鼠标事件	当用户通过鼠标在页面执行操作时触发，如 click、dblclick、mouseup、mousedown、mouseover、mousemove
键盘事件	当用户通过键盘在页面上执行操作时触发，如 keydown、keypress、keyup

其中 onload 和 onunload 事件会在用户进入或离开页面时触发，一般是在 body 元素中响应该类事件，代码如下：

```
<head>
  <script>
    function myFunction(){alert("页面加载完成");}
  </script>
</head>
<body onload = "myFunction()">
  <h1>Onload Event</h1>
</body>
```

6.2.4　DOM 事件流

DOM 结构是一个树型结构，当一个 HTML 元素产生一个事件时，该事件会在元素节点与根结点之间的路径传播，路径所经过的结点都会收到该事件，这个传播过程称为 DOM 事件流。DOM 支持两种事件模型：捕获型事件(event capture)和冒泡型事件(event bubbling)，其原理如图 6-12 所示。

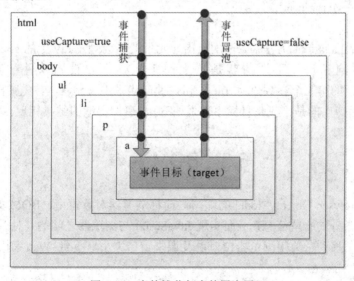

图 6-12　事件捕获与事件冒泡原理

所谓冒泡型事件，即事件开始是由最具体的元素接收，然后逐级向上传播到较为不具体的节点。例如，上图 6-12 中当用户点击超链接时，a 元素为事件目标，点击 a 元素后同时也会触发 p、li 上的点击事件，一层一层向上直至最外层的 html 或 document。在 JavaScript 中，可以通过设置 addEventListener 的第三个参数决定是事件冒泡还是事件捕获，设置为 true 表示事件在捕获阶段执行，设置为 false 表示事件在冒泡阶段执行。

【示例 6-8】事件冒泡。

```
<html>
<body>
  <div id="box"><a id="child" href="#">事件冒泡</a></div>
  <script>
    var box = document.getElementById("box");
    var child = document.getElementById("child");
    child.addEventListener("click", function(){alert("我是目标事件");}, false);
    box.addEventListener("click", function(){alert("事件冒泡至 div");}, false);
  </script>
</body>
</html>
```

上面代码运行后，当点击超链接时，首先会弹出"我是目标事件"的提示，然后又弹出"事件冒泡至 div"的提示，这一结果表明事件是自内而外向上冒泡。在冒泡过程中的任何时候都可以终止事件的冒泡，在遵从 W3C 标准的浏览器里可以通过调用事件对象上的 stopPropagation()方法。例如，在示例 6-8 中，可以修改超链接元素的事件监听代码为：

```
child.addEventListener("click", function(e) {
    alert('我是目标事件');
    e.stopPropagation();
}, false);
```

加上 stopPropagation()方法后，再次点击 a 元素就不会触发 div 上的 click 事件了。事件捕获和事件冒泡相反，事件捕获是自上而下执行，要设置事件捕获，只需要将 addEventListener 的第三个参数改为 true 即可。此时当点击 a 元素，首先弹出的是"事件冒泡至 div"，然后弹出的是"我是目标事件"，正好与事件冒泡的结果相反。

6.3　BOM 编程

BOM 是 Browser Object Model 的缩写，简称浏览器对象模型，BOM 的主要功能是操作 HTML 内容之外的一些信息，从而实现 JavaScript 与浏览器之间的"对话"，比如弹出新的浏览器窗口，移动、关闭浏览器窗口以及调整窗口大小，提供 Web 浏览器详细信息，Cookie 设置等功能。

BOM 实际上是一系列能够对浏览器信息进行操作的对象集合，包括 window 对象、

document 对象、navigator 对象、screen 对象、history 对象、location 对象等。其中 window 对象是 BOM 的核心，当用户打开浏览器窗口，window 对象就随之而产生。图 6-13 给出了 BOM 的基本结构，从图中可以看出，DOM 中的 document 对象实际上只是 BOM 的一个子集。

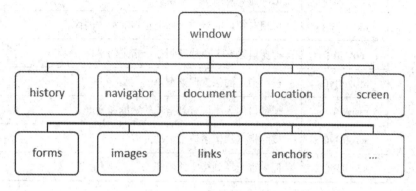

图 6-13　BOM 基本结构

6.3.1　window 对象

　　window 对象是浏览器窗口对文档提供的一个容器，代表打开的浏览器窗口，是每一个加载文档的父对象。window 对象是全局对象，所有在全局作用域中声明的变量、对象、函数都会变成 window 对象的属性和方法。因此，在调用 window 对象的属性和方法时，可以省略 window 对象的引用。例如，对于 window.document.getElementById("div")可以简写为 document.getElementById("div")。

　　window 对象主要方法可以分为对话框相关方法、窗体控制相关方法、定时器相关方法、其他方法四种类型，具体描述如表 6-2 所示。

表 6-2　window 对象主要方法

方法类型	方法名	描　　述
对话框	alert()	显示带有一段消息和一个确认按钮的警告框
	confirm()	显示带有一段消息以及确认按钮和取消按钮的对话框，返回值为布尔值
	prompt()	显示可提示用户输入的对话框。第一个参数是提示文字，第二个参数是默认输入值，返回值为输入的值，取消返回 null
窗体控制	open()	打开一个新的浏览器窗口或查找一个已命名的窗口
	close()	关闭浏览器窗口
定时器	setInterval()	按照指定的周期(以毫秒计)来调用函数或计算表达式
	clearInterval()	取消由 setInterval()设置的 timeout
	setTimeout()	在指定的毫秒数后调用函数或计算表达式
	clearTimeout()	取消由 setTimeout()方法设置的 timeout

方法类型	方法名	描　述
其他方法	print()	打印当前窗口的内容
	focus()	把键盘焦点给予一个窗口
	moveBy()	可相对窗口的当前坐标把它移动指定的像素
	moveTo()	把窗口的左上角移动到一个指定的坐标
	resizeBy()	按照指定的像素调整窗口的大小
	resizeTo()	把窗口的大小调整到指定的宽度和高度
	scrollBy()	按照指定的像素值来滚动内容
	scrollTo()	把内容滚动到指定的坐标

1. 对话框类方法

alert 方法仅接收一个字符串参数，用来弹出相应的警告信息框。confirm 方法用来显示带有确认和取消按钮的对话框。prompt 方法用来显示可提示用户输入的对话框。下面给出 confirm 方法和 prompt 方法的示例。

【示例 6-9】对话框方法。

```html
<html>
<body>
  <button onclick="dlgConfirm()">确认框</button>
  <button onclick="dlgPrompt()">输入框</button>
  <p id="demo"></p>
  <script>
    var x;
    function dlgConfirm(){
      var r = confirm("按下按钮!");
      if (r == true){
        x = "你按下了确定按钮!";
      }
      else{
        x = "你按下了取消按钮!";
      }
      document.getElementById("demo").innerHTML = x;
    }
    function dlgPrompt(){
      var person = prompt("请输入你的名字", "Harry Potter");
      if (person != null && person != ""){
```

```
        x = "你好  " + person + "! 今天感觉如何?";
        document.getElementById("demo").innerHTML = x;
      }
    }
  </script>
</body>
</html>
```

2. 窗体控制方法

窗体控制方法包括打开新窗口和关闭窗口。

【示例 6-10】窗体控制方法。

```
<html>
<head>
<script>
function open_window(){
        var myWin = window.open("http://www.baidu.com","百度","width=800,height=600");
}
function close_window(){
        myWin.close();
}
</script>
</head>
<body>
<form>
<button onclick="open_window()">打开窗口</button>
<button onclick="close_window()">关闭窗口</button>
</form>
</body>
</html>
```

3. 定时器方法

window 对象提供了两组和定时有关的方法，其中 setInterval 用于创建一个定时器，表示间隔指定的毫秒数重复执行指定的代码，clearInterval 用于清除 setInterval 创建的定时器。

【示例 6-11】使用 setInterval 显示当前时间。

```
<html>
<body>
    <p>页面上显示时钟：</p>
    <p id="demo"></p>
    <button onclick="stop()">停止</button>
    <script>
```

```
        var myVar = setInterval(function(){myTimer()},1000);
        function myTimer(){
            var d = new Date();
            var t = d.toLocaleTimeString();
            document.getElementById("demo").innerHTML = t;
        }
        function stop(){
            clearInterval(myVar);
        }
    </script>
</body>
</html>
```

上述代码首先使用 setInterval 创建了定时器，并每隔 1 秒钟执行一次 myTimer 函数，myTimer 函数的主要任务是获取当前时间，然后将时间显示在页面上。另外页面上还定义了一个停止按钮，点击该按钮触发 stop 函数，在 stop 函数中调用 clearInterval 方法清除定时器。

结合 CSS 样式，利用 setInterval 还可以创建简单的动画效果，如示例 6-12 创建了一个在水平方向上移动的小方块。

【示例 6-12】使用 setInterval 创建简单动画效果。

```
<html>
<body>
    <div  id="box"  style="width:100px;  height:100px;  background-color:red;  position:absolute;
    top: 0; left: 0;"></div>
    <button id="btn" style="position:absolute;top:150px;">开始</button>
    <script>
        var div = document.getElementById("box");
        var btn = document.getElementById("btn");
        var timer = null;
        btn.onclick = function () {//在按钮上绑定点击事件，点击按钮，盒子开始移动
            var speed = 5;
            //每次运行的时候，先把上一个定时器停止，不然同个时间段会执行多次，会导
            致速度越来越快
            clearInterval(timer);
            timer = setInterval(function () {div.style.left = div.offsetLeft + speed + "px"; }, 50)
        }
    </script>
</body>
</html>
```

此外，window 对象还提供了另一组与定时有关的方法：setTimeout 和 clearTimeout，

其中 setTimeout 表示在指定的毫秒数后执行指定代码，clearTimeout 表示停止执行 setTimeout()方法的函数代码。例如，var myVar = setTimeout(function(){alert("Hello")}, 3000);，表示等待三秒后执行函数部分，弹出"Hello"对话框，同样可以使用 clearTimeout(myVar)清除定时器。

除了以上介绍的方法，window 对象中还有其他一些方法，如移动窗口位置、修改窗口大小等，这里就不再详细讨论了，有兴趣的读者可以自己写代码查看其效果。另外，window 对象还有一些属性，其中比较重要的有 innerWidth 和 innerHeight 属性，分别表示窗口文档显示区的宽度和高度。

6.3.2　history 对象

history 对象包含用户(在浏览器窗口中)访问过的 URL，它是 window 对象的一部分，可通过 window.history 属性对其进行访问。history 对象有一个属性 length，返回用户浏览器历史列表中访问的网页个数。history 对象有三个方法：back()方法表示加载 history 列表中的前一个 URL，即跳转到当前页的上一页；forward()方法表示加载 history 列表中的下一个 URL，即跳转到当前页的下一页；go()方法表示加载 history 列表中的某个具体页面。

6.3.3　location 对象

location 对象包含有关当前 URL 的信息，主要方法有 assign、reload 和 replace。其中 location.assign(url)表示加载 URL 指定的新的 HTML 文档，相当于一个链接，跳转到指定的 url，当前页面会转为新页面内容，可以单击后退返回上一个页面；location.reload()表示重新加载，即刷新当前文档，类似于单击浏览器上的刷新页面按钮；location.replace(url)表示通过加载 URL 指定的文档来替换当前文档，这个方法是替换当前窗口页面，不会在 history 对象中生成一个新的记录，前后两个页面共用一个窗口，所以是没有后退返回上一页的。

另外，location 对象也提供了一系列属性，如表 6-3 所示，用来获取 URL 地址中的各种信息。

表 6-3　location 对象主要属性

属　　性	描　　述
href	设置或返回完整的 URL
host	设置或返回主机名和当前 URL 的端口号
hash	设置或返回从井号 (#) 开始的 URL
hostname	设置或返回当前 URL 的主机名
pathname	设置或返回当前 URL 的路径部分
port	设置或返回当前 URL 的端口号
protocol	设置或返回当前 URL 的协议
search	设置或返回从问号 (?) 开始的 URL(查询部分)

6.3.4 screen 对象

screen 对象包含有关客户端显示屏幕的信息，主要属性如表 6-4 所示。

表 6-4 screen 对象主要属性

属　　性	描　　述
availHeight	返回屏幕的高度(不包括 Windows 任务栏)
availWidth	返回屏幕的宽度(不包括 Windows 任务栏)
pixelDepth	返回屏幕的颜色分辨率(每像素的位数)
height	返回屏幕的总高度
width	返回屏幕的总宽度

6.3.5 navigator 对象

navigator 对象包含有关浏览器的信息，主要属性如表 6-5 所示。

表 6-5 navigator 对象主要属性

属　　性	描　　述
appCodeName	返回浏览器的代码名
appName	返回浏览器的名称
appVersion	返回浏览器的平台和版本信息
cookieEnabled	返回指明浏览器中是否启用 cookie 的布尔值
platform	返回运行浏览器的操作系统平台
userAgent	返回由客户机发送服务器的 user-agent 头部的值

6.4 表 单 编 程

通过第 2 章的学习，我们知道一个表单有三个基本组成部分，分别为表单标签、表单域、表单按钮。表单标签<form>包含了处理表单数据所用程序的 URL 以及数据提交到服务器的方法。表单域包含了文本框、密码框、隐藏域、多行文本框、复选框、单选框、下拉选择框和文件上传框等。表单按钮包括提交按钮、复位按钮和一般按钮，用于将数据传送到服务器上的处理程序或者取消输入。

6.4.1 表单元素及其相关操作

在 Javascript 中，表单对应 HTMLFormElement 类型，它继承 HTMLElement 类型，常用的表单元素属性和方法如表 6-6 所示。

表 6-6　HTMLFormElement 常用属性和方法

属性/方法	描　　述
acceptCharset	服务器能够处理的字符集
action	接受请求的 URL
elements	表单中所有元素的集合
enctype	请求的编码类型
length	表单中元素的数量
method	要发送的 HTTP 请求类型，通常是 get 或 post
name	表单的名称
target	用于发送请求和接受响应的窗口名称
reset()	重置表单
submit()	提交表单

1. 表单对象的获取

在获取表单对象之前，首先需要定义表单，例如<form id="form1" name="myForm"></form>。获取表单对象有四种方式：① 根据 id 获取表单对象，document. getElementById('form1')；② 获取 form 元素集合里的第一个元素，可以使用代码 document. getElementsByTagName ('form')[0]；③ 直接使用数字下标，可写成 document.forms[0]；④ 使用 forms 名称下标，即 document.forms['myForm']。

2. 表单的提交和重置

通过定义提交按钮可以实现表单的提交,例如<input type="submit" value="提交表单">。以这种方式提交表单时，浏览器会在将请求发送给服务器之前触发 submit 事件，这样就可以对表单域中的内容进行验证，以决定是否允许表单提交。在 JavaScript 中，也可以用编程的方式调用 submit 方法提交表单，代码为 var form = document.getElementById("form1"); form.submit();。当然，在表单内容验证无效而不能发送给服务器时，可以通过阻止默认的提交事件来阻止表单提交，示例如下。

【示例 6-13】阻止表单提交。

```
<html>
<head>
  <script>
    function func(event){
       event.preventDefault();
    }
  </script>
</head>
<body>
  <form id="form1" name="myForm" action="test.jsp">
```

```
        <input type="submit" value="提交" onclick="func(event)" />
    </form>
  </body>
</html>
```

此外，还可以直接在按钮的 onclick 事件中或在表单的 onsubmit 事件中 return false 来阻止表单提交。表单的重置和表单提交类似，既可以通过定义重置按钮，如<input type="reset" value="重置按钮">，也可以在 JavaScript 中调用表单的重置方法，如 form.reset()。

3. 表单域元素的属性与方法

在 JavaScript 中对表单域的访问可以使用 elements 属性，该属性是表单中所有元素的集合，例如 form.elements[0]，form.elements["user"]，form.elements.length。

除了<fieldset>元素之外，所有表单域元素都拥有相同的一组属性，例如，可以通过 form.elements[0].value 获取和设置表单中第一个元素的值，通过 form.elements[0].disabled 禁用当前元素，表单域元素共有属性如表 6-7 所示。

表 6-7　表单域元素共有属性

属性/方法	描　　述
disabled	布尔值，表示当前元素是否被禁用
name	当前元素的名称
readOnly	布尔值，表示当前元素是否只读
tabIndex	当前元素的切换
type	当前元素的类型
value	当前元素的值

表单域元素具有 focus 和 blur 两个共有的方法，其中 focus 方法表示将焦点定位到表单域元素中，某个表单域元素获得焦点时，同时触发 focus 事件。与之对应，blur 方法表示元素失去焦点，在表单域元素失去焦点时，同时触发 blur 事件。对于<input>和<textarea>元素，在改变 value 并失去焦点时还会触发 change 事件。

6.4.2　文本框编程

表单中有两种类型的文本框，一种是用<input type="text">定义的单行文本框，另一种是用<textarea>定义的多行文本框。文本框编程中最常用的是获取 value 值，下面给出代码示例：

【示例 6-14】获取文本框内容。

```
<html>
<head>
  <script>
    function getValue(){
      var form = document.getElementById("form1");
      var textField = form.elements[0];
      var areaField = form.elements[1];
```

```
        console.log("Text Field Value is:" + textField.value + " Area Field Value is:" + areaField.value);
      }
    </script>
  </head>
  <body>
    <form id="form1" name="myForm">
      <input type="text" id="username"/>
      <textarea id="intro"></textarea>
      <input type="button" onclick="getValue()" value="确定"/>
    </form>
  </body>
</html>
```

两种文本框都支持 blur、focus、change 和 select 事件，其中 blur 和 focus 事件在文本框失去和获得焦点时触发，change 事件是在用户改变文本框的内容之后，并且当文本框失去焦点时发生，select 事件是在一个或多个字符被选中时发生，且不论是手动选中或者使用 select()方法选中。另外，select()还是文本框的一个方法，表示选择文本框中的所有文本。例如，当一个文本框获得焦点时，选中文本框中的文本，代码可以写成<input type="text" onfocus = "this.select()" />或者<textarea onfocus = "this.select()"></textarea>

6.4.3　列表框编程

列表框编程是指利用 DOM 和 JavaScript 实现对表单中 select 元素及其列表项的操作。

1. 创建 select 元素

首先使用 createElement("select")创建一个 select 元素，然后给该元素设置一些属性，如 id、name 属性等，最后调用 appendChild()方法将创建的元素添加到文档中，主要代码如下：

```
function createSelect(){
    var mySelect = document.createElement("select");
    mySelect.id = "mySelect";
    document.body.appendChild(mySelect);
}
```

2. 添加选项

向 select 中添加选项，首先通过 id 选择上一步创建的 select，然后通过 new Option 产生一个新的选项对象，最后将该选项添加到 select 的 options 中，主要代码如下：

```
function addOption(){
    var obj=document.getElementById('mySelect');
    obj.add(new Option("text","value")); //这个只能在 IE 中有效
    obj.options.add(new Option("text","value")); //这个兼容 IE 与 firefox
}
```

3. 删除所有选项

删除所有选项很简单，只要设置 options 的 length 属性为 0 即可，代码如下：

```
function removeAll(){
    var obj=document.getElementById('mySelect');
    obj.options.length=0;
}
```

4. 删除选定选项

删除选定选项，首先需要根据 select 对象的 selectedIndex 获得选项的索引，然后执行 remove 方法即可删除选定的选项，代码如下：

```
function removeOption(){
    var obj=document.getElementById('mySelect');
    var index=obj.selectedIndex;
    obj.options.remove(index);
}
```

5. 获取选定选项的值及文本

获取选定选项的值与文本，同样需要先获取选定选项的索引，然后通过 value 属性和 text 属性分别获取值和文本，代码如下：

```
function getTextAndValue(){
    var obj=document.getElementById('mySelect');
    var index=obj.selectedIndex;
    var val = obj.options[index].value;
    var txt = obj.options[index].text
```

6. 修改选项

要修改选项，首先仍然是获取选定选项的索引，然后利用 new Option 生成新的选项文本名和选项值，并替换索引为 index 的旧选项。

```
function editOption(){
    var obj=document.getElementById(selectId);
    var index=obj.selectedIndex;
    var val = obj.options[index]=new Option("新文本","新值");
}
```

7. 删除 select 元素

删除 select 元素，首先需要使用 parentNode 属性获取该元素的父元素，然后调用 removeChild 方法删除该元素，代码如下：

```
function removeSelect(){
    var mySelect = document.getElementById("mySelect");
    mySelect.parentNode.removeChild(mySelect);
}
```

6.4.4　选择框编程

选择框编程是指利用 DOM 和 JavaScript 实现对表单中单选框(radio)和复选框(checkbox)的操作，其主要任务是判断单选框或复选框中选项的选择状态，在程序中需要使用循环遍历整个选择框，逐个检查选择项的 checked 属性，代码如下：

```
function getRadioValue(){
    var obj = document.getElementById("myRadio");
    if (obj != null) {
        for (var i = 0; i < obj.length; i++){
            if (obj[i].checked) return obj[i].value;
        }
    }
    return null;
}
function getCheckBoxValue(){
    var str = "";
    var obj = document.getElementsByName(CheckBoxName);
    if (obj != null){
        for (var i = 0; i < obj.length; i++){
            if (obj[i].checked) str += obj[i].value + ",";
        }
    }
    if (str.length > 0) str = str.substring(0, str.length - 1);
        return str;
}
```

从上述代码可以看出，由于单选框只能选择一个选项，因此在遍历过程中只要有一项 checked 属性为真，程序就返回该项的值。而对于复选框，需要遍历所有选项，将每一个选中的选项值保存在变量 str 中，循环结束后再返回变量 str 的值。

6.5　正则表达式

在表单编程中，经常需要进行一些复杂的验证，如判断用户输入的用户名以及密码是否符合长度、限定字符等方面的要求，用户输入是否是一个正确的电子邮箱地址等。对于这些验证需求，单纯使用 JavaScript 需要编写大量的代码才能实现，而利用正则表达式则可以有效地简化代码，方便快捷地实现各类复杂的验证需求。

6.5.1　基本符号

正则表达式(regular expression)是用于匹配字符串中字符组合的模式，其模式规则是由一个字符序列组成，包括所有字母和数字在内，可以用来检查一个字符串是否含有某种子串、将匹配的子串替换或者从某个串中取出符合某个条件的子串等。

JavaScript 中的正则表达式用 RegExp 对象表示，有两种创建方式。第一种是按字面量方式进行创建，基本语法为：

   var pattern=/正则表达式主体/修饰符

其中斜杠称为定界符，用来表示正则表达式开始和结束的地方。包含在一对斜杠之间的字符序列为正则表达式主体，通常由原子和元字符组成。修饰符是可选的，是对正则表达式的扩充，常用取值有 g、i、m，分别表示全局匹配、不区分大小写的匹配、多行匹配。

另一种是通过对象方式进行创建，基本语法为：

   var pattern=new RegExp("正则表达式","修饰符")

正则表达式中所有字母和数字都是按照字面含义进行匹配的，其他非字母的字符需要通过反斜杠(\)作为前缀进行转义，如\n 匹配换行符。按照字面含义定义的字母和数字又叫作原子，这些字符都是精确匹配，正则表达式中定义了这些字符，要匹配的字符串中就必须出现这些字符。

如果不想匹配某一个特定的字符而是想匹配某一类字符，则需要使用元字符。元字符也称为字符组或字符类，将字面量字符放入方括号内，可以组成元字符。一个元字符可以匹配它所包含任意一个字符，如[abc]可以匹配 a、b、c 中任意一个字符。还可以使用^作为方括号中第一个字符来定义否定字符集，它匹配所有不包含在方框括号内的字符，如果方括号中只有一个^ 符号，即[^]可以匹配任意字符。在元字符中也可以使用连字符来表示字符范围，如[a-z]表示匹配所有小写字母，[0-9]表示匹配 0～9 之间的数字，[a-zA-Z0-9]则表示匹配任何字母和数字。另外，为了方便使用，元字符中还定义了很多简写形式，如\w 等价于[a-zA-Z0-9_]，\W 等价于[^a-zA-Z0-9_]。正则表达式中的常用元字符如表 6-8 所示。

表 6-8　正则表达式中的常用元字符形式

元字符	描　　述
[...]	匹配方括号内任意字符
[^...]	匹配不在方括号内任意字符
.	匹配除了回车、换行符、制表符之外的任意字符
\w	等价于[a-zA-Z0-9_]
\W	等价于[^a-zA-Z0-9_]
\s	匹配任何 Unicode 空白符
\S	匹配任何非 Unicode 空白符的字符
\d	等价于 [0-9]
\D	等价于 [^0-9]

正则表达式还提供了多次匹配的正则语法，可以满足模式多次匹配的需要，相关语法及符号如表 6-9 所示。

在正则表达式中上述量词的匹配分为贪婪和懒惰两种模式，其中默认模式是贪婪模式，即能匹配多少个就匹配多少个，例如 /a+/ 匹配 'aaaa' 时，它会匹配 'aaaa'。而懒惰模式是尽可能少匹配，只要匹配上一个就返回，后面就不再进行匹配，开启懒惰模式，只需要在重复的标记后加一个问号(?)即可,例如 /a+?/ 匹配 'aaaa' 时,它会匹配 'a'。注意正则表达式的模式匹配总会寻找字符串中第一个可能匹配的位置,这意味着 /a+?b/ 匹配 'aaab' 时,匹配到的是 'aaab' 而不是 'ab'。

表 6-9　用于模式多次匹配的字符

字　符	描　述
{n,m}	匹配前一项至少 n 次,但不能超过 m 次
{n,}	匹配前一项至少 n 次
{n}	匹配前一项 n 次
?	匹配前一项 0 次或 1 次,等价于 {0,1}
+	匹配前一项 1 次或多次,等价于 {1,}
*	匹配前一项 0 次或多次,等价于 {0,}

在正则表达式中,还有一些特殊字符,起到选择、分组和引用的作用。其中字符 | 用于分隔供选择的模式,匹配时会尝试从左到右匹配每一个分组,直到发现匹配项,例如 /ab|bc|cd/ 可以匹配字符串'ab'、'bc' 和 'cd'。

圆括号可以把单独的项组合成子表达式,以便可以像一个独立的单元用|、*、+ 或者 ? 对单元内的项进行处理。例如,如果希望字符串 "ab" 重复出现 2 次,应该写为(ab){2},而如果写为 ab{2},则{2}只作用于 b,表示重复 2 次 b。举另外一个例子,身份证长度有 15 位和 18 位两种,如果只匹配长度写成\d{15,18},实际上这是错误的,因为它包括 15、16、17、18 这四种长度。因此,正确的写法应该是\d{15}(\d{3})?/。表达式带圆括号的另一个用途是允许在同一个正则表达式的后面引用前面的子表达式,通过\后面加数字实现。\n 表示第 n 个带圆括号的子表达式,表示引用前一个表达式所匹配的文本,因为子表达式可以嵌套,所以根据子表达式左括号的位置进行计数。例如,匹配 2020-01-01 或 2020/01/01 的正则表达式可写为 /\d{4}([-\/])\d{2}\1\d{2}/,这里\1 表示引用第一个括号中的子表达式([-\/])。

另外,有一些正则表达式的元素不是用来匹配实际的字符,而是匹配指定的位置,这些元素称为正则表达式的锚,常用锚字符如表 6-10 所示。

表 6-10　正则表达式的锚字符

字符	描　述
^	匹配字符串的开始,多行检索时匹配一行的开头
$	匹配字符串的结束,多行检索时匹配一行的结尾
\b	匹配单词的边界,即\w 和 \W 之间的位置,如\bJava\b/可以匹配 Java 却不匹配 JavaScript
\B	匹配非单词边界的位置

6.5.2 正则表达式的使用

在 JavaScript 中,正则表达式主要有两种使用场合。第一种是用于字符串的方法中,如 search、replace、match、split 方法,其中 search 方法用于检索字符串中指定的子字符串,或检索与正则表达式相匹配的子字符串,并返回子串的起始位置,例如:

```
var str="Hello JavaScript"; var n = str.search(/java/i);
```

代码执行后，结果为 n = 6。

replace 方法用于在字符串中用一些字符替换另一些字符，或替换一个与正则表达式匹配的子串，例如：

　　　var str="Hello Java"; var txt = str.replace(/java/i, "JavaScript");

即匹配字符串 str 中的 Java，然后用字符串 JavaScript 替换 Java。

match()方法可在字符串内检索指定的值，或找到一个或多个正则表达式的匹配，方法返回存放匹配结果的数组，该数组的内容依赖于正则表达式是否具有全局标志 g。例如：

　　　var str="1 plus 2 equal 3";document.write(str.match(/\d+/g))

因为采用了全局匹配正则表达式方式，所以将返回检索字符串中的所有数字，结果输出 1,2,3。

split 方法用于把一个字符串分割成字符串数组，用正则表达式切分字符串比用固定的字符更灵活。例如，采用传统的字符串切分方法分割字符串'a b　　c'.split(' ');，将得到结果 ['a', 'b', ' ', ' ', 'c']，如果希望去除空格，可以使用正则表达式，写成'a b　　c'.split(/\s+/);的形式，此时得到结果为['a','b','c']。另外，还可以指定多个分割符，例如'张三;李四,王五|赵六'.split(/[;\,|]/)，此时返回的结果为["张三", "李四", "王五", "赵六"]。

第二种场合是使用预定义了属性和方法的正则表达式对象 RegExp，其中 test 方法是 RegExp 对象的方法，用于检测一个字符串是否匹配某个模式，如果字符串含有与正则表达式匹配的文本，返回 true，否则返回 false。例如：

　　　var re = new RegExp(/^[1-9]\d{4,10}$/); var str = "123456"; re.test(str);

执行代码后，结果返回 true。test 方法效率很高，如果仅仅需要知道一个字符串中是否存在一个模式，调用 test 方法即可。

除了判断是否匹配之外，正则表达式还可以通过 exec 方法提取子串，用()表示要提取的分组。例如：

　　　var re = new RegExp(/^(\d{3})-(\d{5,8})$/); re.exec('010-12306');

exec 方法在匹配成功后，返回一个数组，第一个元素是正则表达式匹配到的整个字符串，后面的字符串表示匹配成功的子串，否则如果 exec 方法匹配失败，返回 null。因此上述代码执行后返回['010-12306', '010', '12306']。

6.5.3　常用正则表达式

从上面的讨论可以看出正则表达式具有强大的功能，为了更好地学习和使用正则表达式，表 6-11 列出了常用正则表达式，供读者学习和参考。

表 6-11　常用正则表达式

功　能	正则表达式
验证 Email 地址	^\w+[-+.]\w+)*@\w+([-.]\w+)*\.\w+([-.]\w+)*$
验证身份证号	^\d{15}|\d{18}$
国内手机号码	1\d{10}
国内固定电话号码	(\d{4}-|\d{3}-)?(\d{8}|\d{7})
国内邮政编码	[1-9]\d{5}

续表

功　能	正则表达式
IP 地址	((2[0-4]\d|25[0-5]|[01]?\d\d?)\.){3}(2[0-4]\d|25[0-5]|[01]?\d\d?)
日期(年-月-日)	(\d{4}|\d{2})-((1[0-2])|(0?[1-9]))-(([12][0-9])|(3[01])|(0?[1-9]))
日期(月/日/年)	((1[0-2])|(0?[1-9]))/(([12][0-9])|(3[01])|(0?[1-9]))/(\d{4}|\d{2})
验证数字	^[0-9]*$
验证 n 位的数字	^\d{n}$
验证至少 n 位数字	^\d{n,}$
验证 m～n 位的数字	^\d{m,n}$
验证有 1～3 位小数的正实数	^[0-9]+(.[0-9]{1,3})?$
验证零和非零开头的数字	^(0|[1-9][0-9]*)$
验证长度为 3 的字符	^.{3}$
验证由 26 个英文字母组成的字符串	^[A-Za-z]+$

习　题

一、选择题

1. 表单检测是 JavaScript 的重要功能。例如，设计一个用户注册的页面，如果想实现即时检测用户输入密码的有效性，如长度、是否字母数字混合等，我们编写了一个函数"检测密码()"，那么下列哪种触发事件类型比较合适(　　　)。

A. <input name="password" onclick="检测密码()" type="text" id="password" />

B. <input name="password" onblur="检测密码()" type="text" id="password" />

C. <input name="password" onmousedown="检测密码()" type="text" id="password" />

D. <input name="password" onmouseup="检测密码()" type="text" id="password" />

2. 某网站设计用户登录界面时有如下代码：<input type="text" id="name" value="请在此输入姓名" />。为了使用户体验更好，要求您实现如下功能：当用户点击该输入框准备输入名字时，程序自动将文本输入框内的文字清空。选择哪个触发事件合适(　　　)。

A. Onkeydown　　　B. Onload　　　C. Onmousedown　　　D. Onmouseover

3. 关于文档对象模型(Document Object Model)，下面说法错误的是(　　　)。

A. DOM 能够以编程方式访问和操作 web 页面内容

B. DOM 允许通过对象的属性和方法访问页面中的对象

C. DOM 能够创建动态的文档内容，但是不能删除文档对象

D. DOM 提供了处理事件的接口，它允许捕获和响应用户以及浏览器的动作

4. 下列关于 DOM 模型节点访问，说法正确的有(　　　)。

A. 可以根据节点 id 访问 DOM 节点

B. getElementsByTagName 方法根据节点的 name 属性访问节点

C. getElementsByName 方法的作用是获取一个指定 name 属性值的节点

D. nodeValue 属性仅根据节点的类型返回节点的值

5. 假设要将网页文档的背景颜色动态修改为浅蓝色，那么在 JavaScript 中应该使用下

面哪一条语句(　　　　)。

A. document.color = "lightblue";　　　　　　B. docutment.fgColor = "lightblue";

C. document.bgColor = "lightblue";　　　　　D. document.URL = "lightblue";

6. 下列关于表单对象属性和方法，描述错误的是(　　　　)。

A. action 属性用来指定用户提交表单后，数据将要发送到的网址。

B. method 属性指定数据传输的方法，只有两个选择值 get 和 post。

C. 可以点击提交按钮发送表单，也可以用程序调用 submit()方法提交表单。

D. onsubmit 事件是表单独有的，主要用于清除表单域的内容。

7. 下面事件中属于表单提交事件的是(　　　　)。

A. onload 事件　　　　B. onclick 事件　　　　C. onsubmit 事件　　　　D. onfocus 事件

8. 以下不属于浏览器对象的是(　　　　)。

A. Date 对象　　　　B. window 对象　　　　C. document 对象　　　　D. location 对象

9. 下列关于浏览器对象，说法不正确的是(　　　　)。

A. window 对象是浏览器模型的顶层对象

B. document 对象是 Window 对象的一部分

C. location 对象的 forward 方法可以实现浏览器的前进功能

D. history 对象包含用户在浏览器窗口中访问过的 URL

10. 关于正则表达式，说法不正确的是(　　　　)。

A. 正则表达式是一种对文字进行模糊匹配的语言

B. 正则表达式可以实现数据格式的有效性验证

C. 正则表达式可以替换和删除文本中满足某种模式的内容

D. 正则表达式的模式匹配不能实现区分大小写

二、填空题

1. DOM 中文名称为＿＿＿＿＿＿＿＿，是＿＿＿＿＿＿＿制定的标准接口规范。

2. 在 DOM 中，＿＿＿＿＿＿＿＿＿方法用来获取节点属性，＿＿＿＿＿＿＿方法用来设置属性，removeAttribute 用来删除相关属性。

3. BOM 中文名称为＿＿＿＿＿＿＿＿，在 BOM 模型中，＿＿＿＿＿＿＿是顶级对象，其中＿＿＿＿＿＿＿＿对象包含浏览器名称、版本、运行平台等信息。

4. DOM2 级事件定义了 addEventListener 和 removeEventListener 两个方法，分别用来＿＿＿＿＿＿和＿＿＿＿＿事件。

5. 在 JavaScript 中常用于用户交互的三种对话框，分别是警告 alert，＿＿＿＿＿＿＿以及＿＿＿＿＿＿＿＿。

6. 在正则表达式匹配中，＿＿＿＿＿＿符号等价于[a-zA-Z0-9_]，＿＿＿＿＿＿符号等价于[0-9]。

三、设计分析题

1. 设计一个正则表达式，使其能够匹配 18 位身份证号。

2. 编写 JavaScript 代码，要求：

(1) 创建一个定时器，其作用是每隔 1 秒在页面上输出当前时间。

(2) 创建一个"停止"按钮，点击该按钮后，停止输出时间。

第 7 章　HTML5 基础

本章概述

　　本章主要学习 HTML5 基本知识，包括 HTML5 概述、HTML5 新增元素与属性、HTML5 新增表单功能。通过大量实例的演示，使读者快速了解 HTML5 前端技术，并掌握 HTML5 文档的编辑、调试和运行。图 7-1 是本章的学习导图，读者可以根据学习导图中的内容，从整体上把握本章学习要点。

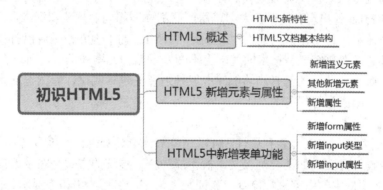

图 7-1　"初识 HTML5" 学习导图

7.1　HTML5 概述

　　HTML5 是互联网前端技术的最新标准，是构建以及呈现互联网内容的一种语言方式。早在 2004 年，Web 超文本应用技术工作组就创建了 HTML5 的规范，2006 年 W3C 介入 HTML5 的开发，并于 2008 年发布 HTML5 工作草案。在随后的几年里，各大浏览器厂商都陆续支持 HTML5 相关规范，以增强浏览器的功能。直到 2014 年 10 月，HTML5 规范才正式发布，标志着 HTML5 时代的真正到来。2016 年 11 月，W3C 再次发布 HTML5.1 规范，并开始着手制定 HTML5.2 规范。

　　HTML5 技术结合了 HTML4.01 的相关标准，并符合现代网络的发展要求，在互联网中得到了非常广泛的应用。与传统的技术相比，HTML5 的语法特征更加明显，并且结合了 SVG 的内容，在网页中使用这些内容可以更加便捷地处理多媒体信息，而且 HTML5 中还结合了其他元素，对原有的功能进行调整和修改，进行标准化工作。HTML5 的应用大大减少了互联网富应用(RIA)对 Flash、Silverlight、JavaFX 等的依赖，解决了跨浏览器开发问题，借助于 HTML5 中新增的元素、属性以及相关 API，前端开发人员可以快速开发功能强大的前端页面。

　　为了满足普通用户的需要，目前市面上也有一些针对移动互联网营销的手机幻灯片和HTML5 场景应用制作工具，如人人秀、易企秀等，这些制作工具将原来只能在 PC 端制作和展示的各类复杂营销方案转移到更为便携的手机上，用户可以随时随地根据自己的需要在 PC 端、手机端进行页面的制作和展示。

7.1.1　HTML5 新特性

　　HTML5 是基于现代 Web 应用的需求，采用全新的理念设计和开发的，其主要特性和优势如下。

　　(1) 跨浏览器和兼容性。

　　在 HTML5 出现之前，由于各浏览器厂商对 HTML、JavaScript 以及 CSS 的支持不统一，造成同一个页面在不同浏览器上的显示效果可能不同，因此前端开发者在制作完页面后，还必须在不同浏览器上检查页面效果，针对不同浏览器调整样式，这大大增加了前端开发者的负担。HTML5 的出现，使得各大浏览器厂商都遵循相同的规范和标准，前端开发者就不用担心页面效果的跨浏览器问题。另一方面，HTML5 的出现并不是对已有技术的完全颠覆，其核心理念是在兼容已有技术的基础上不断开发新的元素和功能，所以在 HTML5 的开发过程中，对于新使用的元素和功能，一般都需要先进行测试，看浏览器是否支持，如果不支持再给出相应的替代方案。

　　(2) 代码的简化。

　　HTML5 引入了很多新元素和属性，可以代替部分 JavaScript，避免了不必要的复杂性。例如，在表单设计方面，如果要确保文本框不能为空，传统的方式是在表单提交前，使用JavaScript 对文本框中的内容进行检查，验证是否为空，然后给出相应提示。而在 HTML5中，直接在文本框中定义属性 required 即可，这大大简化了程序代码的编写，提升了代码运行效率。此外，HTML5 在页面其他地方也做了很多简化工作，如简化的 DOCTYPE 和字符集声明，简单而强大的 HTML5 API。

　　(3) 语义化元素的引入。

　　HTML5 中增加了很多语义化元素，使得页面内容更加结构化。在 HTML5 发布之前，网页大多使用 div 元素，通过 id 属性指定页面结构，例如<div id="header">，而在 HTML5 中，引入了 header、footer、article、nav 等语义化元素，这些语义化元素虽然不会影响页面的布局和外观，但是可以使文档更容易被机器和其他开发者阅读，方便网络爬虫的抓取和分析。

　　(4) 表单功能的增强。

　　HTML5 增强了表单功能，引入多个新的 input 输入类型，提供了更好的输入控制和验证。例如，email、url 类型可以自动验证文本框中的输入是否是一个合法的 email 或 url 地址，date、time 类型可以从日期选择器中选择日期和时间。HTML5 还新增了一些表单元素，例如 datalist元素，使用 input 元素的 list 属性与 datalist 元素的 id 绑定，可实现文本框与下拉列表的融合。另外，HTML5 还新增了一些属性，如 required、pattern、placeholder、min、max、step 等。

　　(5) 强大的图形图像绘制功能。

　　在图形图像绘制上，HTML5 提供了 canvas 和 svg 元素，其中 canvas 是一个图形画布，通过 JavaScript 可以在画布上绘制任意的图形与图像，通过刷新画布，还能够绘制各种动画效果。svg 是一种基于 XML，用来描述 2D 可伸缩矢量图形的语言。在 svg 中，每个被绘制的图形均被视为对象。

(6) 方便快捷的多媒体支持。

HTML5 通过 audio 和 video 元素增强了对音频和视频的处理能力。其中 audio 元素支持 mp3、wav、ogg 等多种音频格式，通过简单的属性设置，无须编写代码，就可以实现音频的播放。结合 HTML5 原生的 Web Audio API，还可以实现对麦克风以及其他输入音频的处理。video 元素主要提供对多种视频格式的播放和控制，和 audio 功能类似，它也可以通过 JavaScript 对 video 对象进行控制。

(7) 支持多种交互应用。

除了常见的键盘、鼠标交互操作外，HTML5 特别增强了对移动端的交互支持。例如，借助 dragable 属性和 dataTransfer 对象可以实现页面元素以及文件的拖拽和读取；借助 touchmove 事件，可以实现移动端触摸的响应；借助运动传感事件，可以获取移动设备的运动加速度，实现运动和重力感应等效果。另外，HTML5 中还提供了 Geolocation 对象，能够获取用户的位置信息，通过与百度地图等 API 的结合，可实现各类基于位置的服务应用。

(8) 强大的客户端数据存储功能。

早期的本地数据存储一般是使用 cookies，但是 cookies 存储机制需要客户端浏览器的支持，且在存储量、安全性等方面存在较多问题。而 HTML5 提供了强大的客户端数据存储功能，数据以键/值对形式存在，包括用于回话的临时存储 SessionStorage，当用户关闭浏览器后，数据会自动删除。同时，HTML5 也提供用于持久化存储的 LocalStorage 对象，可以进行数据的存取和删除操作等。另外，针对 Chrome 浏览器，HTML5 还提供了可以创建和操作关系型数据库的 WebSQL 存储。

(9) 基于 Web 的网络通信。

WebSocket 是 HTML5 开始提供的一种在单个 TCP 连接上进行全双工通信的协议。在 WebSocket API 中，浏览器和服务器只需要做一个握手的动作，就可以在浏览器和服务器之间形成一条快速通道，进行数据的相互传送。浏览器通过 JavaScript 向服务器发出建立 WebSocket 连接的请求，连接建立以后，客户端和服务器端就可以通过 TCP 连接直接交换数据。当获取 WebSocket 连接后，可以通过 send 方法来向服务器发送数据，并通过 onmessage 事件来接收服务器返回的数据。

(10) 强大的多线程功能。

在 HTML 页面中执行脚本时，页面的状态是不可响应的，即整个页面会处于暂停状态，直到脚本执行完毕，页面才进行渲染。HTML5 提供了 web worker 多线程功能。web worker 是运行在后台的 JavaScript，它独立于其他脚本，不会影响页面的性能，用户可以在页面执行任意的操作，如点击按钮、选取内容等，此时 web worker 在后台运行。

7.1.2 HTML5 文档基本结构

HTML5 文档有相对固定的结构，分为几个组成部分，每个部分都包含了一个或者多个元素，有些元素用于描述文档的基本信息，有些则用于描述文档结构，基本代码如下：

```
<!DOCTYPE html>
<html lang="zh-CN">
<head>
    <meta charset="utf-8">
    <title>文档标题</title>
</head>
<body>文档内容... </body>
</html>
```

上述代码描述了一个空白文档，这些基础成分确定了 HTML 文档的轮廓以及浏览器的初始环境。

第一行<!DOCTYPE html>表示文档内容的版本是 HTML5。经过测试发现删除该行，大多数浏览器仍能正确显示文档内容，不过建议在创建文档时，还是保留该行。

第二行中的 lang 属性指定页面内容的默认语言，常用的有 zh-CN 表示中文，en 表示英文等。

第四行<meta charset="utf-8">中的 charset 属性表示页面所使用的字符集，常用的字符集有 utf-8、GBK、unicode 等。

文档结构的其他部分同 HTML，这里就不再一一介绍了。

7.2　HTML5 新增元素与属性

7.2.1　新增语义元素

如图 7-2 所示，在 HTML5 之前，主要是采用 div 元素结合 id 或 class 属性定义页面结构，例如，<div id="header">表示头部区域，<div class="article">表示文章区域，但是对浏览器来说，这些 div 实际上没有任何含义，它们仅仅是一些用来划分网页结构的指令。为了更好地规范页面结构，使页面更容易被搜索引擎中的爬虫及相关程序解析和理解，在 HTML5 规范中新增了专门用于定义页面结构的语义元素，如图 7-3 所示。

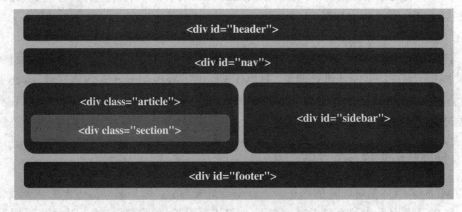

图 7-2　div 元素定义页面结构

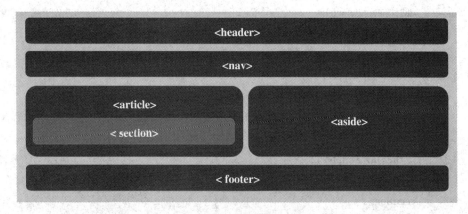

图 7-3　语义元素定义页面结构

图 7-3 中的 header 元素用来划分网页头部位置。如图 7-4 所示，美团网的头部区域就使用了 header 元素进行划分，整个页面对 header 元素的个数并没有限制，可以为每个内容块增加一个 header 元素，表示该内容块的页眉部分。和 header 元素对应的是 footer 元素，用来表示页面的尾部区域，代表网页的页脚，通常含有作者、相关文档链接、版权资料等基本信息。

图 7-4　header 元素划分网页头部区域

nav 元素用来划分页面的导航链接区域。需要注意的是，按照 HTML5 中的规范建议，nav 仅用于整个页面的主要导航部分，其他区域中的导航链接部分不建议使用 nav。

section 元素用来对页面的内容进行分块，代表文档中的"节"或"段"。"段"可以是一篇文章里按照主题的分段，"节"可以是一个页面里的分组。

article 元素用来划分文章区域。article 元素容易和 section、div 混淆，实际上 article 在页面中表示一个相对独立的区域，可以是论坛上的一个帖子、博客上的一篇文章、用户的一条评论或回复等。在 article 中可以嵌套 section，此时 article 和 section 会构成整体与部分的关系，其中 article 为整体，section 为部分。下面给出简单的示例代码：

```
<article>
```

```
        <h1>前端技术</h1>
        <p>前端技术有哪些？</p>
        <section>
            <h2>CSS</h2>
            <p>层叠样式表</p>
        </section>
        <section>
            <h2>JavaScript</h2>
            <p>脚本语言</p>
        </section>
        …
    </article>
```

aside 元素用来划分页面侧边栏，可以表示文章目录、广告条、侧边导航链接等。aside 元素也可以包含在 article 元素中，作为主要内容的附属信息。示例代码如下：

```
    <article>
        <p>内容</p>
        <aside>
            <h1>作者简介</h1>
            <p>张三，大学教师，从事前端技术教学</p>
        </aside>
    </article>
```

最后一个语义元素是 hgroup，代表网页或 section 的标题。hgroup 一般使用场合较少，所以未在图 7-3 中进行标注。当元素有多个层级时，该元素可以将 h1 至 h6 元素放在其中，如文章的主标题和副标题的组合，代码如下：

```
    <hgroup>
        <h1>初识 HTML5 </h1>
        <h2>本章主要了解 HTML 5 技术，并学习 HTML 5 中新增元素和属性</h2>
    </hgroup>
```

7.2.2　其他新增元素

1. time 元素

time 元素是 HTML5 中全新的元素，常用来表示一篇文章的发布时间或修改时间，基本形式为：<time datetime = "2020-04-30">2020 年 04 月 30 日</time>，其中 datetime 属性表示机器可识别的时间戳，格式必须是年月日的数字且以减号相隔，如果还需要增加时间，就在日期后面加字母 T 然后跟 24 小时格式的时间值以及时区偏移量，如 datetime = "2020-04-30T 22:49:40+08:00"。

2. mark 元素

为了让页面中的文本能够高亮显示，HTML5 新增了 mark 元素，其使用也很方便，只需将要高亮显示的文本内容放在<mark>…</mark>之间即可，例如<mark>mark 元素用于高亮显示文本</mark>。

3. details 元素和 summary 元素

为了能够显示段落或篇章的摘要和细节内容，HTML5 新增了 details 元素和 summary 元素，其中 details 元素用来显示段落或篇章的细节，通常和 summary 元素配合使用。代码示例如下。

【示例 7-1】使用 details 元素显示文章细节。

```
<!DOCTYPE HTML>
<html>
<body>
 <details>
  <summary>HTML5 简介</summary>
   HTML5 是互联网前端技术的最新标准，是构建以及呈现互联网内容的一种语言方式。它希望能够减少互联网富应用(RIA)对 Flash、Silverlight、JavaFX 等的依赖，并且提供更多能有效增强网络应用的 API。同时 HTML5 使得移动 Web 开发变得容易。
 </details>
</body>
</html>
```

上述代码运行后，默认情况下只显示 summary 部分，即摘要内容"HTML 简介"，当用户点击下三角箭头时，将显示 details 中定义的内容，结果如图 7-5 所示。

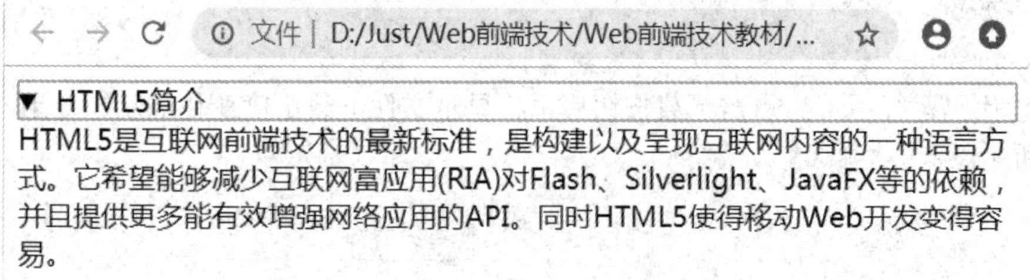

图 7-5　使用 details 元素显示文章细节

4. progress 元素

为了显示任务的进度或进程，HTML5 中新增了 progress 元素。progress 元素的使用很广泛，可以用于文件上传或下载时的进度显示，也可以作为 loading 的加载状态条使用。该元素通常和 JavaScript 一起使用来实现进度条效果，其基本语法为：<progress value="当前值" max="最大值"></progress>。下面给出代码示例。

【示例 7-2】使用 progress 元素显示文件下载进度效果。

```
<!DOCTYPE html>
<html>
<body>
 <p id="status">开始下载</p>
 <progress value="0" max="100" id="proDownFile"></progress>
```

```
        <input type="button" value="下载" onClick="btn_click();">
        <script>
        var value = 0;
        var timer;
        var progress = document.getElementById('proDownFile');
        var status = document.getElementById('status');
        function Interval_handler(){
            value++;
            progress.value = value;
            if (value >= progress.max){
                clearInterval(timer);
                status.innerHTML = "下载完成";
            } else {
                status.innerHTML = "正在下载" + value + "%";
            }
        }
        function btn_click(){
            timer = setInterval(Interval_handler,100);
        }
        </script>
    </body>
</html>
```

上述代码运行后，当点击下载按钮后，将显示文件下载进度变化的动态效果，结果如图 7-6 所示。

图 7-6　使用 progress 元素显示文件下载进度效果

5. meter 元素

除了进度条效果，HTML5 中还新增了 meter 元素，用来显示投票状态、磁盘用量等，其基本语法为：

```
<meter value="当前值" high="规定高的值范围" low="规定低的值范围" max="规定范围的最大值" min="规定范围的最小值" optimum="规定最优值范围"></meter>
```

【示例 7-3】使用 meter 元素显示投票效果。

```
<!DOCTYPE html>
```

```
<html>
<body>
   <p>共有 100 人参与投票</p>
   <p>张三票数:
       <meter value="1" optimum="0,6" high="0.8" low="0.2" max="1" min="0"></meter>
       <span>10%</span>
   </p>
   <p>李四票数:
       <meter value="70" optimum="60" high="80" low="20" max="100" min="0"></meter>
       <span>70%</span>
   </p>
</body>
</html>
```

上述代码运行后, 当点击投票按钮后, 将显示投票状态效果, 结果如图 7-7 所示。其中张三票数为 10%, 显示为黄色的状态条, 李四的票数为 70%, 显示为绿色的状态条。

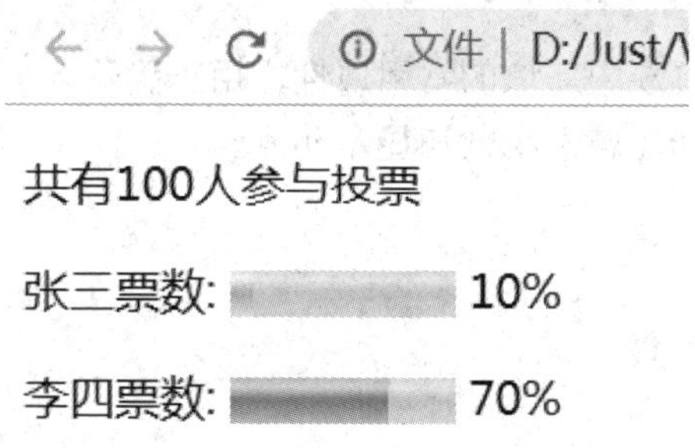

图 7-7　使用 meter 元素显示投票效果

这样自然就带来一个问题, 系统是如何决定状态条颜色的? 对于这一问题, 可以用图 7-8 进行解释。

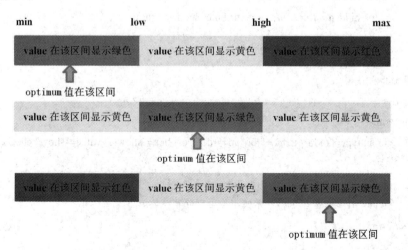

图 7-8　meter 元素状态条颜色显示规则

从图 7-8 中可以看出,可以将区间分为左区间(min～low)、中区间(low～high)和右区间 (high～max),然后查看 value 和 optimum 的值,value 和 optimum 的值在相同区间的显示绿色,间隔一个区间的显示为黄色,间隔两个区间的显示为红色。例如,当 optimum 定义在左区间时,若 value 值也在左区间,则状态条显示绿色;如果 value 值在中间区间,状态条显示黄色;如果 value 值在右区间,状态条显示红色。

7.2.3　新增属性

在 HTML5 中,有些新增属性是和元素紧密相关的,如 meter 元素中的 high、low、optimum 等,而另外一些新增属性是各元素所共有的,这一节重点介绍这类新增属性。

1. contenteditable 属性

contenteditable 属性规定元素内容是否可编辑,属性取值为 true 时表示可编辑,取值为 false 时表示不可编辑。例如:<div contenteditable="true">表示这是一个可编辑的 div</div>。如果元素未设置 contenteditable 属性,那么元素会从其父元素那里继承该属性。另外,也可以采用简写的形式,即不用指定属性值,直接写 contentable 即可。

2. hidden 属性

hidden 属性也是 HTML5 中新增的常用属性,用于隐藏元素的效果,示例代码如下。

【示例 7-4】使用 hidden 属性隐藏和显示元素。

```
<!DOCTYPE html>
<html>
<head>
  <script>
    function show(){
        p1.hidden = false;   //p1.removeAttribute("hidden");
    }
    function hide(){
        p1.hidden = true;    //p1.setAttribute("hidden",true);
    }
  </script>
</head>
<body>
  <form>
    <input type="radio" name="rdo" id="rdo1" onclick="show()" value="show" checked>
    显示
    <input type="radio" name="rdo" id="rdo2" onclick="hide()" value="hide">隐藏
    <p id="p1">点击显示,显示文字,否则隐藏文字</p>
  </form>
</body>
</html>
```

从上述代码可看出，如果要隐藏元素，直接调用对应元素的 id，并设置 hidden 属性值为 true；如果要显示元素，设置 hidden 属性值为 false。在隐藏元素时，也可以使用 setAttribute 方法设置 hidden 的属性值为 true，而在显示元素时，并不是直接设置 hidden 属性值为 false，而是调用 removeAttribute 方法删除 hidden 属性。

3. dragable 属性

dragable 也是 HTML5 中新增的重要属性，用来表示一个元素是否可以被拖动。可以设置 dragable="true"或直接使用 dragable，表示一个元素可以被拖动。需要注意的是，虽然 dragable 属性可以让元素被拖动，但在实际使用时，还需要使用 JavaScript，配合 ondragstart、ondrop、ondragenter 等事件的响应，才能真正实现元素的拖放。关于这部分内容，我们将在后面的章节专门介绍。

7.3　HTML5 中新增表单功能

7.3.1　新增 form 属性

新的 form 属性有 autocomplete 和 novalidate。aotocomplete 属性规定 form 或 input 域拥有自动完成功能，即当用户在自动完成域开始输入时，浏览器会自动显示该域中之前填的内容。novalidate 属性规定在提交表单时不验证 form 或 input 域。在实际工程项目中，该属性很少使用。此处主要介绍 autocomplete 属性，代码示例如下。

【示例 7-5】autocomplete 属性。

```
<!DOCTYPE HTML>
<html>
<body>
    <form action="#" method="get" autocomplete="on">
      First name:<input type="text" name="fname" /><br />
      Last name: <input type="text" name="lname" /><br />
      Address: <input type="text" name="addr" autocomplete="off" /><br />
      <input type="submit" />
    </form>
    <p>请填写并提交此表单，然后重载页面，来查看自动完成功能是如何工作的。</p>
    <p>请注意，表单的自动完成功能是打开的，而 Address 域是关闭的。</p>
</body>
</html>
```

上述代码执行后，结果如图 7-9 所示。当 First name 所在的文本域获得焦点后，会显示一个下拉列表，列表项是之前填写的数据，而 Address 所在的文本域因为关闭了 autocomplete，所以不具有自动完成功能。

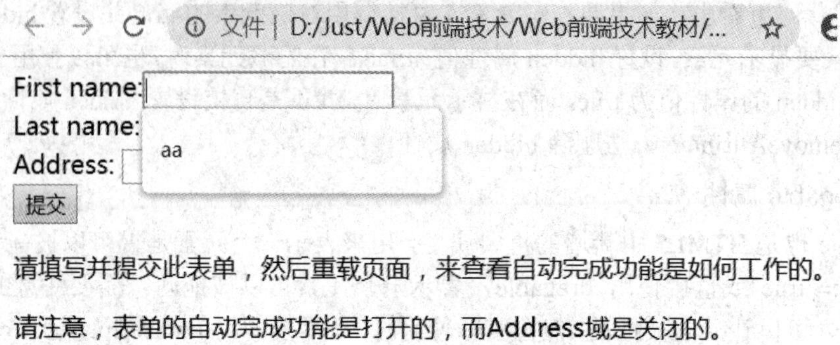

文件 | D:/Just/Web前端技术/Web前端技术教材/...
First name:
Last name:
aa
Address:
提交
请填写并提交此表单，然后重载页面，来查看自动完成功能是如何工作的。
请注意，表单的自动完成功能是打开的，而Address域是关闭的。

图 7-9　autocomplete 属性的使用

7.3.2　新增 input 类型

为了更好地对输入进行控制和验证，HTML5 新增以下表单 input 类型。

1. email 类型

email 类型用于 e-mail 地址的输入域验证，在表单提交时会自动验证输入的值。如图 7-10 所示，如果输入不是一个有效的 email 地址，浏览器会给出相应提示。其基本形式为：

```
<input type="email" name="user_email" />
```

文件 | D:/Just/Web前端技术/Web前端技术
Email: a
请在电子邮件地址中包括“@”。“a”中缺少“@”。

图 7-10　email 类型

2. url 类型

url 类型用于 url 地址的验证，和 email 类型一样。如图 7-11 所示，如果输入的是无效的 url 地址，浏览器会给出相应提示。其基本形式为：

```
<input type="url" name="user_url" />
```

文件 | D:/Just/V
URL: ddd
提交
请输入网址。

图 7-11　url 类型

3. number 类型

如图 7-12 所示，number 类型设置文本域只能接收数值数据，其中 min 和 max 属性定义数值的范围，value 属性表示默认值，step 属性表示步长，即数字之间的间隔。其基本形

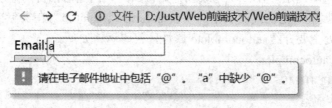

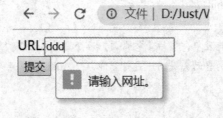

式为:

<input type="number" name="points" min="0" max="10" step="3" value="6" />

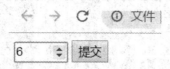

图 7-12　number 类型

4. range 类型

如图 7-13 所示，range 类型以滚动条的形式允许用户输入一定范围的数据，其属性和 number 类型相同，可指定 min、max、value、step 等属性。其基本形式为:

<input type="range" name="points" min="0" max="10" step="3" value="6" />

图 7-13　range 类型

5. Date Pickers 类型

HTML5 拥有多个可供选取日期和时间的新输入类型，包括 date 类型(可选取日、月、年)、month 类型(可选取月、年)、week 类型(可选取周和年)、time 类型(可选取小时和分钟)、datetime 类型(可选取 UTC 表示的时间、日、月、年)、datetime-local(选取本地的时间、日、月、年)。其基本样式如图 7-14 所示，相关代码如下:

    Date: <input type="date" name="user_date" />

    Month: <input type="month" name="user_month" />

    Week: <input type="week" name="user_week" />

    Time: <input type="time" name="user_time" />

    DateTime: <input type="datetime" name="user_datetime" />

    DateTime-local: <input type="datetime-local" name="user_datetime-local" />

图 7-14　Date Pickers 类型

6. color 类型

color 类型允许用户从取色器中选取颜色。其基本形式为: <input type="color">。其基本样式如图 7-15 所示。

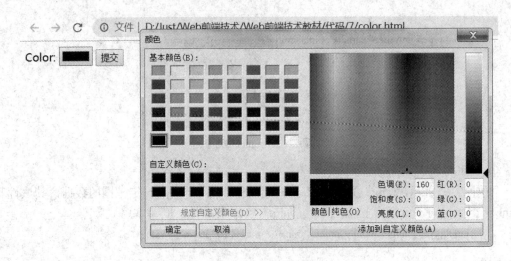

图 7-15　color 类型

7. search 类型

search 类型用于搜索域，比如站点搜索或 Google 搜索，显示为常规的文本域。

7.3.3　新增 input 属性

对于 input 类型，HTML5 中也新定义了一些属性，包括 list、required、placeholder、multiple、autofocus、autocomplete、accesskey、pattern、form 等。

1. list 属性

list 是在<input type="text">中新增的一个属性，同时该属性还需要配合 datalist 元素一起使用。当该文本框获得焦点时，会自动弹出一个下拉选择列表，主要代码如下：

```
省份: <input type="text" name="province" list="provlist">
<datalist id="provlist">
    <option label="JS" value="江苏"></option>
    <option label="ZJ" value="浙江"></option>
    <option label="SD" value="山东"></option>
</datalist>
```

上述代码的运行结果如图 7-16 所示。

图 7-16　list 属性

2. required 属性

required 属性会自动检查输入域是否为空。如图 7-17 所示，当输入域为空时，将弹出"请填写此字段。"的提示。该属性适用于以下类型的<input>标签：text、 search、url、email、password、date pickers、number、checkbox、radio 以及 file。其基本形式为：

```
<input type="text" name="usr_name" required="required" />
```

这里建议使用简化写法，即直接写 required。

图 7-17　required 属性

3. placeholder 属性

placeholder 属性提供一种提示(hint)，描述输入域所期待的值，提示会在输入域为空时显示，在输入域获得焦点时消失。该属性适用于以下类型的<input>标签：text、search、url、telephone、email 以及 password。其基本形式为：

```
<input type="text" name="usr_name" placeholder="请输入用户名" />
```

4. multiple 属性

multiple 属性规定输入域中可选择多个值。该属性一般适用于以下类型的<input>标签：email 和 file。其基本形式为：

```
<input type="file" name="img" multiple="multiple" />
```

表示可以选择多个文件。和 required 属性类似，也建议使用简化写法，直接写 multiple。

5. autofocus 属性

autofocus 属性规定在页面加载时，输入域自动获得焦点，该属性适用于所有<input>标签类型。其基本形式为：

```
<input type="text" name="user_name" autofocus="autofocus" />
```

同样也建议采用简化写法。

6. autocomplete 属性

autocomplete 属性规定 form 或 input 域具有自动完成功能。该属性既可以用在<form>中，也可以用在大部分<input>标签中。

7. accesskey 属性

accesskey 属性定义了使元素获得焦点的快捷键，该属性适用于<a>、<area>、<button>、<input>、<label>、<legend>以及<textarea>等元素。其基本形式为：

```
<input type="text" name="usr_name" accesskey="u" />
```

这里定义的快捷键为 u 键，在实际使用时，需要使用 Alt+快捷键或者 Shift+Alt+快捷键来访问带有指定快捷键的元素。

8. pattern 属性

pattern 属性定义了用于验证 input 域的正则表达式。其基本形式为：

```
<input type="text" name="user_name" pattern="[A-Za-z0-9]{6}" />
```

有了 pattern 属性，无须编写 JavaScript 脚本就可以实现对输入域的正则表达式验证，大大简化了表单验证流程。

9. form 属性

在 IITML5 中，input 输入域还可以定义在表单 form 外，此时只需在输入域中设置 form 属性，指向相应的表单即可。该属性适用于所有<input>标签的类型。例如：

```
<form action="#" method="get" id="user_form">
    First name:<input type="text" name="fname" />
    <input type="submit" />
</form>
Last name: <input type="text" name="lname" form="user_form" />
```

习　　题

一、选择题

1. 以下选项属于 HTML5 新增元素的是(　　)。

A. <aside>　　　　B. <isindex>　　　　C. <samp>　　　　D. <s>

2. 下面关于 HTML5 新特性的描述错误的是(　　)。

A. HTML5 引入了很多新元素和属性，可以部分代替 JavaScript，避免了不必要的复杂性

B. HTML5 中增加了很多语义元素，使得页面内容更加结构化

C. HTML5 增强了表单功能，引入多个新的表单 input 输入类型

D. HTML5 对音频和视频的处理能力不强

3. 关于 HTML5 说法正确的是(　　)。

A. HTML5 只是对 HTML4 的一个简单升级

B. 所有主流浏览器都支持 HTML5

C. HTML5 新增了离线缓存机制

D. HTML5 仅针对移动端进行了优化

4 下面不是 input 在 HTML5 中新增的类型的是(　　)。

A. datetime　　　　B. file　　　　C. color　　　　D. range

5. 下面不是 HTML5 新特性的是(　　)。

A. 新的@font-face 字体设置　　　　B. 新的离线存储

C. 新的音频、视频 API　　　　D. 新的内容标签

6. 以下哪个选项不是 HTML5 中新增的语义元素(　　)。

A. header　　　　B. article　　　　C. sidebar　　　　D. footer

7. 下面不是 input 在 HTML5 中新增的属性的是(　　)。

A. required 属性　　B. autofocus 属性　　C. text 属性　　　　D. pattern 属性

二、填空题

1. 在 HTML5 文档中可以使用_____属性指定页面内容的默认语言，常用的有

_____表示中文，_____表示英文等。

2. 在 HTML5 文档中可以使用_____属性指定页面所使用的字符集，常用的字符集有_____。

3. HTML5 新增的语义元素中，_____元素主要用来划分网页头部位置，_____元素用来划分页面的导航链接区域，_____元素用来对页面的内容进行分块。

4. 为了能够显示段落或篇章的摘要和细节内容，HTML5 新增了_____和_____元素，其中前者用来显示段落或篇章的细节。

5. 为了显示任务进度或进程，HTML5 中新增了_____元素，除了进度条效果，HTML5 中还新增了_____元素，用来显示投票状态、磁盘用量等。

6. 在 HTML5 中新增了一些属性，其中_____属性规定元素内容是否可编辑，_____属性起到隐藏元素的效果，_____属性用来表示一个元素是否可以被拖动。

三、简单题

1. 如果 HTML 文档没有写入<!DOCTYPE html>，HTML5 还会正常工作吗？试解释原因。

2. 简述并举例说明 HTML5 中 datalist 元素及其功能。

第 8 章　HTML5 图形与图像

　　本章主要学习 HTML5 中的图形与图像绘制技术，包括 canvas 元素和 SVG 元素的图形图像绘制。通过大量实例的演示，使读者快速掌握 HTML5 中图形图像绘制，实现各类动态效果应用。图 8-1 是本章的学习导图，读者可以根据学习导图中的内容，从整体上把握本章学习要点。

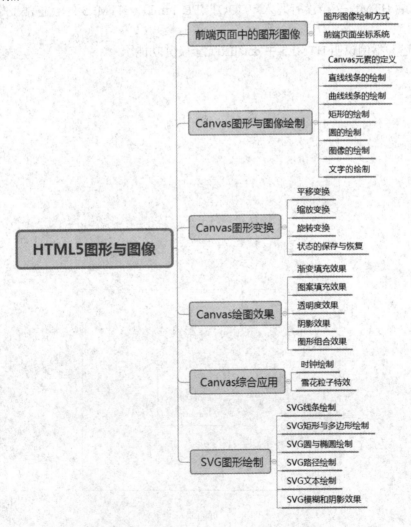

图 8-1　"HTML5 图形与图像"学习导图

8.1　前端页面中的图形图像

8.1.1　图形图像绘制方式

Web 前端页面中的图形图像主要有四种实现方式：① 通过 img 标签直接在页面中嵌入设计和制作好的图像文件，包括.png、.jpg、.gif 等位图文件。该方式比较简单方便，适合制作好的、无须改变的静态图像。② 使用 CSS3 绘制各类图形效果，如圆角矩形、盒子阴影等。采用 CSS 绘制图形，其修改调试成本较低，并且能用较少的字节数取代较大的位图文件，因此在前端页面开发中，这一方式是优先推荐使用的。③ 利用 HTML5 中引入的 Canvas 元素，借助于 JavaScript 在画布上进行像素级的图形图像绘制，这里的 Canvas 更像是一块黑板，可以在上面绘制或擦除任意图形。④ 使用 SVG 元素实现矢量图形及其动画绘制。SVG 图形具有无损的图像质量，可以进行任意的放大缩小，且不会产生图像的模糊。同时 SVG 图形还具有良好的交互特性，能够直接嵌入页面请求的 HTTP 请求，还可以使用 CSS 进行控制。

前两种绘制方式我们已经在前面的章节中学习过，本章重点介绍基于 Canvas 和 SVG 元素的图形图像绘制技术。

8.1.2　前端页面坐标系统

在学习图形绘制技术前，先熟悉前端页面的坐标系统。如图 8-2 所示，当用户在屏幕上的某一位置单击鼠标时，可以获得三种不同的坐标。其中 event.screenX 和 event.screenY 表示相对于显示屏的坐标，此时坐标(0, 0)为显示屏幕的左上角。event.clientX 和 event.clientY 表示相对于浏览器窗口可视区域的坐标，此时坐标(0, 0)为浏览器窗口的左上角。另外，还可以通过 event.offsetX 和 event.offetY 获得相对于点击元素的坐标，此时坐标(0, 0)为鼠标所点击元素的左上角。下面，给出这三种坐标的代码示例。

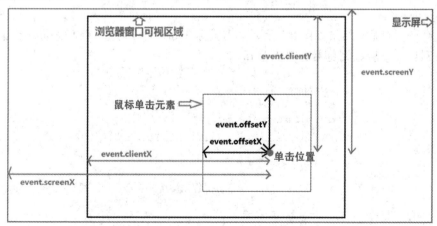

图 8-2　页面坐标系统

【示例 8-1】获取鼠标点击页面的坐标。

```html
<!DOCTYPE html>
<html>
<head>
  <style>
    #div1{
        width:400px; height:200px; border:1px solid black;
        position:absolute; top:150px; left:100px;
    }
  </style>
</head>
<body>
  <script>
    function getCrd(e){
        document.getElementById("screen_crd").innerHTML = "相对于显示屏的坐标:(" +
        e.screenX +","+e.screenY+")";
        document.getElementById("client_crd").innerHTML = "相对于浏览器窗口的坐
        标:(" + e.clientX +","+e.clientY+")";
        document.getElementById("offset_crd").innerHTML = "相对于点击元素的坐标:("
        + e.offsetX +","+e.offsetY+")";
    }
  </script>
  <div id="div1" onmousemove="getCrd(event)""></div>
  <p id="screen_crd"></p>
  <p id="client_crd"></p>
  <p id="offset_crd"></p>
</body>
</html>
```

上述代码运行后，结果如图 8-3 所示。当鼠标在 div 上移动时，将动态显示当前鼠标所在位置相对应显示屏、浏览器窗口以及 div 的坐标。

图 8-3　鼠标点击页面的坐标

8.2　Canvas 图形与图像绘制

8.2.1　Canvas 元素的定义

Canvas 元素在页面上定义了一个矩形的画布区域，在该区域中可以绘制任意图形，并对每一个像素进行控制。例如，可以定义一个宽度 600 像素、高度 400 像素的画布区域，代码为：

```
<canvas id="myCanvas" width="600" height="400" style="border: 1px solid"></canvas>
```

在使用 canvas 绘制图形前，需要先获取 canvas 对象，并调用 getContext 方法获得画布所在的绘图环境。代码如下：

```
var convas = document.getElementById("myCanvas");
var context = canvas.getContext("2d");
```

8.2.2　直线线条的绘制

在获得绘图环境后，可以调用 context 的相关属性和方法进行设置和图形的绘制。首先学习如何绘制直线线条。

【示例 8-2】绘制直线线条。

```
<!DOCTYPE html>
<html>
<body>
  <canvas id="myCanvas" width="400" height="200" style="border: 1px solid"></canvas>
  <script>
    var canvas = document.getElementById("myCanvas");
    var context = canvas.getContext("2d");
    context.strokeStyle = "#ff0000";   //设置画笔颜色
    context.lineWidth = 2;   //设置线条宽度
    context.moveTo(50, 50);   //将画笔移动到画布的起始位置，其中左上角为(0,0)
    context.lineTo(150, 150);   //选择从起始位置开始，画到(150,150)的位置
    context.stroke();   //开始绘制
  </script>
</body>
</html>
```

上述代码首先设置 strokeStyle 属性，用来指定画笔颜色。然后设置 lineWidth 属性，指定要绘制线条的宽度。接下来调用 moveTo 方法将画笔移动到起点位置，再调用 lineTo 方法指定线条的结束位置。最后，执行 stroke 方法绘制线条，绘制结果如图 8-4 所示。

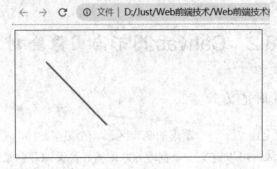

图 8-4 绘制直线线条

8.2.3 曲线线条的绘制

Canvas 中可以绘制两种类型的曲线，分别是二次贝塞尔曲线和三次贝塞尔曲线。其中二次贝塞尔曲线需要指定三个点，分别是起始点、控制点和终点，如图 8-5 所示，控制点主要用于控制曲线的斜率。三次贝塞尔曲线增加了两个控制点，其中一个控制点控制曲线向上的斜率，另一个控制点控制曲线向下的斜率，加上起始点和终点，三次贝塞尔曲线一共需要指定四个点。

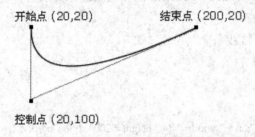

图 8-5 二次贝塞尔曲线

【示例 8-3】绘制曲线线条。

```
<!DOCTYPE html>
<html>
<body>
    <canvas id="myCanvas" width="400" height="200" style="border: 1px solid"></canvas>
    <script>
        var canvas = document.getElementById("myCanvas");
        var context = canvas.getContext("2d");
        context.strokeStyle = "#ff0000";    //设置画笔颜色
        context.lineWidth = 2;      //设置线条宽度
        context.moveTo(0, 80);
        context.quadraticCurveTo(60, 0, 120, 80);
        context.stroke();
        context.beginPath();
```

```
        context.moveTo(150, 80);
        context.bezierCurveTo(250, -100, 300, 200, 400, 80);
        context.stroke();
    </script>
  </body>
</html>
```

从上述代码可以看出，绘制二次贝塞尔曲线使用 quadraticCurveTo 方法，该方法需要指定四个参数，其中前两个参数为控制点的 x 坐标和 y 坐标，后两个参数是终点的 x 坐标和 y 坐标。

这里需要注意的是，当在一个 Canvas 上绘制多个不相连的图形或线条时，需要在绘制新图形前调用 beginPath 方法，这样多个图形之间的线条就不会连在一起。

绘制三次贝塞尔曲线使用的是 bezierCurveTo 方法，该方法接收六个参数，分别是控制点 1 的 x 坐标和 y 坐标，控制点 2 的 x 坐标和 y 坐标，以及终点的 x 坐标和 y 坐标。

上述代码运行后，最终绘制结果如图 8-6 所示，左边是二次贝塞尔曲线，右边是三次贝塞尔曲线。

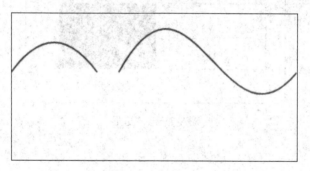

图 8-6　绘制曲线线条

8.2.4　矩形的绘制

Canvas 中矩形的绘制也分为两种：一种是不带填充效果的矩形，使用 rect 方法或 strokeRect 方法绘制；另一种是带填充效果的，一般是在设置填充颜色后，调用 fillRect 方法完成矩形的绘制。

【示例 8-4】绘制矩形。

```
<!DOCTYPE html>
<html>
<body>
  <canvas id="myCanvas" width="400" height="200" style="border: 1px solid"></canvas>
  <script>
    var canvas = document.getElementById("myCanvas");
    var context = canvas.getContext("2d");
    context.rect(30,50,150,100);
```

```
        context.stroke();
        //context.strokeRect(30,50,150,100);
        context.beginPath();
        context.fillStyle = "#ff0000";
        context.fillRect(200,50,150,100);
    </script>
  </body>
</html>
```

矩形绘制 rect 方法接收 4 个参数，其中前两个参数表示矩形的左上角坐标，后两个参数表示矩形的长和宽。调用 rect 方法后，还需要执行 stroke 方法才能完成矩形的绘制。为了简化代码，Canvas 中还提供了 strokeRect 方法，该方法实际上是将 rect 和 stroke 方法进行整合。另外，如果要生成带填充的矩形，需要调用 fillRect 方法，该方法同样接收 4 个参数，在填充矩形前，一般使用 fillStyle 属性设置填充颜色，代码执行结果如图 8-7 所示。

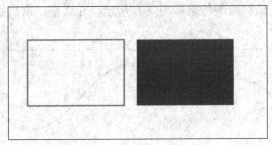

图 8-7　绘制矩形

8.2.5　圆的绘制

Canvas 中绘制圆或圆弧采用 arc 方法，该方法接收 6 个参数，如 arc(100, 100, 50, 0, Math.PI*2, 0)，其中前两个参数表示绘制圆的圆心坐标，第三个参数表示半径，第四个参数表示圆的起始角度，第五个参数表示圆的终止角度，最后一个参数表示按顺时针或逆时针绘制，取值为 0 或 false 表示按顺时针绘制，取值为 1 或 true 表示按逆时针绘制，默认是顺时针绘制。如图 8-8 所示，0 度方向为水平向右，90 度即 PI*0.5 的位置为垂直向下方向，以此类推。

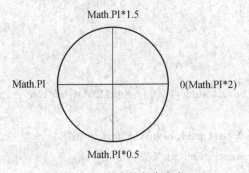

图 8-8　圆中的角度定义

【示例 8-5】绘制圆。

```
<!DOCTYPE html>
<html>
<body>
  <canvas id="myCanvas" width="400" height="300" style="border: 1px solid"></canvas>
  <script>
    var canvas = document.getElementById("myCanvas");
    var context = canvas.getContext("2d");
    context.arc(100,100,50,0,Math.PI*0.5,0);
    context.stroke();
    context.beginPath();
    context.moveTo(300,100);
    context.arc(250,100,50,0,Math.PI*0.5,1);
    //context.fill()
    context.stroke();
  </script>
</body>
</html>
```

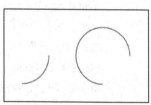

图 8-9　绘制圆

如图 8-9 所示，一共绘制了两个圆，左边圆是按照顺时针方向绘制到 90 度，所以只绘制了 1/4 的圆弧，右边按照逆时针方向绘制到 90 度，即绘制 3/4 个圆弧。默认的 arc 方法绘制的圆是不具有填充效果的，如果要绘制具有填充效果的圆，需要在调用 stroke 方法绘制前执行 fill 方法。

为了更好地理解 Canvas 中有关圆的绘制，下面给出一个绘制八卦图的例子。

【示例 8-6】绘制八卦图。

```
<!DOCTYPE HTML>
<html>
<body>
  <canvas id="myCanvas" width="400" height="400" style="border:1px solid; background:
  #E1E1FF;"></canvas>
  <script>
   var canvas = document.getElementById("myCanvas");
   var context = canvas.getContext('2d');
   //绘制白色半圆
   context.beginPath();
   context.arc(200,200,80,1.5*Math.PI,Math.PI/2,false);
   context.fillStyle="white";
   context.closePath();
   context.fill();
```

```
//绘制黑色半圆
context.beginPath();
context.arc(200,200,80,Math.PI/2,1.5*Math.PI,false);
context.fillStyle="black";
context.closePath();
context.fill();
//绘制黑色小圆
context.beginPath();
context.arc(200,240,40,0,Math.PI*2,true);
context.fillStyle="black";
context.closePath();
context.fill();
//绘制白色小圆
context.beginPath();
context.arc(200,160,40,0,Math.PI*2,true);
context.fillStyle="white";
context.closePath();
context.fill();
//绘制白色小圆点
context.beginPath();
context.arc(200,160,5,0,Math.PI*2,true);
context.fillStyle="black";
context.closePath();
context.fill();
//绘制黑色小圆点
context.beginPath();
context.arc(200,240,5,0,Math.PI*2,true);
context.fillStyle="white";
context.closePath();
context.fill();
    </script>
  </body>
  </html>
```

从上述代码可以看出，绘制一个八卦图需要绘制 6 个大小不同
的圆。第一步绘制左右黑白两个半圆，第二步绘制黑白两个完整的
小圆，最后绘制黑白两个小圆点，最终效果如图 8-10 所示。另外，
代码中还出现了 closePath 方法，该方法表示在绘制图形时，会自动
将没封闭的图形封闭。

图 8-10　绘制八卦图

8.2.6　图像的绘制

在 Canvas 中除了绘制各类图形外，也可以对图像文件进行绘制，将图片显示在 Canvas 中。

【示例 8-7】绘制图像。

```
<!DOCTYPE html>
<html>
<body>
    <canvas id="myCanvas" width="400" height="300" style="border: 1px solid"></canvas>
    <script>
        var canvas = document.getElementById("myCanvas");
        var context = canvas.getContext("2d");
        var img = new Image();
        img.onload = function(){
      context.drawImage(img,0,0,400,300);
        }
        img.src = "desert.jpg";
    </script>
</body>
</html>
```

上述代码首先创建一个 Image 对象，然后在 Image 对象的 onload 事件中调用 drawImage 方法，该方法接收 5 个参数，第一个参数是创建的 Image 对象，后面的四个参数分别为图像的左上角坐标和图像的宽度和高度。注意在 onload 事件后，还需要设置 Image 对象的 src 属性；最终运行结果如图 8-11 所示。

图 8-11　绘制图像

8.2.7　文字的绘制

Canvas 也支持文字的绘制，和图形绘制一样，文字也分填充和未填充两种样式，下面给出文字绘制的代码示例。

【示例 8-8】绘制文字。

```
<!DOCTYPE html>
<html>
<body>
  <canvas id="myCanvas" width="400" height="250" style="border: 1px solid"></canvas>
  <script>
    var canvas = document.getElementById("myCanvas");
    var context = canvas.getContext("2d");
    context.font = "italic 40pt Calibri";
    context.strokeStyle = 'red';
    context.lineWidth = 2;
    context.strokeText('Hello Canvas!', 50, 100);
    context.textAlign = 'left';
    context.fillStyle = "blue";
    context.fillText("你好  Canvas!",100, 200);
  </script>
</html>
```

从上述代码可以看出，font 属性主要设置字体样式、字号、字体名称等。lineWidth 属性用来设置线条宽度。strokeText 方法用来绘制无填充效果的文字，该方法接收 3 个参数，第一个参数是要绘制的文字，需要用双引号标引，后两个参数是文字的左上角坐标。textAlign 属性设置文字的对齐方式，left 表示左对齐，center 为居中对齐，right 为右对齐。fillText 方法用来绘制具有填充效果的文字，参数含义同 strokeText 方法。代码运行后的结果如图 8-12 所示。

图 8-12　绘制文字

8.3　Canvas 图形变换

8.3.1　平移变换

平移变换使用 translate 方法，该方法接收两个参数，分别表示坐标原点沿水平方向和垂直方向的偏移量。这里特别强调的是，初学者在使用平移方法时，很容易认为平移变换

移动的是所绘制的元素，这样的理解是错误的。实际上，translate 方法移动的是坐标原点而
不是元素。

【示例 8-9】平移变换。

```
<!DOCTYPE html>
<html>
<body>
    <canvas id="myCanvas" width="400" height="250" style="border: 1px solid"></canvas>
    <script>
        var canvas = document.getElementById("myCanvas");
        var context = canvas.getContext("2d");
        context.fillRect(50,50,50,50);
        context.translate(100,100);
        context.fillRect(50,50,50,50);
    </script>
</body>
</html>
```

　　代码运行结果如图 8-13 所示。首先在(50,50)的位置绘
制一个边长为 50 像素的正方形，然后执行 translate(100,100)
操作，即将坐标原点移动到(100,100)处，此时坐标原点实际
上移动到了第一个正方形的右下角，最后相对于新的坐标原
点(50,50)处绘制相同大小的正方形。

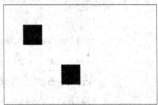

图 8-13　平移变换

8.3.2　缩放变换

　　缩放变换使用 scale 方法。和平移变换一样，该方法同样接收两个参数，分别表示 x 轴
和 y 轴缩放的比例，取值小于 1 表示缩小，取值大于 1 表示放大。

【示例 8-10】缩放变换。

```
<!DOCTYPE html>
<html>
<body>
    <canvas id="myCanvas" width="400" height="250" style="border: 1px solid"></canvas>
    <script>
        var canvas = document.getElementById("myCanvas");
        var context = canvas.getContext("2d");
        context.fillRect(50,50,50,50);
        context.scale(2, 2);
        context.fillRect(50,50,50,50);
    </script>
</body>
```

　　</html>

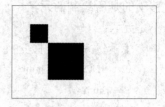

图 8-14　缩放变换

　　上述代码运行结果如图 8-14 所示。因为 scale(2,2)将原先的 x 坐标轴和 y 坐标轴放大了 2 倍，所以在绘制第二个正方形时，新的坐标点(50,50)实际上在原来坐标点的(100,100)处，同时长度和宽度也变为原来的 2 倍。

8.3.3　旋转变换

　　旋转变换使用 rotate 方法。该方法只有一个参数，即旋转角度 angle，旋转角度以顺时针方向为正方向，以弧度为单位。需要注意的是，旋转中心为画布的原点，即图形是以画布原点进行旋转，而不是以自身的左上角旋转。

　　【示例 8-11】旋转变换。

```
<!DOCTYPE html>
<html>
<body>
    <canvas id="myCanvas" width="400" height="250" style="border: 1px solid"></canvas>
    <script>
        var canvas = document.getElementById("myCanvas");
        var context = canvas.getContext("2d");
        context.fillRect(150,80,50,50);
        context.rotate(Math.PI*0.25);
        context.fillStyle = 'red';
        context.fillRect(150,80,50,50);
    </script>
</body>
</html>
```

图 8-15　旋转变换

　　运行上述代码，结果如图 8-15 所示。图中第二个正方形是以画布原点(0, 0)旋转 Math.PI*0.25，即 45 度。如果希望第二个正方形不是以画布原点旋转，而是以第一个正方形的左上角进行旋转，可以借助前面的平移方法，将画布原点移动到第一个正方形的左上角处，然后再进行旋转，主要代码如下：

```
context.fillRect(150,80,50,50);
context.translate(150,80);
context.rotate(Math.PI*0.25);
context.fillStyle = 'red';
context.fillRect(0,0,50,50);
```

　　运行修改后的代码，结果如图 8-16 所示。由于平移了画布原点到第一个正方形的左上角，因此第二个正方形的旋

图 8-16　平移画布原点后的旋转变换

转是相对于第一个正方形的左上角进行的。

8.3.4　状态的保存与恢复

上面介绍的缩放、平移、旋转等变换都是按照画布原点进行的，这使得后续的操作都会因为原点的移动而产生影响。在有些场合下，可以在变换操作前先保存画布当前的状态，当变换操作完成后，再将之前保存的状态进行恢复。为此，Canvas 提供了 save 和 restore 两种方法，其中 save 方法用来存储画布状态，包括画布原点位置，restore 方法用来恢复存储的画布状态。

【示例 8-12】画布状态的保存与恢复。

```html
<!DOCTYPE html>
<html>
<body>
    <canvas id="myCanvas" width="400" height="250" style="border: 1px solid"></canvas>
    <script>
        var canvas = document.getElementById("myCanvas");
        var context = canvas.getContext("2d");
        context.save();
        context.translate(100, 100);
        context.fillRect(0, 0, 50, 50);
        context.restore();
        context.strokeRect(0, 0, 50, 50);
    </script>
</body>
</html>
```

运行上述代码，结果如图 8-17 所示。可以看到，由于在平移之前保存了原始的画布状态，并且在绘制第二个正方形前对画布状态进行了恢复，因此在绘制第二个正方形时，画布原点位置仍然是在左上角。

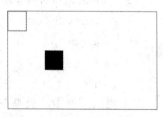

图 8-17　画布状态的保存与恢复

8.4　Canvas 绘图效果

8.4.1　渐变填充效果

和 CSS 相似，Canvas 中也提供了渐变填充功能，包括线性渐变和径向渐变两种填充效果。

创建线性渐变包含三个步骤：① 使用 createLinearGredient 方法创建线性渐变对象，基本语法为 createLinearGredient (x1, y1, x2, y2)。该语法定义一个待渐变的区域，X 轴是从 x1 渐变到 x2，Y 轴是从 y1 渐变到 y2，其中(x1, y1)为渐变的起点，(x2, y2)为渐变的终点；② 调用 addColorStop 方法定义渐变填充色，基本语法为 addColorStop(position, color)，该语法为不同位置设置不同的颜色，其中 position 指 0 到 1 之间的数值，表示填充区域的位置，第二个参数是填充的颜色；③ 将创建好的线性渐变对象赋值给 context 的 fillStyle 属性，示例代码如下。

【示例 8-13】线性渐变填充。

```
<!DOCTYPE html>
<html>
<body>
  <canvas id="myCanvas" width="300" height="200" style="border: 1px solid"></canvas>
  <script>
    var canvas = document.getElementById("myCanvas");
    var context = canvas.getContext("2d");
    var grd = context.createLinearGradient(0,0,300,0);
    grd.addColorStop(0,'#f00');
    grd.addColorStop(1/7,'#f90');
    grd.addColorStop(2/7,'#ff0');
    grd.addColorStop(3/7,'#0f0');
    grd.addColorStop(4/7,'#0ff');
    grd.addColorStop(5/7,'#00f');
    grd.addColorStop(6/7,'#f0f');
    grd.addColorStop(1,'#f00');
    context.fillStyle = grd;
    context.fillRect(0,0,300,150);
  </script>
</body>
</html>
```

在上面的示例中，只是在 X 轴方向上设置了渐变，即从 0 渐变到 300，Y 轴方向上未定义渐变，所以整个渐变效果是沿水平方向进行的。

除了线性渐变，Canvas 中还提供了径向渐变功能。要绘制径向变化，首先要使用 createRadialGradient 方法创建 canvasGradient，然后使用 addColorStop 方法定义渐变颜色。createRadialGredient(x1, y1, r1, x2, y2, r2)方法接收 6 个参数，其中 x1、y1、r1 定义一个以 (x1,y1)为圆心，以 r1 为半径的小圆，x2、y2、r2 定义一个为以(x2,y2)为圆心，以 r2 为半径的大圆。

【示例 8-14】径向渐变填充。

```
<!DOCTYPE html>
<html>
<body>
  <canvas id="myCanvas" width="300" height="240" style="border: 1px solid"></canvas>
  <script>
```

```
        var canvas = document.getElementById("myCanvas");
        var context = canvas.getContext("2d");
        var grd = context.createRadialGradient(55,55,20,100,100,90);
        grd.addColorStop(0,'#fff');
        grd.addColorStop(0.5,'#f00');
        grd.addColorStop(1,'#000');
        context.fillStyle = grd;
        context.fillRect(10,10,200,200);
    </script>
</body>
</html>
```

运行上述代码，将产生径向渐变效果，颜色从白色过渡到红色，最后渐变到黑色。

8.4.2　图案填充效果

在多数绘图软件中都有填充图像这个功能，在 Canvas 中，可以利用 createPattern 方法实现图案填充效果，基本语法为 createPattern(image, type)。其中参数 image 表示要引用的 image 对象或另一个 canvas 对象，type 表示所引用对象的平铺类型，可以取值为 repeat、repeat-x、repeat-y、no-repeat。创建图案填充的步骤与创建渐变有些类似，需要首先创建出一个 pattern，然后将 pattern 赋予 fillStyle 属性或 strokeStyle 属性。

【示例 8-15】图案填充效果。

```
<!DOCTYPE html>
<html>
<body>
    <canvas id="myCanvas" width="300" height="300" style="border: 1px solid"></canvas>
    <script>
        var canvas = document.getElementById("myCanvas");
        var context = canvas.getContext("2d");
        var img = new Image();
        img.onload = function(){
            var prtn = context.createPattern(img, 'repeat');
            context.fillStyle = prtn;
            context.fillRect(0, 0, 300, 300);
        };
        img.src = 'smile.png';
    </script>
</body>
</html>
```

运行上述代码，结果如图 8-18 所示，笑脸图像分别沿水平方向和垂直方向平铺满整个填充区域。

图 8-18　图案填充效果

8.4.3　透明度效果

　　Canvas 中提供了两种创建透明度效果的方法。一种是使用 globalAlpha 属性，例如，context.globalAlpha = 0.3，该属性用于为当前 canvas 中的所有图形设置相同的透明度。另一种方法是使用 rgba(r,g,b,a)，通过设置 alpha 参数为不同图形设置不同的透明度。

　　【示例 8-16】透明度效果。

```
<!DOCTYPE HTML>
<html>
<body>
  <canvas id="myCanvas" width="300" height="300" style="border: 1px solid"></canvas>
  <script>
    var canvas = document.getElementById("myCanvas");
    var context = canvas.getContext("2d");
    context.translate(180,20);
    for(var i=0; i<50; i++){
      context.save();
      context.transform(0.95,0,0,0.95,30,30);
      context.rotate(Math.PI/12);
      context.beginPath();
      context.fillStyle = 'rgba(255,0,0,'+(1-(i+10)/40)+')';
      context.arc(0,0,50,0,Math.PI*2,true);
      context.closePath();
      context.fill();
    }
  </script>
</body>
</html>
```

运行上述代码，结果如图 8-19 所示，生成了 50 个具有不同透明度效果的圆。

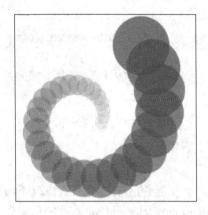

图 8-19　透明度效果

8.4.4　阴影效果

在 Canvas 中创建阴影效果，需要用到下面 4 个属性：shadowOffsetX(阴影的水平偏移)、shadowOffsetY(阴影的垂直偏移)、shadowBlur(阴影模糊程度)和 shadowColor(阴影颜色)。shadowColor 默认为黑色，可以添加透明度。

【示例 8-17】阴影效果。

```
<!DOCTYPE HTML>
<html>
<body>
  <canvas id="myCanvas" width="400" height="100" style="border: 1px solid"></canvas>
  <script>
    var canvas = document.getElementById("myCanvas");
    var context = canvas.getContext("2d");
    context.shadowOffsetX = 3;    //水平偏移
    context.shadowOffsetY = 8;    //垂直偏移
    context.shadowBlur = 2;       //模糊程度
    context.shadowColor = 'rgba(255,0,0,0.5)';
    context.fillStyle = '#3cf';
    context.fillRect(20,20,320,60);
    context.fill();
    context.font = '40px 微软雅黑'; //绘制文本
    context.fillStyle = '#fff';
    context.fillText('Canvas 阴影效果',30,64);
  </script>
</body>
</html>
```

运行上述代码，结果如图 8-20 所示，矩形和文字均产生了阴影效果。

图 8-20　阴影效果

8.4.5　图形组合效果

当两个或两个以上的图形存在重叠区域时，默认情况下新绘制的图形会叠在前一个图像之上。通过指定图像 globalCompositeOperation 属性的值可以改变图形的绘制顺序或绘制方式，该属性设置或返回如何将一个源(新的)图像绘制到目标(已有)的图像上。globalCompositeOperation 可取的属性值如表 8-1 所示。

表 8-1　globalCompositeOperation 可取属性值

属性值	描　　述
source-over	默认值，在目标图像上显示源图像
source-atop	在目标图像顶部显示源图像，源图像位于目标图像之外的部分不可见
source-in	在目标图像中显示源图像，只有目标图像内的源图像部分会显示，目标图像是透明的
source-out	在目标图像之外显示源图像，只会显示目标图像之外源图像部分，目标图像是透明的
destination-over	在源图像上方显示目标图像
destination-atop	在源图像顶部显示目标图像，源图像之外的目标图像部分不会被显示
destination-in	在源图像中显示目标图像，只有源图像内的目标图像部分会被显示，源图像是透明的
destination-out	在源图像外显示目标图像，只有源图像外的目标图像部分会被显示，源图像是透明的
lighter	显示源图像+目标图像
copy	显示源图像，忽略目标图像
xor	使用异或操作对源图像与目标图像进行组合

【示例 8-18】图形组合效果。

```
<!DOCTYPE html>
<html>
<head>
  <style>canvas{border:1px solid #d1d1d1; margin:20px 20px 20px 0}</style>
</head>
<body>
  <script>
    var gco = new Array();
    gco.push("source-atop");
    gco.push("source-in");
    gco.push("source-out");
```

```
gco.push("source-over");
gco.push("destination-atop");
gco.push("destination-in");
gco.push("destination-out");
gco.push("destination-over");
gco.push("lighter");
gco.push("copy");
gco.push("xor");
for (i = 0; i < gco.length; i++){
    document.write("<div id='p_" + i + "' style='float:left;'>" + gco[i] + ":<br>");
    var c = document.createElement("canvas");
    c.width = 120;
    c.height = 100;
    document.getElementById("p_" + i).appendChild(c);
    var ctx = c.getContext("2d");
    ctx.fillStyle = "blue";
    ctx.fillRect(10, 10, 50, 50);
    ctx.globalCompositeOperation = gco[i];
    ctx.beginPath();
    ctx.fillStyle = "red";
    ctx.arc(50, 50, 30, 0, 2*Math.PI);
    ctx.fill();
    document.write("</div>");
    }
</script>
</body>
</html>
```

上述代码首先将各种组合属性值放入数组 gco 中，然后分别在生成的 canvas 上绘制蓝色正方形和红色圆形，并根据数组 gco 设置图形组合值。运行上述代码，效果如图 8-21 所示。

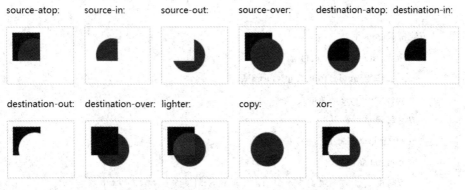

图 8-21　图形组合效果

8.5　Canvas 综合应用

　　结合本章前面学习的 Canvas 相关知识，本节给出两个综合应用案例。案例一是时钟的绘制，主要利用 Canvas 中的图形绘制以及变换技术，同时结合 JavaScript 定时器方法 setInterval，每隔 1 秒重新绘制画布，从而产生时间动态变化的时钟效果。案例二是雪花粒子特效，主要利用 Canvas 的图形绘制技术生成 500 个大小、运动方向、速度均随机变化的圆，以此来模拟雪花效果。

8.5.1　时钟绘制

　　【示例 8-19】绘制时钟。

```
<!DOCTYPE html>
<html>
<body>
  <canvas id="graph" width="500px" height="500">浏览器不支持 canvas</canvas>
  <script type="text/javascript">
    var canvas = document.getElementById('graph');
    var context = canvas.getContext('2d');
    var r = canvas.width / 2.5;
    context.translate(canvas.width / 2, canvas.height / 2);    //将画布中心作为画布原点
//绘制时钟盘面
    function drawCircle() {
      context.beginPath();
      context.lineWidth = 5;
      context.strokeStyle = "#000";
      context.arc(0, 0, r, 0, Math.PI * 2, true);
      context.stroke();
      context.closePath();
    }
    //绘制盘面刻度
    function drawClockScale() {
      var rad = 0, angle, font, fontX, fontY;
      context.fillStyle = '#000';
      //绘制表盘时刻度
      for (var i = 0; i < 12; i++) {
        context.save();
        //弧度制，大刻度总共分为 12 刻度，每刻度为：2π/12 → π/6
```

```
          rad = i * Math.PI / 6;
          context.rotate(rad);      //旋转画布绘制刻度
          context.fillRect(r - 10, 0, 10, 5);
          context.restore();
        }
      //绘制表盘分刻度
      for (i = 0; i < 60; i++) {
          context.save();          //记录旋转画布之前初始状态
          rad = i*Math.PI/30;
          context.rotate(rad);     //旋转画布绘制刻度
          context.fillRect(r - 10, 0, 5, 2);     //绘制
          context.restore();      //恢复初始状态，未旋转前
        }
      //绘制表盘文字
      for(i = 0;i<12;i++){
          angle = i * 30;
          // 转换为弧度制，Math.sin、Math.cos 都接受弧度制单位
          angle = angle*Math.PI/180;
          font = (i + 3 > 12)?i+3-12 : i+3;
          fontX = Math.round(Math.cos(angle)*(r-30));
          fontY = Math.round(Math.sin(angle)*(r-30));
          context.font = 'bold 14px 微软雅黑';
          context.fillText(font+'',fontX,fontY);
        }
    }
//根据角度绘制时针、分针、秒针
function drawHand(rotate,width,height){
    context.save();
    rotate = rotate*Math.PI/180;
    context.rotate(rotate);
    context.fillRect(-10,0,width,height);
    context.restore();
}
function setTime(){
    var hour = new Date().getHours();
    var minute = new Date().getMinutes();
    var second = new Date().getSeconds();
    var hourRotate,minRotate,secRotate;
    //计算秒针角度并绘制图形
```

```
            secRotate = second*6-90;
            drawHand(secRotate,r-30,2);
            //计算分针角度并绘制图形
            minRotate = (minute*60 + second)*0.1 - 90;
            drawHand(minRotate,r-50,4);
            //计算时针角度并绘制图形
            hourRotate = (hour*60*60 + minute*60 + second)/120 - 90;
            drawHand(hourRotate,r-70,5);
        }
        setInterval(function(){
            context.clearRect(-canvas.width / 2,-canvas.height / 2,canvas.width,canvas.height);
            drawCircle();
            drawClockScale();
            setTime();
        },1000);
    </script>
</body>
</html>
```

上述代码首先调用 translate(canvas.width / 2, canvas.height / 2)
将画布中心作为画布原点，然后定义 drawCircle 函数、
drawClockScale 函数、drawHand 函数，分别绘制时钟盘面、盘面
刻度、时分秒指针。最后通过 setInterval 函数设置定时器，每隔
1 秒清除画布内容，并重新绘制盘面、刻度、指针。上述代码的
运行效果如图 8-22 所示。

图 8-22　绘制时钟

8.5.2　雪花粒子特效

【示例 8-20】雪花粒子特效。

```
<!DOCTYPE HTML>
<html>
    <body bgcolor="black">
    <canvas id="myCanvas"></canvas>
    <script type="text/javascript">
        var canvas = document.getElementById("myCanvas");
        var context = canvas.getContext('2d');
        canvas.width = window.innerWidth;
        canvas.height = window.innerHeight;
        var particles = [];
        //循环 500 次，生成 500 粒雪花
```

```
    for (var i = 0; i < 500; i++){
        //设置雪花的初始位置为 x 和 y，x 方向和 y 方向的速度 vx 和 vy，设置雪花的大小、颜色
    particles.push({
        x:Math.random()*window.innerWidth,
        y:Math.random()*window.innerHeight,
        vx:(Math.random()*1- 5),
        vy:(Math.random()*2+.5),
        size:1+Math.random()*5,
        color:"#FFF"
    });
    }
    function timeUpdate(){
        context.clearRect(0,0,window.innerWidth, window.innerHeight);
        var particle;
        for (var i = 0; i < 500; i++){
        particle = particles[i];
        particle.x += particle.vx;
        particle.y += particle.vy;
            if (particle.x < 0){
                particle.x = window.innerWidth;
            }
            if (particle.x > window.innerWidth){
                particle.x = 0;
            }
            if (particle.y > window.innerHeight){
                particle.y = 0;
            }
            context.fillStyle = particle.color;
            context.beginPath();
            context.arc(particle.x, particle.y, particle.size, 0, Math.PI * 2);
            context.closePath();
            context.fill();
        }
    }
    setInterval(timeUpdate, 40);
    </script>
  </body>
  </html>
```

上述代码首先生成 500 个雪花粒子对象，并将这些对象存储在数组 particles 中，然后

利用 setInterval 方法创建定时器，每隔 40 毫秒重绘一次画布，每次绘制时，读取 particles 中的一个粒子对象，根据大小、运动方向和速度等属性绘制圆，最终结果如图 8-23 所示。

图 8-23　雪花粒子特效

8.6　SVG 图形绘制

SVG 是一种基于 XML 的图像文件格式，由 World Wide Web Consortium(W3C)联盟进行开发，英文全称为 Scalable Vector Graphics，意思为可缩放的矢量图形。作为一种开放标准的矢量图形语言，用户可以直接用代码来描绘图像，可以用任何文字处理工具打开 SVG 图像，通过改变部分代码来使图像具有交互功能，并可以随时嵌入到 HTML 中通过浏览器来观看。因此，SVG 图形绘制适合制作高分辨率的 Web 图形页面。

SVG 中提供了一些预定义的形状元素，包括直线(line)、折线(polyline)、矩形(rect)、圆形(circle)、椭圆(ellipse)、多边形(polygon)和路径(path)等。

8.6.1　SVG 线条绘制

SVG 的创建和 Canvas 类似，只需在 HTML 中使用 svg 元素，如<svg width="300" height="300" style="border: 1px solid"></svg>。创建 SVG 画布后，就可以在上面绘制任意的图形。首先是直线的绘制，使用 line 元素，示例代码如下。

【示例 8-21】SVG 中直线的绘制。

```
<!DOCTYPE HTML>
<html>
<head>
  <style>line{stroke:rgb(255,0,0);stroke-width:2}</style>
</head>
<body>
  <svg width="300" height="200" style="border: 1px solid">
  <line x1="0" y1="0" x2="100" y2="100" />
  </svg>
</body>
</html>
```

如上述代码所示，line 元素用来定义直线，在 line 中需要给出直线的起点位置和终点位置，而对于线条颜色和宽度等属性，需要在 CSS 中对 stroke、stroke-width 属性单独进行设置，绘制结果如图 8-24 所示。

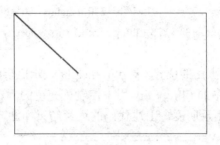

图 8-24　绘制直线

另一种线条类型是折线，用元素 polyline 定义，折线实际上是由多个点组成的直线段，其中 points 是 polyline 的重要属性，包含折线中的多个点的定义。例如，可以通过定义 points 来绘制五角星图形，代码如下：

```
<svg width="200" height="200" style="border: 1px solid">
    <polygon points="100 10,40 180,190 60,10 60,160 180" style="fill:none;stroke:black;
    stroke-width:3"/>
</svg>
<svg width="200" height="200" style="border: 1px solid">
    <polygon points="100 10,40 180,190 60,10 60,160 180" style="fill:#EE2C2C;stroke:
    #EE2C2C;stroke-width:3" />
</svg>
```

points 属性中定义了五角星各个角的坐标，样式设置中 fill 表示对象内部的填充颜色，stroke 用来定义矩形边框的颜色，运行上述代码，结果如图 8-25 所示。

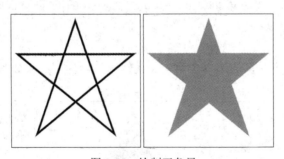

图 8-25　绘制五角星

8.6.2　SVG 矩形与多边形绘制

SVG 使用 rect 属性创建矩形，主要代码如下：

```
<svg width="300" height="200" style="border: 1px solid">
    <rect x="10" y="10" width="200" height="60" style="fill:gray;stroke-width:1;
```

```
        stroke:rgb(0,0,0)"/>
        <rect x="10" y="100" rx="10" ry="10" width="200" height="60" style="fill:gray;
        stroke-width:1;stroke:rgb(0,0,0)"/>
        <rect x="5" y="5" rx="20" ry="20" width="240" height="180" style="fill:rgb(99,99,99);
        stroke-width:2;stroke:rgb(33,33,33);fill-opacity:0.1;stroke-opacity:0.9;" />
    </svg>
```

其中 x、y 表示矩形左上角的位置，width、height 表示矩形的宽度和高度，rx、ry 用来设置圆角大小，style 样式中的 fill-opacity 用来控制填充色的不透明度，取值范围为 0～1。stroke-opacity 表示描边的不透明度，上述代码的运行结果如图 8-26 所示。

图 8-26　绘制矩形

此处绘制的矩形默认都是带填充效果的，如果不希望填充颜色，可以将填充 fill 属性设置为 transparent，当然对于背景色是白色的画布，也可以将 fill 属性设为白色。

多边形的创建使用 polygon 元素，用来创建含有不少于三个边的图形。polygon 和折线类似，它们都是由连接一组点集的直线构成。不同的是，polygon 的路径在最后一个点处会自动回到第一个点，主要代码如下：

```
    <svg width="400" height="300" style="border: 1px solid">
        <polygon points="220,10 300,210 170,250 123,234" style="fill:gray;stroke:black;
        stroke-width:1" />
    </svg>
```

其中 points 属性定义多边形每个角的 x 坐标和 y 坐标，结果如图 8-27 所示。

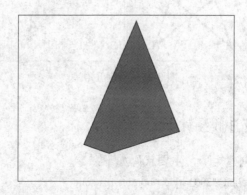

图 8-27　绘制多边形

8.6.3　SVG 圆与椭圆绘制

SVG 中使用 circle 元素绘制圆，使用 ellipse 元素创建椭圆，主要代码如下：

```
<svg width="400" height="200" style="border: 1px solid">
    <circle cx="100" cy="100" r="50" stroke="black" stroke-width="2" fill="yellow" />
        <ellipse cx="250" cy="100" rx="80" ry="40" style="fill:yellow;stroke:black;stroke-
        width:2"/>
</svg>
```

其中 cx、cy 表示圆心坐标，r 为半径，如果省略 cx 和 cy，圆的中心会被设置为(0, 0)。椭圆的创建与圆相似，不同之处在于椭圆有不同的 x 半径和 y 半径，分别用 rx 和 ry 表示。上述代码的绘制结果如图 8-28 所示。

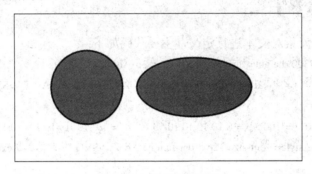

图 8-28　绘制圆和椭圆

8.6.4　SVG 路径绘制

path 元素是 SVG 基本图形中最强大的一个，它不仅能创建其他基本图形，通过组合还能创建更加复杂的形状。例如，可以用 path 元素绘制矩形、圆形、椭圆、折线形、多边形、贝塞尔曲线等。path 元素的形状是通过属性 d 来定义的，属性 d 的值是一个"命令+参数"的序列。

每一个命令都用一个字母来表示。例如，字母"M"表示的是"Move to"命令，即将画笔移动到某个点，跟在命令字母后面的是需要移动到那个点的 x 轴坐标和 y 轴坐标。比如移动到(10,10)这个点，命令应该写成"M10 10"。每一个命令都有两种表示方式，一种是用大写字母，表示采用绝对定位，另一种是用小写字母，表示采用相对定位。

path 中常用命令有：M = moveto、L = lineto、H = horizontal lineto、V = vertical lineto、C = curveto、S = smooth curveto、Q = quadratic Bézier curve、T = smooth quadratic Bézier curveto、A = elliptical Arc、Z = closepath。

下面，用路径 path 绘制一个三角形，主要代码如下：

```
<svg width="300" height="200" style="border: 1px solid">
    <path d="M150 0 L75 200 L225 200 Z" />
</svg>
```

首先用 M 命令将画笔移动到(150,0)，然后用 L 命令绘制线条到(75,200)，再绘制线条到(225,200)，最后在(150,0)处闭合路径，结果如图 8-29 所示。

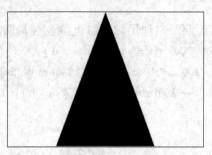

图 8-29 绘制路径

8.6.5 SVG 文本绘制

SVG 使用 text 元素对文本进行定义，主要代码如下：

```
<svg width="300" height="150" style="border: 1px solid">
    <text x="10" y="40" fill="red" style="font-size:32px;font-family:'Arial';">SVG 中的文本
    </text>
    <text x="10" y="100" dx="0 10 10 10 10 10 10" dy="10 -10 10 -10 10 -10 10"
    fill="green" style="font-size:32px;font-family:'Arial';">SVG 中的文本</text>
</svg>
```

其中属性 x、y 表示文本的起始坐标，dx、dy 表示文本的横向位移和纵向位移。在设置 dx、dy 属性时需要注意为文本中的每一个字符设置位移，如果个数不足，默认取值为 0。上述代码运行后，结果如图 8-30 所示。

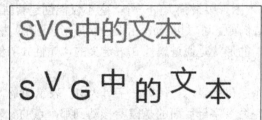

图 8-30 绘制文本

借助属性 dx、dy，还可以实现文本沿特定路径的动画效果。这里以正弦函数 sinx 为例，实现英文 26 个字母沿正弦函数运动的动画效果。

【示例 8-22】沿正弦函数运动的字符。

```
<!DOCTYPE HTML>
<html>
<body>
    <svg id="svg" width="860" height="400" style="border: 1px solid">
        <text id="sinText" x="10" y="200" style="font-size:18px; font-family: 'Arial';">
```

ABCDEFGHIJKLMNOPQRSTUVWXYZ</text>

```
</svg>
<script>
    var n = 26;var x = [];var y = null;
    var i = n;var s = 100;
    var w = 0.02;var t = 0;
     //横向间隔 20
    while(i--) x.push(20);
    //纵向按照 sin()函数变化
    function arrange(t){
        y = [];
        var ly = 0,cy;
        for(i=0;i<n;++i){
            cy = -s* Math.sin(w * i * 20 +t);
            y.push(cy - ly);
            ly = cy;
        }
    }
    //将数组转换成字符串并设置为 dx、dy 值
    function render(){
        sinText.setAttribute('dx',x.join(' '));
        sinText.setAttribute('dy',y.join(' '));
    }
        //动态改变 t 的值
        function frame() {
        t += 0.02;
        arrange(t);
        render();
        window.requestAnimationFrame(frame); // 递归调用 frame 方法
    }
    frame();
</script>
</body>
</html>
```

上述代码首先定义了 26 个字母组成的文本，然后在 JavaScript 中生成水平方向和垂直方向的位移，其中水平方向的位移是 20，垂直方向的位移通过 $y = A \cdot \sin(ax+b)$ 进行计算。为了产生动态效果，在 frame 函数中每个 t 时刻计算新的位置，同时递归调用 frame 方法。最后的运行结果如图 8-31 所示。

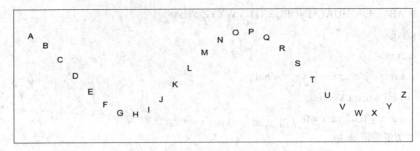

图 8-31　沿正弦函数运动的字符

8.6.6　SVG 模糊和阴影效果

模糊和阴影效果都需要借助 SVG 的滤镜功能来实现，所有滤镜效果都需要定义在
<filter>元素中，主要代码如下：

```
<svg id="svg" width="240" height="160" style="border: 1px solid">
  <defs>
    <filter id="f1" x="0" y="0" width="200%" height="200%">
      <feOffset result="offOut" in="SourceGraphic" dx="20" dy="20" />
      <feGaussianBlur result="blurOut" in="offOut" stdDeviation="10" />
      <feBlend in="SourceGraphic" in2="blurOut" mode="normal" />
    </filter>
  </defs>
  <rect x="30" y="20" width="150" height="90" stroke="green" stroke-width="3" fill= "yellow"
  filter="url(#f1)" />
</svg>
```

其中 filter 元素的 id 属性定义一个滤镜的唯一名称，这样就可以在后面的图形中使用
url(#id)指定的滤镜。元素 feOffset 用来创建一个偏移量为 dx、dy 的矩形，元素 feGaussianBlur
用来创建一个高斯模糊效果，元素 feBlend 表示使用不同的混合模式把两个对象合成在一
起，运行结果如图 8-32 所示。

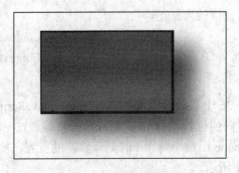

图 8-32　模糊和阴影效果

习　题

一、选择题

1. 下列选项不是 Canvas 中的方法是(　　　)。

A. getContext()　　　B. fill()　　　　　C. controller()　　　　D. stroke()

2. 当用户在屏幕上的某一位置点击鼠标时，event.clientX 和 event.clientY 返回的是(　　　)。

A. 鼠标点击位置点相对于显示屏的坐标

B. 鼠标点击位置点相对于浏览器窗口可视区域的坐标

C. 鼠标点击位置点相对于点击元素的坐标

D. 以上答案均错误

3. HTML5 中的 Canvas 元素用于(　　　)。

A. 显示数据库记录　　　　　　　　B. 操作 MySQL 中的数据

C. 绘制图形　　　　　　　　　　　D. 创建可拖动的元素

4. 下面哪个 HTML5 内建对象用于在画布上绘制图形(　　　)。

A. getContent　　　B. getContext　　　C. getGraphics　　　D. getCanvas

5. Canvas 图形需要在正中间的位置填充线性渐变色，使用 addColorStop(X,"#0000ff"); 其中 X 的值是多少(　　　)。

A. 50%　　　　　　B. 1/2　　　　　　C. 0.5　　　　　　D. 50

6. 对于圆的绘制 cxt.arc(100,100,100,0,Math.PI*2,true)，下列参数说明正确的是(　　　)。

A. 圆半径，圆心 X 坐标，圆心 Y 坐标，开始角度，结束角度，是否顺时针

B. 圆心 Y 坐标，圆心 X 坐标，圆半径，开始角度，结束角度，是否顺时针

C. 圆心 X 坐标，圆心 Y 坐标，圆半径，开始角度，结束角度，是否顺时针

D. 圆心 X 坐标，圆心 Y 坐标，圆半径，开始角度，结束角度，是否逆时针

7. Canvas 绘制线条时使用下面(　　　)方法设置起点坐标。

A. lineTo　　　　　B. moveTo　　　　　C. startTo　　　　　D. beginTo

8. Canvas 用于填充颜色的属性是(　　　)。

A. fillStyle　　　　B. fillRect　　　　C. lineWidth　　　　D. strokeRect

9. 创建 Canvas 画布使用的方法是(　　　)。

A. getContext("3d");　　　　　　　B. document.Context("3d");

C. getContext("2d");　　　　　　　D. document.Context("2d");

10. 以下有关 Canvas 特点的描述，错误的是(　　　)。

A. Canvas 依赖分辨率

B. 能够以 png 或.jpg 格式保存 Canvas 绘制的图形

C. 适合开发基于 Web 的小游戏应用

D. Canvas 只能绘制图形图像，不能绘制文本

二、填空题

1. HTML5 中的图形与图像绘制技术主要有_____和_____。

2. 当用户在屏幕上的某一位置点击鼠标时，可以通过_____和_____获得鼠标点击位置点相对于显示屏的坐标。

3. 在使用 Canvas 绘制图形前，需要先获取 Canvas 对象，并调用_____方法获得画布所在的绘图环境。

4. Canvas 使用_____方法创建线性渐变，使用_____方法创建径向渐变。

5. SVG 是一种基于_____的图像文件格式，由 W3C 联盟进行开发，英文全称为 Scalable Vector Graphics，意思为_____。

三、简答题

1. 比较 SVG 与 Canvas，并说明二者有哪些异同点。

2. HTML5 Canvas 元素有什么作用？如何定义一个 Canvas 元素？

3. HTML5 SVG 元素有什么作用？如何定义一个 SVG 元素？

4. 比较 SVG 图像与 JPEG 和 GIF，并说明 SVG 图像有哪些优点。

第 9 章　HTML5 音频与视频

本章概述

　　本章主要学习 HTML5 中的音频与视频播放处理技术，包括 audio 元素、video 元素以及 Web Audio API 的使用。通过简单实例的演示，使读者快速掌握 HTML5 音频与视频播放及处理技术，为页面添加丰富的多媒体功能。图 9-1 是本章的学习导图，读者可以根据学习导图中的内容，从整体上把握本章学习要点。

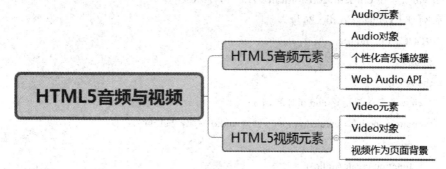

图 9-1　"HTML5 音频与视频"学习导图

9.1　HTML5 音频元素

9.1.1　Audio 元素

　　HTML5 规定了在页面中嵌入音频元素的标准，即使用 audio 元素，基本语法为：<audio id="myAudio" src="music.mp3" controls loop autoplay> </audio>

　　属性 src 用来指定音频文件所在的路径。属性 controls 表示显示播放控制栏，这里采用的是简写形式，实际上可以写成 controls="controls"。属性 loop 表示循环播放，同样可以写成 loop="loop"的形式。属性 autoplay 表示自动播放，在使用该属性时需要注意，由于在移动设备中，音频或者视频的自动播放会导致流量的剧增，所以该属性在移动端会被屏蔽，必须通过相应的用户交互事件才能触发。另外，上述语法形式还可以写成如下形式：

```
<audio id="myAudio" controls loop autoplay>
    <source src="music.ogg" type="audio/ogg">
    <source src="music.mp3" type="audio/mpeg">
    <source src="music.wav" type="audio/wav">
```

　　　　你的浏览器不支持音频播放

　　　</audio>

　　由于不同手机平台或浏览器支持的文件格式不同，为了更好的兼容性，有时还需要为同一个音频准备不同的文件格式，常用格式有 OGG 格式、MP3 格式、WAV 格式。其中 OGG 全称是 OGG Vorbis，是一种有损音频压缩格式。OGG 格式使用了更加先进的声学模型，因此在同样位速率编码的情况下，OGG 的音质比 MP3 音质更好。另外，OGG 格式是完全免费、开放且没有专利限制的。

9.1.2　Audio 对象

　　为了更好地对页面中的音频元素进行控制，可以借助 DOM 中的相关方法动态创建和访问 audio 对象。创建一个 audio 对象使用 createElement 方法，同时使用 setAttribute 方法为 audio 对象设置相应的属性。如果需要在页面中访问 audio 对象，可以使用 getElementById 方法，如 var x = document.getElementById("myAudio")。

　　【示例 9-1】创建 Audio 对象。

```
<!DOCTYPE html>
<html>
<body>
  <h3>点击按钮创建 audio 对象</h3>
  <button onclick="createAudio()">创建 audio 对象</button>
  <script>
    function createAudio()
    {
        var x = document.createElement("audio");
        x.setAttribute("controls", "controls");
        x.setAttribute("src", "music.mp3");
        document.body.appendChild(x);
    }
  </script>
</body>
</html>
```

　　上述代码首先创建一个 audio 元素对象，然后设置 audio 对象的 controls 属性和 src 属性，最后使用 appendChild 方法将 audio 对象添加到 body 中。程序运行后的结果如图 9-2 所示，当点击"创建 audio 对象"按钮后，将创建一个带有控制条的音频播放器。

图 9-2　创建 Audio 对象

audio 对象实现了一系列的属性和方法，方便在 DOM 中进行调用，从而实现对音频播放的控制，其常用属性和方法如表 9-1 和表 9-2 所示。

表 9-1 Audio 对象常用属性

属 性	描 述
autoplay	设置或返回是否在加载完成后立即播放音频
controls	设置或返回音频是否应该显示控制条
currentSrc	返回当前音频的 URL
currentTime	设置或返回音频中的当前播放位置，单位为秒
defaultMuted	设置或返回音频默认是否为静音
duration	返回音频的长度，单位为秒
ended	返回音频的播放是否已结束
loop	设置或返回音频是否应在结束时再次播放
muted	设置或返回是否关闭声音
networkState	返回音频的当前网络状态
paused	设置或返回音频是否暂停
playbackRate	设置或返回音频播放的速度
readyState	返回音频当前的就绪状态
src	设置或返回音频的 src 属性的值
volume	设置或返回音频的音量

表 9-2 Audio 对象常用方法

方 法	描 述
addTextTrack	向音频添加新的文本轨道
canPlayType	检查浏览器是否能够播放指定的音频类型
fastSeek	在音频播放器中指定播放时间
load	重新加载音频元素
play	开始播放音频
pause	暂停当前播放的音频

通过 audio 对象提供的属性和方法，可以动态地对音频播放进行控制，下面结合一个简单示例，说明相关属性和方法的使用。

【示例 9-2】控制音频播放。

```
<!DOCTYPE html >
<html>
<head>
  <script>
    var audio = document.createElement("audio");
```

```
    audio.addEventListener("canplaythrough",function(){
        console.log('audio is ready');}, false);
    audio.addEventListener("timeupdate",showtime, false);
    function showtime(){
        document.getElementById("ltime").innerHTML = audio.duration;
        document.getElementById("ctime").innerHTML = audio.currentTime;
    }
    function aCreate(){
        audio.setAttribute("controls","controls");
        audio.setAttribute("src","music.mp3");
        document.body.appendChild(audio);
    }
    function aPlay() {audio.play();}
    function aPause() {audio.pause();}
    function aStop() {audio.currentTime = 0; audio.pause();}
    function aSkip() {audio.currentTime = 50; audio.play();}
    function aFF() {audio.currentTime+=10; audio.play();}
    function aFB() {audio.currentTime-=10; audio.play();}
    </script>
</head>
<body>
    总时长：<div id="ltime"></div><br/>
    当前播放时长：<div id="ctime"></div><br/>
    <input type="button" onclick="aCreate();" value="创建音频">
    <input type="button" onclick="aPlay();" value="播放">
    <input type="button" onclick="aPause();" value="暂停">
    <input type="button" onclick="aStop();" value="停止">
    <input type="button" onclick="aSkip();" value="跳到 50 秒">
    <input type="button" onclick="aFF();" value="快进">
    <input type="button" onclick="aFB();" value="快退">
</body>
</html>
```

上述代码运行后，结果如图 9-3 所示。点击"创建音频"按钮，将创建一个音频对象。点击"播放"按钮，将调用 audio.play 方法播放音频。点击"暂停"按钮，将调用 audio.pause 方法暂停音频的播放。点击"停止"按钮，设置 audio.currentTime = 0 且调用 audio.pause 方法。另外，还可以通过设置 currentTime 属性，实现音频的跳转、快进、快退等操作。

总时长：
532.897959

当前播放时长：
8.294574

图 9-3　控制音频播放

9.1.3　个性化音乐播放器

虽然 audio 元素的 controls 属性提供了默认的音乐播放控制条，但有些时候，我们希望实现一些个性化的音乐播放器，比如在播放器上提供上一首、下一首的音乐播放切换。下面结合一个具体的例子，说明个性化音乐播放器的设计与实现过程，图 9-4 是最终的实现效果。目前，音乐播放器的功能还比较简单，仅仅实现了基本的音乐播放界面和上一首、下一首的切换功能，有兴趣的读者可以在此基础上进行扩充，如播放进度条、音量控制、文件列表、歌词显示等功能。

图 9-4　个性化音乐播放器

首先，定义播放器的基本界面，主要包括屏幕区和按钮区，屏幕区域用于显示当前正在播放的音乐文件，按钮区域包括上一首、播放、暂停、下一首四个按钮，其中暂停按钮默认情况下是隐藏的。此处的按钮使用了 Bootstrap 框架中的字体图标 glyphicon，为了使用字体图标，需要在文档头部引用 bootstrap.css 文件，代码如下：

```
<link rel="stylesheet"
href="https://cdn.staticfile.org/twitter-bootstrap/3.3.7/css/bootstrap.min.css">
```

页面 HTML 代码如下：

```
<div id="music" class="music">
    <div id="screen" class="screen"></div>
    <div class="buttons">
        <button id="prev" type="button" class="btn btn-default btn-sm">
            <span class="glyphicon glyphicon-step-backward"></span> 上一首
        </button>
```

```html
<button id="play" type="button" class="btn btn-default btn-sm">
  <span class="glyphicon glyphicon-play"></span> 播放
</button>
<button id="pause" type="button" class="btn btn-default btn-sm" style = "display:
none">
  <span class="glyphicon glyphicon-pause"></span> 暂停
</button>
<button id="next" type="button" class="btn btn-default btn-sm">
  <span class="glyphicon glyphicon-step-forward"></span> 下一首
</button>
    </div>
  </div>
```

其中"上一首"按钮使用了 glyphicon glyphicon-step-backward 类,"播放"按钮使用 glyphicon glyphicon-play 类,"暂停"按钮使用 glyphicon glyphicon-pause 类,"下一首"按钮使用 glyphicon glyphicon-step-forward 类。

接下来,需要给按钮设置 CSS 样式,代码如下:

```css
<style>
    .music {
      width:320px; height:240px;
      background:#dc595e; border-radius: 5px;
      box-shadow:0 0 10px #000; position: relative;
    }
    .music .screen {
      height:60%; width:96%;
      background: #5f5b5b; margin:0 auto;
      position: relative; top:10px;
    }
    .music .buttons {
      position: relative; top:30px;
    }
    .music .buttons button {
      margin-left:10px; margin-right:20px;
    }
</style>
```

此处设置播放器 music 类宽度为 320 像素,高度为 240 像素,背景色为#dc595e,圆角边框为 5 个像素,同时为播放器添加阴影效果。另外,上述代码也设置了屏幕区域和按钮区域的样式。

基本界面设计好之后,就需要为播放器添加 JavaScript 代码。这里使用 JSON 对象对音乐播放器进行简单的封装,使代码结构看上去更加清晰,主要代码如下:

```
<script type="text/javascript">
    var musicBox = {
        musicDom : null,    //播放器对象
        songs : [],           //歌曲目录，用数组来存储
        index : 0,           //当前播放的歌曲索引
        //初始化播放器
        init : function(){
            this.musicDom = document.createElement('audio');
            document.body.appendChild(this.musicDom);
        },
        //添加一首音乐
        add : function(src){
            this.songs.push(src);
        },
        //根据数组下标决定播放哪一首歌曲
        play : function(){
            this.musicDom.src = this.songs[this.index];
            this.musicDom.play();
        },
        //暂停音乐
        stop : function(){
            this.musicDom.pause();
        },
        //下一首
        next : function(){
            var len = this.songs.length;
            //判断是否是有效的索引，如果已经是最后一首，就跳到第一首
            if((this.index + 1) >= 0 && this.index < len){
                this.index ++;
                if(this.index == len){
                    this.index = 0;
                }
                this.play();
            }
        },
        //上一首
        prev : function(){
            var len = this.songs.length;
            //判断是否是有效的索引，如果已经是第一首，就跳到最后一首
```

```
            if((this.index + 1) >= 0 && this.index    < len){
                if(this.index == 0){
                    this.index = len;
                }
                this.index --;
                this.play();
            }
        }
    };
    musicBox.init();    //初始化
    musicBox.add("media/Trip.mp3");
    musicBox.add("media/风居住的街道.mp3");
    musicBox.add("media/青花瓷.mp3");
    musicBox.add("media/月牙湾.mp3");
    var playDom = document.getElementById("play");
    var pauseDom = document.getElementById("pause");
    var nextDom = document.getElementById("next");
    var prevDom = document.getElementById("prev");
    //点击播放按钮后隐藏播放按钮，显示暂停按钮
    playDom.onclick = function(){
      this.style.display = "none";
      pauseDom.style.display = "inline";
      musicBox.play();
    }
    //点击暂停按钮后隐藏暂停按钮，显示播放按钮
    pauseDom.onclick = function(){
      this.style.display = "none";
      playDom.style.display = "inline";
      musicBox.stop();
    }
    //单击下一首按钮后，播放下一首歌曲，同时改变播放按钮为暂停的样式
    nextDom.onclick = function(){
      musicBox.next();
      playDom.style.display = "none";
      pauseDom.style.display = "inline";
    }
    //单击上一首按钮后，播放上一首歌曲，同时改变播放按钮为暂停的样式
    prevDom.onclick = function(){
      musicBox.prev();
```

```
        playDom.style.display = "none";
        pauseDom.style.display = "inline";
    }
</script>
```

9.1.4　Web Audio API

Web Audio API 提供了一系列 JavaScript 可以访问的编程接口，主要用于处理和合成 Web 应用程序中的音频，可以实现诸如混音、音效、平移等各种复杂音频处理功能的开发。 Web Audio API 对 audio 元素的功能进行了扩充，其优势之处在于：

(1) 可以不经过压缩，在一秒内播放多个声音。

(2) 可以把音频流独立出来，进行复杂的处理。

(3) 可以将音频流输出到 Canvas 中，从而实现音频的可视化。

Web Audio API 的功能非常强大，本节仅给出一个简单的示例，主要功能是访问麦克风设备，并实时获取麦克风音量大小。有兴趣的读者还可以访问 https://developer.mozilla.org/ zh-CN/docs/Web/API/Web_Audio_API，以获取 Web Audio API 更多的使用方法。

【示例 9-3】获取麦克风音量。

```html
<!DOCTYPE html>
<html>
<body>
  <div id="status"></div>
  <script type="text/javascript">
  window.onload = function () {
      myStatus = document.getElementById("status");
      // 1. 判断浏览器是否支持 getUserMedia
      navigator.getUserMedia = navigator.getUserMedia || navigator.webkitGetUserMedia ||
      navigator.mozGetUserMedia || navigator.msGetUserMedia;
      if (!navigator.getUserMedia){
          myStatus.innerHTML = "浏览器不支持获取音频";
      }
      // 2. 调用麦克风获取音频信息
      navigator.getUserMedia({audio:true}, onSuccess, onError);
      function onError(){
      myStatus.innerHTML = "获取音频时错误";
      }
      function onSuccess(stream){
          // 3. 创建 AudioContext 对象
          audioContext = window.AudioContext || window.webkitAudioContext;
          context = new audioContext();
          // 4. 创建媒体流对象
```

```
            streamSource = context.createMediaStreamSource(stream);
            // 5. 创建缓冲区音频处理器
            var myScriptProcessor = context.createScriptProcessor(2048,1,1);
            // 6. 连接媒体流分析对象和麦克风缓冲区音频流
            streamSource.connect(myScriptProcessor);
            // 7. 处理音频
            myScriptProcessor.onaudioprocess = function(e){
                var buffer = e.inputBuffer.getChannelData(0);
                var maxVal = 0;
                for (var i = 0; i < buffer.length; i++) {
                    if (maxVal < buffer[i]){
                        maxVal = buffer[i];
                }
                }
                    myStatus.innerHTML = "你的音量值: " + Math.round(maxVal*100);
            };
            }
        }
    </script>
    </body>
    </html>
```

从代码可以看出，要访问麦克风设备，需要经过以下几个步骤：

(1) 判断浏览器是否支持 getUserMedia。需要注意的是，不同的浏览器中，getUserMedia 这一特性的名称也各不相同。例如，在 Chrome 浏览器中名称为 webkitGetUserMedia，在 Firefox 浏览器中名称为 mozGetUserMedia，在 IE 浏览器中名称为 msGetUserMedia。

(2) 执行语句 navigator.getUserMedia({audio:true}, onSuccess, onError)，获取麦克风等输入设备的音频信息，调用成功触发 onSuccess 函数，失败则触发 onError 函数。其中 {audio:true}表示打开麦克风音频设备，也可以写成{audio:true, video:true}，表示同时打开麦克风和摄像头。

(3) 创建 AudioContext 对象。AudioContext 对象称为音频上下文对象，对音频的各类操作都是在音频上下文中进行的。

(4) 创建媒体流对象。语句 context.createMediaStreamSource(stream)用于创建一个新的 MediaStreamAudioSourceNode 对象，其中参数 stream 是传入的 MediaStream 对象，该对象实例从 navigator.getUserMedia 中获得。

(5) 创建缓冲区音频处理器。执行语句 context.createScriptProcessor(2048,1,1)，其中第一个参数用于指定采样的缓冲区域大小，可取值为 256、512、1024、2048、4096、8192、16384 等，如果不设置该参数或者设置参数值为 0，则取当前环境最合适的缓冲区大小，取值为 2 的幂次方的一个常数。注意此处值越大则采样缓冲区越大，对应的 audioprocess 事件的触发频率就越低，一般情况下可以不指定缓冲区大小，让系统自己选择一个优化值来平衡延迟和音频质量。第二个和第三个参数分别表示音频输入声道数量和输出声道数量，取值为 1 表示单声道，取值为 2 表示双声道。

(6) 连接媒体流分析对象和麦克风缓冲区音频流。执行该步骤后，就可以在 audioprocess 事件中处理音频，该事件将在音频采样中不断被触发。

(7) 处理音频。此处主要是获取缓冲区的输入音频，转换为包含 PCM 通道数据的 32 位浮点数组，然后通过遍历缓冲区，获取最大音量值。

需要注意的是，不同浏览器对 Web Audio API 的支持程度不同，上述程序仅在 FireFox 浏览器中测试通过，在 Chrome 和 IE 浏览器中未能成功运行。

9.2　HTML5 视频元素

9.2.1　Video 元素

除了 audio 元素，HTML5 中还新增了 video 元素，用于在网页中实现视频的播放。语法形式为：

```
<video id="myVideo" src="video.mp4" width="320" height="240" controls autoplay loop>
    您的浏览器不支持 video 元素
</video>
```

其中属性 src 用来指定视频元素所在路径。不同于 audio 元素，video 元素中可以定义宽度和高度。同样 video 元素也可以定义多个 source 文件，浏览器会自动使用第一个可识别的视频格式文件，代码如下：

```
<video id="myVideo"  width="320"  height="240"  controls  autoplay  loop  preload="auto"
poster="image/poster.jpg">
    <source src="movie.mp4" type="video/mp4">
    <source src="movie.ogg" type="video/ogg">
    <source src="movie.webm" type="video/webm">
        您的浏览器不支持 video 元素
</video>
```

在 video 元素中，preload 属性规定是否在页面加载后载入视频，可取 auto、metadata、none 三种取值。其中 auto 表示一旦页面加载，则开始加载音频或视频，metadata 表示当页面加载后仅加载音频/视频的元数据，none 表示页面加载后不加载音频或视频。poster 属性指定视频下载时显示的图像，或者在用户单击播放按钮前显示的图像。

另外，目前 video 元素主要支持三种视频格式：MP4、WebM、Ogg。其中 MP4 表示用 H264 视频编解码器和 AAC 音频编解码器的 MPEG 4 文件，WebM 表示使用 VP8 视频编解码器和 Vorbis 音频编解码器的 WebM 文件，Ogg 表示使用 Theora 视频编解码器和 Vorbis 音频编解码器 Ogg 文件。

9.2.2　Video 对象

和 audio 一样，在 DOM 中可以将 video 元素看成是 video 对象，创建一个 video 对象同样是使用 createElement 方法，并且可以使用 setAttribute 方法设置相应的属性，下面给出代码示例。

【示例 9-4】创建 Video 对象。

```
<!DOCTYPE html>
<html>
<body>
  <h3>创建 Video 元素</h3>
  <button onclick="createVideo()">创建 Video 元素</button>
  <script>
    function createVideo(){
      var x = document.createElement("video");
      x.setAttribute("width", "320");
      x.setAttribute("height", "240");
      x.setAttribute("controls", "controls");
      x.setAttribute("src", "big_buck_bunny.mp4");
      document.body.appendChild(x);
    }
  </script>
</body>
</html>
```

上述代码首先创建一个 video 元素对象，然后设置 video 对象的各个属性，最后使用 appendChild 方法将 video 对象添加到 body 中。程序运行后的结果如图 9-5 所示，当点击"创建 video 元素"按钮后，将创建一个带有控制条的视频播放器。

创建Video元素

图 9-5　创建 Video 元素

和 audio 对象一样，video 对象中也有一些常用的属性和方法，可以在 DOM 中进行访问，从而实现对视频元素的控制，其中 video 对象的部分属性和方法与 audio 对象是相同的，这里就不再一一列出了。

9.2.3　视频作为页面背景

在网页设计中，经常将视频作为整个页面或部分页面的背景，以体现页面的动态性。结合 CSS 技术和 video 元素，在 HTML5 中可以很简单地实现这一功能。

【示例 9-5】视频作为页面背景。

```html
<!DOCTYPE html>
<html>
  <style>
  body{
     background:gray;
  }
  /*使视频位置固定，且大小自动充满整个屏幕*/
  #video{
     position:fixed; top:0;left:0;
     min-width:100%; min-height:100%;
     width:auto; height:auto;
     z-index:-100; opacity:.5;
  }
  </style>
<body>
   <h1>视频作为页面背景</h1>
   <video id="video" src="big_buck_bunny.mp4" muted autoplay loop></video>
</body>
</html>
```

从上述代码可以看出，视频作为页面背景实际上是将视频显示在页面的最底层，即设置 z-index 为-100，同时为了让背景看上去不至于太突出，设置背景视频透明度为 0.5，最终代码的运行结果如图 9-6 所示。

图 9-6　视频作为页面背景

习　　题

一、选择题

1. HTML5 不支持的视频格式是(　　　　　)。

A. ogg　　　　　　　B. mp4　　　　　　C. flv　　　　　　D. WebM

2. 控制视频暂停用的方法是(　　　　)。

A. stop();　　　　　B. pause();　　　　C. paused();　　　D. play();

3. 在多媒体控制中以下代码控制的是(　　　　)。

```
if (myVideo.paused)
    myVideo.play();
else
    myVideo.pause();
```

A. 全屏　　　　　　B. 静音　　　　　C. 暂停和播放　　　D. 以上都不是

4. 由于在移动设备中，音频或者视频的自动播放会导致流量的剧增，以下哪个属性在移动端默认会被屏蔽(　　　)。

A. controls　　　　B. loop　　　　　C. autoplay　　　　D. type

5. HTML5 不支持的音频格式是(　　　　)。

A. ogg　　　　　　B. mp3　　　　　　C. wav　　　　　　D. midi

6. 下列不是 audio 对象属性的是(　　　　)。

A. loop　　　　　　B. volume　　　　C. networkState　　D. ready

二、填空题

1. 在 HTML5 中添加了_____元素来播放音频，添加了_____元素来播放视频。

2. 在浏览器支持的前提下 <video src="movie.ogg"></video> 这行标记不能显示视频时因为没有添加_____属性。

3. HTML5 中，video 元素支持以下三种视频格式：_____、_____和_____。

4. OGG 的全称是_____，是一种_____音频压缩格式。OGG 格式使用了更加先进的声学模型，因此在同样位速率编码的情况下，OGG 的音质比 MP3 音质更好。

5. _____提供了一系列 JavaScript 可以访问的编程接口，主要用于处理和合成 Web 应用程序中的音频。

6. 在 video 元素中，_____属性规定是否在页面加载后载入视频，_____属性指定视频下载时显示的图像，或者在用户点击播放按钮前显示的图像。

第 10 章　HTML5 文件与数据处理

本章概述

本章主要学习 HTML5 中的文件与数据处理技术，包括 HTML5 文件操作、数据交换格式 JSON、本地数据存储技术、离线应用和客户端缓存等。通过简单实例的演示，读者能够快速掌握 HTML5 中各类文件与数据处理操作。图 10-1 是本章的学习导图，读者可以根据学习导图中的内容，从整体上把握本章学习要点。

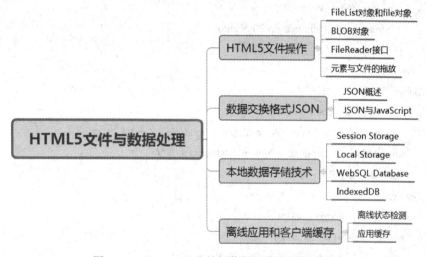

图 10-1　"HTML5 文件与数据处理" 学习导图

10.1　HTML5 文件操作

在 HTML5 之前，由于安全性等问题，浏览器对本地文件系统的访问有着诸多限制，要读取本地的某个文件，需要先将待处理的文件上传到服务器，然后在服务器中读取并解析这个文件，处理完后再将解析结果返回给客户端。HTML5 中提供了一种通过 File API 规范与本地文件进行交互的标准方法。利用这些方法可以实现本地文件内容的读取，以及文件上传、下载、拖拽等交互操作。

10.1.1　FileList 对象和 file 对象

FileList 对象表示用户选择的文件列表。在 HTML4 中，file 控件内只允许放置一个文件，而在 HTML5 中，通过添加 multiple 属性，允许 file 控件一次选择多个文件，其中每一个文件都是一个 file 对象，FileList 对象则为这些 file 对象的列表，代表用户选择的所有文件。通过 file 对象的属性，可以获取文件的信息，其中 name 属性用来获取不包括路径的文件名，size 属性用来获取以字节为单位的文件大小，type 属性返回文件的 MIME 类型，lastModified 属性表示文件最后一次的修改时间。

【示例 10-1】遍历 FileList 对象获取文件信息。

```html
<!DOCTYPE html>
<html>
    <style>
        *{
            margin:0px;padding:0px;font-size:18px;
        }
        .content{
            background-color:#57FF57;opacity:0.6;
            padding:40px;width:600px;
            border-radius:10px;margin:20px auto;
        }
    </style>
<body>
    <div class = "content">
        <input type = "file" id = "file" multiple = "multiple"/>
        <input type = "button" id = "upload" value = "上传"/>
        <div id = "details"></div>
    </div>
    <script type = "text/javascript">
        window.onload = function(){
            var filesList = document.getElementById("file");
            var up = document.getElementById("upload");
            var details = document.getElementById("details");
            /*将时间格式化为"yy-mm-dd hh:mm:ss"*/
            function FormatDate (strTime) {
                var date = new Date(strTime);
                return  date.getFullYear() + "-" + (date.getMonth() + 1) + "-" + date.getDate() + " " +
        date.getHours() + ":" + date.getMinutes() + ":" + date.getSeconds();
            }
        up.onclick = function(){
            details.innerHTML = "";
            for (var i = 0; i < filesList.files.length; i++)
            {
                var file = filesList.files[i];
```

```
            details.innerHTML += "<p>文件名：" + file.name + "</p>";
            details.innerHTML += "<p>文件类型：" + file.type + "</p>";
            details.innerHTML += "<p>文件大小：" + file.size + "</p>";
            details.innerHTML += "<p>最后修改时间：" + FormatDate(file.
            lastModifiedDate) + "</p>" + "<br/>";
            details.style.display = "block";
        }
    }
};
    </script>
  </body>
</html>
```

上述代码运行后，结果如图 10-2 所示。用户点击"选择文件"按钮可以选择多个文件，点击"上传"按钮后，程序遍历文件列表对象，并通过文件对象获取上传文件的文件名、文件类型、大小、修改时间等属性。

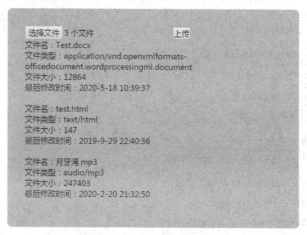

图 10-2　遍历 FileList 对象获取文件信息

在使用<input type="file">时，除了可以通过 multiple 属性指定允许上传多个文件，还可以通过 accept 属性过滤上传文件的类型。例如，如下代码定义 accept = "image/*"表示默认上传文件类型为图片文件，不过目前各主流浏览器对 accept 属性的支持都仅限于在打开文件选择窗口时，默认选择图像文件，如果选择其他类型文件，file 控件也能正常接受。

```
<input type = "file" id = "imageOnly" multiple = "multiple" accept = "image/*"/>
```

10.1.2　BLOB 对象

Blob(Binary Large Object)对象相当于一个容器，用于存放二进制数据。它有两个属性，其中 size 属性表示一个 Blob 对象的字节长度，type 属性表示 Blob 的 MIME 类型，如果是未知类型，则返回一个空字符串。

Blob 对象可以使用 Blob 构造函数来创建。例如，var blob = new Blob(['hello'], {type：

"text/plain"});，其中第一个参数是一个数组，可以存放 ArrayBuffer 对象、ArrayBufferView 对象、Blob 对象和字符串，第二个参数指定文件的 MIME 类型。

另外，也可以通过 slice 方法返回一个新的 Blob 对象。例如，var newBlob = blob.slice(0, 5, {type:"text/plain"});，第一个参数表示从 Blob 对象中的二进制数据的起始位置开始复制，第二个参数表示复制的结束位置，第三个参数为 Blob 对象的 MIME 类型。在上传大文件的时候，此方法非常有用，可以将大文件分割分段，然后各自上传。

除了上面介绍的两种方法，还可以使用 canvas.toBlob 方法创建 Blob 对象。该方法同样有三个参数，第一个参数是一个回调函数，第二个参数指定图像类型，默认为 image/png，第三个参数为图片质量，取值在 0 到 1 之间。举例如下：

```
var canvas = document.getElementById('myCanvas');
canvas.toBlob(function(blob){ console.log(blob); }, "image/jpeg", 0.5);
```

对于图像类型的文件，Blob 对象的 type 属性都是以 image/开头，后跟具体图像类型，利用这一特性可以在 JavaScript 中判断用户选择的文件是否为图像文件，示例代码如下。

【示例 10-2】判断上传文件的类型是否为图像类型。

```
<!DOCTYPE html>
<html>
<body>
    选择文件：<input type="file" id="file" multiple/>
    <input type="button" value="文件上传" onclick="FileUpload();"/>
    <script type="text/javascript">
      function FileUpload(){
        var filesList = document.getElementById("file");
        for (var i = 0; i < filesList.files.length; i++)
        {
          var file = filesList.files[i];
          if(!/image\/\w+/.test(file.type)){
            alert(file.name+"不是图像文件！"); break;
          }
          else{
              //此处可加入文件上传的代码
              alert(file.name+"文件已上传");
          }
        }
      }
    </script>
</body>
</html>
```

上述代码首先获得文件控件中用户选择的所有文件，然后通过循环遍历每一个文件，使用正则表达式检测每一个文件的类型，如果不是图像类型文件，则弹出警告框。

10.1.3　FileReader 接口

FileReader 接口主要用来把文件读入内存，并读取文件中的数据。FileReader 接口提供了一个异步 API，使用该 API 可以在浏览器主线程中异步访问文件系统，读取文件中的数据。考虑到不同浏览器的兼容性问题，在使用 FileReader 接口前，一般需要先测试浏览器对 FileReader 的支持情况，如果支持的话，再创建 FileReader 对象，代码如下：

```
if(typeof FileReader == 'undefined'){
        alert("浏览器不支持 FileReader 接口")
}else{
        var reader=new FileReader();
}
```

FileReader 接口具有 4 个方法，其中 3 个用来读取文件，1 个用来中断读取操作。无论读取成功或失败，各个方法都不会返回读取结果，而是将结果存储在 result 属性中。表 10-1 列出了 FileReader 接口提供的 4 个方法。

表 10-1　FileReader 接口方法

方 法 名	参　数	描　　述
readAsText	file [,encoding]	将文件读取为文本，默认情况下，文本编码格式是 UTF-8
readAsDataURL	file	将文件读取为 DataURL
readAsBinaryString	file	将文件读取为二进制字符串
abort	无	中断读取操作

另外，FileReader 接口还包含一系列事件模型，用于捕获读取文件时的状态。表 10-2 列出了常用的 FileReader 接口事件。

表 10-2　FileReader 接口事件

事 件 名	描　　述
onabort	数据读取中断时触发
onerror	数据读取出错时触发
onloadstart	数据读取开始时触发
onprogress	数据读取过程中触发，常用于获取文件的读取进度
onload	数据读取成功时触发
onloadend	数据读取结束时触发，无法读取成功或失败

下面，以一个简单示例说明 FileReader 接口提供的 3 种文件读取方法。

【示例 10-3】FileReader 接口文件读取方法。

```
<!DOCTYPE html>
<html>
```

```
<head>
  <meta charset="utf-8">
  <script language=javascript>
    var result=document.getElementById("result");
    var file=document.getElementById("file");
    if (typeof FileReader == 'undefined' ){
     result.innerHTML = "<p>抱歉，你的浏览器不支持 FileReader</p>";
     file.setAttribute( 'disabled','disabled' );
    }
    //将图像文件以 Data URL 形式读入页面
    function ReadAsDataURL(){
      //检查是否为图像文件
      var file = document.getElementById("file").files[0];
      if(!/image\/\w+/.test(file.type)){
        alert("请确保文件为图像类型");
        return false;
      }
      var reader = new FileReader();
      reader.readAsDataURL(file);
      reader.onload = function(e){
        var img=document.getElementById("image");
        //在页面上显示图像
        img.setAttribute("src", this.result);
      }
    }
    //将文件以二进制形式读入页面
    function ReadAsBinaryString(){
      var file = document.getElementById("file").files[0];
      var reader = new FileReader();
      reader.readAsBinaryString(file);
      reader.onload = function(f){
        var result=document.getElementById("result");
        //在页面上显示二进制数据
        result.innerHTML=this.result;
      }
    }
    //将文件以文本形式读入页面
    function ReadAsText(){
      var file = document.getElementById("file").files[0];
```

```
        var reader = new FileReader();
        reader.readAsText(file);
        reader.onload = function(f){
            var result=document.getElementById("result");
            //在页面上显示读入文本
            result.innerHTML=this.result;
        }
    }
    </script>
</head>
<body>
    <p><label>请选择一个文件：</label>
    <input type="file" id="file" />
    <input type="button" value="读取图像" onclick="ReadAsDataURL()"/>
    <input type="button" value="读取二进制数据" onclick="ReadAsBinaryString()"/>
    <input type="button" value="读取文本文件" onclick="ReadAsText()"/></p>
    <div name="result" id="result"><!-- 这里用来显示读取结果 --></div>
    <img id="image">
</body>
</html>
```

上述代码分别实现了按图像读取、按二进制数据读取和按文本文件读取的功能。其中按图像读取使用 readAsDataURL 方法，该方法返回一个基于 Base64 编码的 data-uri 对象，可用于 img 元素中的 src 属性，从而达到图片预览的效果。readAsBinaryString 方法将文件读取为二进制字符串，通常将读取结果传送到服务端，由服务端实现文件存储。readAsText 方法直接将文件读取为文本形式，适用于读取文本文件中的内容。需要注意的是，无论采用哪种读取方法，数据都保存在 result 属性中。

10.1.4　元素与文件的拖放

在 HTML5 之前，实现元素的拖放需要监听 mousedown、mousemove 以及 mouseup 等事件，因此需要编写大量的 JavaScript 代码。而在 HTML5 中，要拖放一个元素，只要设置元素的 dragable 属性为 true，同时响应与元素拖放相关的事件即可。表 10-3 列出了元素拖放相关事件。

表 10-3　元素拖放相关事件

事件名	产生事件的元素	描　　述
dragstart	被拖放的元素	开始拖放操作
drag	被拖放的元素	拖放过程中
dragenter	拖放过程中鼠标经过的元素	被拖放的元素进入本元素范围

事件名	产生事件的元素	描　述
dragover	拖放过程中鼠标经过的元素	被拖放的元素在本元素范围内移动
dragleave	拖放过程中鼠标经过的元素	被拖放的元素离开本元素范围
drop	拖放的目标元素	有其他元素被拖到本元素中
dragend	拖放的目标元素	拖放操作结束

下面，结合元素拖放示例，说明元素拖放过程中相关对象、方法及事件的使用。

【示例 10-4】元素拖放操作。

```
<!DOCTYPE html>
<html>
<head>
  <script type="text/javascript">
    function init() {
      var source = document.getElementById("dragme");
      var dest = document.getElementById("text");
      //监听并响应拖放开始事件
      source.addEventListener("dragstart", function(ev) {
        //向 dataTransfer 对象添加数据
        var dt = ev.dataTransfer;
        dt.effectAllowed = 'all';
        dt.setData("text/plain", "你好");
      }, false);
      //监听并响应拖放结束事件
      dest.addEventListener("dragend", function(ev) {
        ev.preventDefault();   //不执行默认处理
      }, false);
      //监听并响应 drop 事件
      dest.addEventListener("drop", function(ev) {
        //从 DataTransfer 对象中取得数据
        var dt = ev.dataTransfer;
        var text = dt.getData("text/plain");
        dest.textContent += text;
        ev.preventDefault();     //不执行默认处理
        ev.stopPropagation();   //停止事件传播
      }, false);
    }
```

```
//设置页面属性，不执行默认处理
document.ondragover = function(e){e.preventDefault();};
document.ondrop = function(e){e.preventDefault();};
</script>
</head>
<body onload="init()">
<h1>简单拖放示例</h1>
<div id="dragme" draggable="true" style="width: 200px; border: 1px solid gray;">
请拖放</div>
<div id="text" style="width: 200px; height: 200px; border: 1px solid gray;"></div>
</body>
</html>
```

从上述代码可看出，在拖放过程中，需要监听三个事件。

第一个事件是被拖放元素的 dragstart 的事件。在该事件的响应程序中，首先通过 ev.dataTransfer 获得存放拖放时携带的数据 DataTransfer 对象，紧接着调用 DataTransfer 对象的 setData 方法，向该对象添加要保存的数据。setData 方法有两个参数：第一个参数为携带数据的类型字符串，只能填入类似 text/plain 或 text/html 表示的 MIME 类型文字，不能填入其他文字；第二个参数为要携带的数据，在程序中使用 setData("text/plain","你好")，字符串"你好"即为携带的数据。一般情况下，要携带的数据通常是被拖放元素中的数据，此时需要将上述调用修改为 dt.setData("text/plain", this.id);。

第二个事件是发生在拖放目标元素上的 drop 事件。在该事件的响应程序中，同样先获得 DataTransfer 对象，然后调用 getData("text/plain")方法获取 setData 方法中保存的内容。此外，要实现拖放过程，必须在目标元素的 drop 事件中执行 ev.preventDefault()方法关闭默认处理(拒绝被拖放)，并执行 ev.stopPropagation()方法停止事件的传播。

第三个事件是发生在拖放目标元素上的 dragend 事件。在该事件的响应程序中，调用 ev.preventDefault()方法关闭默认处理即可。

另外，在页面的 dragover 事件和 drop 事件中，也要关闭默认处理，否则目标元素不能接受被拖放的元素。

在上述程序中，数据 MIME 类型使用的是 text/plain，表示文本文字。除了这一类型外，支持拖放操作的 MIME 的类型还包括：text/html(表示 HTML 文字)、text/xml(表示 XML 文字)、text/uri-list(表示 URL 列表，其中每个 URL 为一行)。程序最终运行结果如图 10-3 所示。

除了元素的拖放操作外，在日常应用中，还经常需要拖放文件，以实现文件内容的读取、上传等操作。这里给出另外一个示例，该示例是将一个图像文件拖放到页面上的指定 canvas 内，然后将图像内容显示在这个 canvas 中。

【示例 10-5】图像文件拖放操作。

```
<!DOCTYPE html>
```

图 10-3　元素拖放操作

```
<html>
<head>
  <style>
    html, body{
      height:100%; /*页面高度 100%*/
    }
    body{
      background:url(bg.jpg) no-repeat;
      background-size:cover; color:#FFF;
      text-align:center;position:relative;
    }
    /*显示在页面中央*/
    #holder{
      position:absolute;width:980px;height:300px;
      line-height:300px;font-size:35px;
      left:50%;top:50%;
      margin-top:-150px;margin-left:-490px;
      background:rgba(0,0,0,.2);
    }
    /*文件被拖放在元素区域，边框颜色为红色*/
    #holder.hover{
      border:3px dashed #F00;
    }
    /*样式是 3 像素的白色点状边框*/
    #holder.normal{
      border:3px dashed #FFF;
    }
  </style>
</head>
<body>
  <canvas id="holder" class="normal">拖放图像文件到这里</canvas>
  <script>
    var holder = document.getElementById("holder");
    var ctx = holder.getContext("2d");
    //文件拖放到 holder 元素上方，为元素赋予 hover 类，return false 表示屏蔽默认的
    拖放操作
    holder.ondragover = function(){
      this.className = "hover";
      return false;
    }
```

```
//文件拖拽结束，为元素赋予 normal 类
holder.ondragend = function(){
    this.className = "normal";
    return false;
}
holder.ondrop = function(e){
    this.className = "normal";
    e.preventDefault();
    //获取到拖放的第一个文件
    var file = e.dataTransfer.files[0];
    var reader = new FileReader();
    reader.onload = function(){
        img = new Image();
        img.onload = function(){
            ctx.clearRect(0,0,holder.width,holder.height);
            ctx.drawImage(this,0,0,holder.width,holder.height);
            delete this;    //绘制完图像之后，在内存中释放图像对象
        }
        img.src = this.result;
    };
    reader.readAsDataURL(file);
    return false;
};
    </script>
</body>
</html>
```

上述代码首先定义一个白色点状边框表示的 canvas 元素，当拖动图像文件到 canvas 上时，调整 canvas 边框样式为红色。整个代码中，最核心的部分是 drop 事件响应单元，在该单元中，首先获得拖放的文件，生成 FileReader 对象，然后在 FileReader 对象的 load 事件中动态创建图像对象，将拖放的图像文件内容赋值给创建的图像对象，最后调用 drawImage 方法，将图像对象写到 canvas 中。上述程序最终运行结果如图 10-4 所示。

图 10-4　图片文件拖放操作

10.2 数据交换格式 JSON

10.2.1 JSON 概述

JSON(JavaScript Object Notation)是一种独立于语言和平台的轻量级纯文本数据交换格式，它基于 JavaScript 的一个子集，易于编写和阅读，也易于机器解析。

JSON 最早在 2001 年由 Douglas Crockford 创建，随后被 IETF(Internet Engineering Task Force)定义为 RFC4627 标准。其轻量化的特点使得 JSON 成为 XML 的很好替代者，JSON 的可读性非常好，而且它没有像 XML 那样包含很多冗余的元素标签，这使得使用 JSON 定义的数据非常适合在网络上传输，进行解析处理的速度更快、效率更高。目前几乎所有的编程语言都有很好的库或第三方工具来提供基于 JSON 的 API 支持。

JSON 中最基本的数据是键值对形式，即 Key:Value 的结构。例如{"FirstName": "John"}，其中 FirstName 是键名，需要用双引号引起来，John 表示值，同样需要使用双引号加以引用。

对象是 JSON 中常用的一种数据结构，它是使用键值对组成的无序集合，以"{"开始，以"}"结束，键值对之间以":"相隔，不同的键值对之间以","相隔，如{"FirstName":"Bill", "LastName":"Gates", "DateOfBirth":"1955-10-28"}。JSON 中另一种数据结构是数组，它是值的有序列表，以"["开始，以"]"结束，多个值之间用","相隔，如["apple", "banana", "grape", "orange"]。

JSON 中的值除了常见的字符串类型外，还可以是数值类型(整型或双精度浮点型)、布尔型(true 或 false)、对象型、数组型等，并且这些结构可以进行嵌套。例如，可以在一个对象中嵌套另一个对象或者数组，代码如下：

```
{
    "Name":"National University of Singapore",
    "Abbreviation":"NUS",
    "QSRanking": 11,
    "Address":{
        "Road" : "21 Lower Kent Ridge ",
        "City" : "Singapore",
        "zipOrPostalCode" : "119077"
        "country" : "Singapore"
    }
}
```

另外，对象的值也可以是数组，数组中的元素也可以是对象，代码如下：

```
{
    "people" : [
        { "firstName": "John", "lastName": "Smith", "age": 35 },
```

```
            { "firstName": "Jane", "lastName": "Smith", "age": 32 }
        ]
    }
```

10.2.2　JSON 与 JavaScript

　　JSON 实际上只是纯文本的字符串，不能直接在 JavaScript 中使用，如果要在 JavaScript 中访问 JSON 数据，需要调用 JSON.Parse 方法将 JSON 字符串转换成 JavaScript 对象，相关示例如下。

　　【示例 10-6】通过 JSON 字符串创建 JavaScript 对象。

```html
<!DOCTYPE html>
<html>
<body>
    <h2>通过 JSON 字符串来创建对象</h3>
    <p>
        First Name: <span id="fname"></span><br />
        Last Name: <span id="lname"></span><br />
    </p>
    <script type="text/javascript">
        var txt = '{"employees":[' +
        '{"firstName":"Bill","lastName":"Gates" },' +
        '{"firstName":"George","lastName":"Bush" },' +
        '{"firstName":"Thomas","lastName":"Carter" }]}';
        obj = JSON.parse(txt);
        document.getElementById("fname").innerHTML = obj.employees[1].firstName;
        document.getElementById("lname").innerHTML = obj.employees[1].lastName;
    </script>
</body>
</html>
```

　　上述代码首先定义 JSON 字符串变量 txt，然后调用 JSON.parse 方法创建 JavaScript 对象 obj，最后就可以通过对象 obj 访问 JSON 字符串中的内容，程序运行结果如图 10-5 所示。

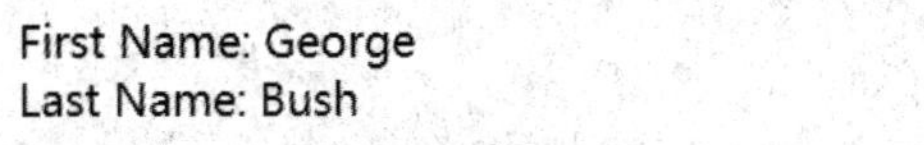

通过 JSON 字符串来创建对象

First Name: George
Last Name: Bush

图 10-5　通过 JSON 字符串创建 JavaScript 对象

　　JSON 常用于客户端和服务器之间进行数据交换。通常情况下，客户端的 JavaScript 对象需要先转换成 JSON 字符串，然后才能发送给服务器，此时可以使用 JSON.stringify 方法将 JavaScript 对象转换为字符串，示例代码如下：

```
var obj = {
    employees: [{"firstName":"Bill", "lastName":"Gates" },
    {"firstName":"George", "lastName":"Bush" },
    {"firstName":"Thomas", "lastName":"Carter"}]
}
 var myJSON = JSON.stringify(obj);
document.getElementById("demo").innerHTML = myJSON;
```

10.3　本地数据存储技术

在 HTML4 的时代，网站应用如果想在浏览器端存储数据，只能借助 Cookie 技术，但是 Cookie 本身有很多限制，如大多数浏览器只支持最大 4096 字节的 Cookie，而且浏览器对每个域名所包含的 Cookie 数量也有限制。这些限制因素，使得 Cookie 只能存储用户名之类的简单数据。

为了解决 Cookie 存储的问题，HTML5 中提供了两种客户端本地数据存储方法，一种是持久性的本地存储(Local Storage)，另一种是会话级别的本地存储(Session Storage)。

10.3.1　Session Storage

sessionStorage 是 HTML5 新增的 JavaScript 对象，主要用于数据的临时存储，数据只在当前浏览器会话期内有效，当用户关闭浏览器窗口后会话结束，数据会自动清除。在 sessionStorage 中，数据以 Key-Value 的形式进行存储，并可以通过表 10-4 列出的方法操作本地数据。

表 10-4　sessionStorage 对象方法

方法名	参　数	描　　述
setItem	Key, Value	添加本地存储数据
getItem	Key	通过 Key 获取相应的 Value
removeItem	Key	通过 Key 删除本地数据
clear	无	清空本地数据

为了更好地理解 sessionStorage 存储，下面通过两个例子说明 sessionStorage 的使用。
【示例 10-7】页面访问次数计数。

```
<!DOCTYPE HTML>
<html>
<body>
  <script type="text/javascript">
    if (sessionStorage.pagecount){
      sessionStorage.pagecount = Number(sessionStorage.pagecount) +1;
    }
    else{
```

```
        sessionStorage.pagecount = 1;
    }
    document.write("Visits " + sessionStorage.pagecount   + " time(s) this session.");
  </script>
  <p>刷新页面会看到计数器在增长。</p>
</body>
</html>
```

上述代码运行后，如果刷新当前页面，会发现计数器在增长，如果关闭浏览器窗口，再重新打开该页面，会发现计数器已经重置了。

【示例 10-8】sessionStorage 方法的使用。

```
<!DOCTYPE html>
<html>
<body>
  <script type="text/javascript">
    sessionStorage.setItem("stuId", "20200001");
    sessionStorage.setItem("stuName", "zhangsan");
    var st = sessionStorage.getItem("stuId");
    alert(st);
    alert(sessionStorage.length);
  </script>
</body>
</html>
```

上述代码很简单，首先调用 sessionStorage.setItem 方法在本地存储 Key 为 stuID 和 StuName 的值，然后使用 getItem 方法获取 Key 为 stuID 的值，最后用 alert 方法输出 Key 为 stuID 的值以及当前浏览器中 sessionStorage 已保存的数据个数。

目前，各大主流浏览器都支持开发者模式，通过快捷键 F12 可以查看 sessionStorage 中的内容。以 Chrome 浏览器为例，按 F12 键后，选择"Application"选项，如图 10-6 所示，可以看到目前 Session Storage 选项中已经有了两条记录。

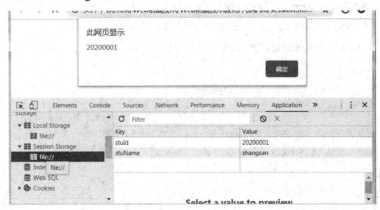

图 10-6　　sessionStorage 方法的使用

10.3.2　Local Storage

localStorage 用于数据的持久化存储，即使关闭浏览器，数据也不会丢失，除非用户自己删除数据。和 sessionStorage 一样，localStorage 也提供了 setItem、getItem、removeItem 以及 clear 等四种方法。

localStorage 持久化存储的特性可用于提升用户体验，例如，最常用的功能是在登录时记住用户密码，将密码保存在 localStorage 中，这样下次登录系统时，输入用户名会自动填充密码。另外，也可以使用 localStorage 存储用户的文章阅读进度或游戏进度，当用户再次登录时，就可以主动提示阅读进度、未读文章数量、载入游戏进度等。下面，以记住登录密码为例说明 localStorage 的使用。

【示例 10-9】使用 localStorage 记住登录名和密码。

```html
<!DOCTYPE html>
<html>
<head>
  <script type="text/javascript" />
    function pageload() {
      var strName = localStorage.getItem("keyName");
      var strPass = localStorage.getItem("keyPass");
      if (strName) {
        document.getElementById("txtName").value = strName;
      }
      if (strPass) {
        document.getElementById("txtPass").value = strPass;
      }
    }
    function btnLogin_click() {
      var strName = document.getElementById("txtName").value
      var strPass = document.getElementById("txtPass").value;
      localStorage.setItem("keyName", strName);
      if (document.getElementById("chkSave").checked) {
        localStorage.setItem("keyPass", strPass);
      } else {
        localStorage.removeItem("keyPass");
      }
      document.getElementById("spnStatus").className = "status";
      document.getElementById("spnStatus").innerHTML = "登录成功！";
    }
  </script>
</head>
```

```
<body onLoad = "pageload();">
  <form id = "frmLogin" action = "#">
    <fieldset>
      <legend>登录</legend>
      <span id="spnStatus"></span>
      名称：<input id = "txtName" type = "text">
      密码：<input id = "txtPass" type = "password">
      <input id="chkSave" type="checkbox">是否保存密码
      <input name = "btnLogin" value = "登录" type = "button" onClick = "btnLogin
      _click();">
      <input name = "rstLogin" type = "reset" value = "取消">
    </fieldset>
  </form>
</body>
</html>
```

上述程序代码首先在页面的 load 事件中调用 localStorage.getItem 方法，检测 localStorage 中是否已经存在键名为 keyName 和 keyPass 的键，如果已经存在，则直接将 keyName 和 keyPass 的值填入登录名和密码文本框。如果在 localStorage 中未检测到 keyName 和 keyPass 键，则在用户点击"登录"按钮后，根据用户选择"是否保存密码选项"，调用 localStorage.setItem 方法保存相关数据，结果如图 10-7 所示。

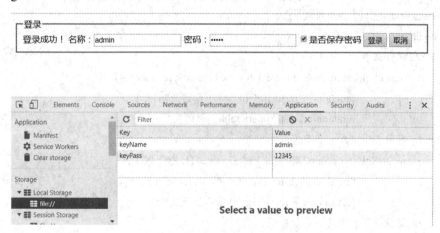

图 10-7　使用 localStorage 记住登录名和密码

10.3.3　WebSQL Database

WebSQL Database 并不是 HTML5 的标准规范，它是基于 sqlite 数据库技术，使用 SQL 操作客户端数据库的 API，支持标准的 SQL CRUD 操作。虽然部分浏览器，如 Chrome 已经实现了相关 API，但是这一标准目前处于废弃状态，没有得到官方认证。这里，我们简单了解一下它的三个核心方法：openDatabase、transaction 和 executeSql。

(1) openDatabase 方法。

openDatabase 方法用于创建数据库，基本语法为：

openDatabase(数据库名，数据库版本号，数据库描述，数据库大小，数据库创建成功的回调)

该方法使用示例代码如下：

```
if (!window.openDatabase) {
    console.log('该浏览器不支持数据库');
    return false;
}
var mydb = openDatabase ('myTeatDB', '1.0', 'this a Web Sql Database', 2*1024*1024,
                    function(){//数据库创建成功的回调函数，可省略}).
```

如上述代码所示，openDatabase 方法返回一个数据库访问对象，当创建的数据库已经存在时，该方法直接打开这个数据库。另外，在定义数据库大小时，需要写成字节形式，例如 2M 大小的数据库，应写成 2*1024*1024。

(2) transaction 方法和 executeSql 方法。

transaction 方法用于创建事务，基本语法为：

transaction(事务回调, 事务执行失败时的回调, 事务执行成功时的回调)

executeSql 方法用来执行具体的数据库操作或查询语句，基本语法为：

executeSql(执行数据库操作的 sql 语句，[参数]，数据库操作执行成功的回调，数据库操作执行失败的回调)

transaction 方法使用示例代码如下：

```
mydb.transaction( function(tx) {
    //创建数据表
    tx.executeSql('create table if not exists table1 (id unique,name)', [],
                function(tx, result){alert('table1 创建成功!'); },
                function(tx, error){alert('table1 创建失败!'); })
    //在数据表中添加一条数据
    tx.executeSql('insert into table1(id, name) values (1, '张三')', [],
                function(tx, result){alert('数据添加成功!');},
                function(tx, error){alert('数据添加失败!');)
    //更新数据库表中的一条数据
    tx.executeSql('updata table1 set name="张三" where id=1', [],
                function(tx,result){alert('数据更新成功!');},
                function(tx, error){alert('数据更新失败!');)
    //查询满足查询条件的数据
    tx.executeSql('select * from table1',[],
                function(tx,result){alert('数据查询成功!');},
                function(tx, error){alert('数据查询失败!');)
    //删除数据表中的一条或多条数据
```

```
        tx.executeSql('delete from table1 where id=1', [],
                function(tx, result){alert('数据删除成功!');},
                function(tx, error){alert('数据删除失败!');)
    //删除一个数据表
    tx.exexcteSql('drop table table1', [],
                function(tx, result){alert('数据表删除成功!');},
                function(tx, error){alert('数据表删除失败!');)
    });
```

总的来说，所有的增查改删操作都需要先创建一个事务，然后在事务对象上执行相关操作。

10.3.4　IndexedDB

由于 WebSQL Database 实际上已经被废弃，所以目前 HTML5 支持的本地存储实际上只包含 Web Storage(Local Storage 和 Session Storage)与 IndexedDB。IndexedDB 允许存储大量数据，并提供查询接口，还能建立索引，这些功能都是 LocalStorage 所不具备的。就数据库类型而言，IndexedDB 不属于关系型数据库(不支持 SQL 查询语句)，更接近 NoSQL 数据库。

相比于 LocalStorage，IndexedDB 有以下特点：

(1) 内部都是采用对象仓库(object store)进行存储，在对象仓库中数据以键值对的形式保存，每一条记录都有对应的主键。

(2) LocalStorage 写入数据是同步的，当写入大量数据时，会使浏览器处于死锁状态，而 IndexedDB 操作都是异步的，不会锁死浏览器。

(3) IndexedDB 支持事务，对于事务中的一系列的数据操作，如果其中有一个操作是失败的，整个事务都将取消，数据库将回滚到事务前的状态。

(4) IndexedDB 受到同源限制，每一个数据库对应创建它的域名，网页只能访问自身域名下的数据库，不能访问跨域的数据库。

(5) IndexedDB 的存储空间比 LocalStorage 大得多，一般来说不少于 250 MB，甚至没有上限。另外，IndexDB 不仅可以存储字符串，还可以存储 ArrayBuffer 对象和 Blob 对象等二进制数据。

IndexedDB API 相对比较复杂，它将不同的实体抽象为若干对象接口。使用 IndexedDB 第一步是打开数据库操作，基本语法为：

```
        var request = window.indexedDB.open(databaseName, version);
```

其中 databaseName 类型为字符串，用于指定数据库的名称，如果数据库不存在，则创建数据库；version 类型为整数，表示数据库的版本，如果省略此参数，打开已有数据库时，默认为当前版本，如果是新建数据库，默认取值为 1。注意同一个时刻，只能有一个版本的数据库存在，如果要修改数据库结构(新增或删除表、索引或者主键)，只能通过升级数据库版本来完成。

与常见的调用方法直接返回结果不同，IndexedDB 中的大部分操作采用的是请求-响应模式。例如，indexedDB.open 方法执行后并不是直接返回一个 DB 对象，而是返回

IDBOpenDBRequest 接口对象，DB 对象需要进一步通过 result 属性获得。另外，IndexedDB 中的大部分操作都是异步的，所以并不是指令执行完就可以使用 request.result 来获取 indexedDB 对象，一般都是在事件回调函数中进行处理。IDBOpenDBRequest 接口对象提供 error、success、upgradeneeded 事件，处理打开数据库后的各种操作。

在创建或打开数据库后，下一步是建立表，然后向表中插入数据。在 IndexedDB 中，表使用对象存储空间 ObjectStore 来代替，存储空间中的对象就相当于表中插入的数据。在上一步打开数据库的 onsuccess 事件中可以获得 IDBDatabase 对象，创建存储空间就是调用该对象的 createObjectStore 方法实现的。

在 objectStore 中，既可以使用每条记录中的某个指定字段作为键值(keyPath)，也可以使用自动生成的递增数字作为键值(keyGenerator)，也可以不指定。选择键的类型不同，objectStore 可以存储的数据结构也有差异，表 10-5 给出了不同键类型和存储数据之间的关系。

表 10-5　键类型和存储数据

键类型	存 储 数 据
不使用	任意值，但是每添加一条数据时需要指定键参数
keyPath	Javascript 对象，对象必须有一属性作为键值
keyGenerator	任意值
都使用	Javascript 对象，如果对象中有 keyPath 指定的属性则不生成新的键值，如果没有则自动生成递增键值，填充 keyPath 指定属性

另外，数据记录的读写和删改，都要通过事务完成，且需要指定事务包含哪些 object store。事务对象提供 error、abort 和 complete 三个事件，用来监听操作结果。事务包含三种模式：IDBTransaction.READ_ONLY，不能修改数据库中数据，可以并发执行；IDBTransaction.READ_WRITE，可以进行读写操作；IDBTransaction.VERSION_CHANGE，版本变更。

下面给出完整示例，说明如何在 IndexedDB 数据库 university 的对象存储空间 students 中增查改删数据。

【示例 10-10】IndexedDB 数据库操作。

```
<!DOCTYPE html>
<html>
<head>
  <meta charset="utf-8" />
</head>
<body>
  <script>
    var myDB={
      name:'univisity',version:1,db:null,
      ojstore:{
```

```
        name:'students',      //存储空间表的名字
        keypath:'id'          //主键
    }
};
var INDEXDB = {
    indexedDB:window.indexedDB||window.webkitindexedDB,
    IDBKeyRange:window.IDBKeyRange || window.webkitIDBKeyRange,      //键范围
    openDB:function(dbname,dbversion,callback){
        //建立或打开数据库，建立对象存储空间 ObjectStore
        var self = this;
        var version = dbversion || 1;
        var request = self.indexedDB.open(dbname,version);
        request.onerror = function(e){
            console.log(e.currentTarget.error.message);
        };
        request.onsuccess = function(e){
            myDB.db = e.target.result;
            console.log('成功建立打开数据库:'+myDB.name+'version'+dbversion);
        };
        request.onupgradeneeded=function(e){
            var db=e.target.result,transaction= e.target.transaction,store;
            //没有该对象空间时创建该对象空间
            if(!db.objectStoreNames.contains(myDB.ojstore.name)){
                store = db.createObjectStore(myDB.ojstore.name,{keyPath:myDB.ojstore.key
                path});
                console.log('成功建立对象存储空间： '+myDB.ojstore.name);
            }
        }
    },
    deletedb:function(dbname){
        //删除数据库
        var self = this;
        self.indexedDB.deleteDatabase(dbname);
        console.log(dbname+'数据库已删除')
    },
    closeDB:function(db){
        //关闭数据库
        db.close();
        console.log('数据库已关闭')
```

```
    },
    addData:function(db,storename,data){
      //添加数据，重复添加会报错
      var store = db.transaction(storename,'readwrite').objectStore(store name);
      for(var i = 0 ; i < data.length;i++){
        request = store.add(data[i]);
        request.onerror = function(){
          console.error('add 添加数据库中已有该数据')
        };
        request.onsuccess = function(){
          console.log('add 添加数据已存入数据库')
        };
      }
    },
    putData:function(db,storename,data){
      //添加数据，重复添加会更新原有数据
      var store = db.transaction(storename,'readwrite').objectStore(store name);
      for(var i = 0 ; i < data.length;i++){
        request = store.put(data[i]);
        request.onerror = function(){
          console.error('put 添加数据库中已有该数据')
        };
        request.onsuccess = function(){
          console.log('put 添加数据已存入数据库')
        };
      }
    },
    getDataByKey:function(db,storename,key){
      //根据存储空间的键找到对应数据
      var store = db.transaction(storename,'readwrite').objectStore(storename);
      var request = store.get(key);
      request.onerror = function(){
        console.error('getDataByKey error');
      };
      request.onsuccess = function(e){
        var result = e.target.result;
        console.log('查找数据成功')
        console.log(result);
      };
```

```
        },
        deleteData:function(db,storename,key){
            //删除某一条记录
            var store = store = db.transaction(storename,'readwrite').objectStore(store name);
            store.delete(key)
            console.log('已删除存储空间'+storename+'中'+key+'记录');
        },
        clearData:function(db,storename){
            //删除存储空间全部记录
            var store = db.transaction(storename,'readwrite').objectStore(storename);
            store.clear();
            console.log('已删除存储空间'+storename+'全部记录');
        }
    }
    var students=[{id:1001,name:"Byron",age:24},
                  {id:1002,name:"Frank",age:30},
                  {id:1003,name:"Aaron",age:26}];
    INDEXDB.openDB(myDB.name,myDB.version);
    setTimeout(function(){
        console.log('***************添加数据**************');
        INDEXDB.addData(myDB.db,myDB.ojstore.name,students);
        // console.log('**************add 重复添加**************');
        // INDEXDB.addData(myDB.db,myDB.ojstore.name,students);
        // console.log('**************put 重复添加**************');
        // INDEXDB.putData(myDB.db,myDB.ojstore.name,students);
        // console.log('***************获取数据 1001************');
        // INDEXDB.getDataByKey(myDB.db,myDB.ojstore.name,1001);
        // console.log('***************删除数据 1001************');
        // INDEXDB.deleteData(myDB.db,myDB.ojstore.name,1001);
        // console.log('***************删除全部数据***********');
        // INDEXDB.clearData(myDB.db,myDB.ojstore.name);
        // console.log('***************关闭数据库***********');
        // INDEXDB.closeDB(myDB.db);
        // console.log('***************删除数据库***********');
        // INDEXDB.deletedb(myDB.name);
    },1000)
    </script>
</body>
</html>
```

上述代码首先打开/创建数据库 university，然后在 onupgradeneeded 事件中创建一个对象空间，接下来就可以执行添加、修改、查询、删除等操作。由于 IndexedDB 是异步的，所以在执行操作前，需要使用 setTimeout 等待一定时间后再执行操作。另外，上面的程序只执行了添加数据的操作，如果要测试其他操作，把前面的注释符号删除即可，程序运行结果如图 10-8 所示。

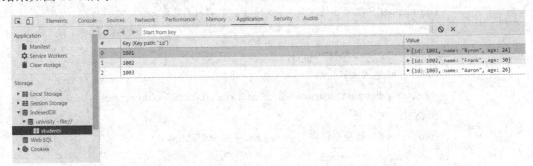

图 10-8　IndexedDB 数据库操作

10.4　离线应用和客户端缓存

离线 Web 应用指设备在没有联网的情况下仍然能运行的应用，HTML5 支持离线 Web 应用开发，包括离线状态检测、应用缓存等。

10.4.1　离线状态检测

HTML5 使用 navigator.onLine 属性判断设备在线状态，该属性是一个只读属性，它返回一个 Boolean 值，其中 true 表示设备处于在线状态，false 表示设备处于离线状态。

虽然 navigator.onLine 属性可以检测设备状态，但是该属性是被动的，需要设备不断查询离线状态。为了让设备状态发生改变时，能主动对状态信息进行触发，HTML5 还定义了两个事件：online 和 offline。其中 online 事件是网络从离线状态变为在线状态时触发，而 offline 事件正好相反，在网络从在线状态变为离线状态时触发。这两个事件都是在 window 对象上触发的，为了检测应用是否离线，在页面加载后，最好先通过 navigator.onLine 取得初始状态，然后通过上述两个事件来确定网络连接状态是否变化，下面给出示例代码。

【示例 10-11】设备在线/离线状态检测。

```
<!DOCTYPE html>
<html>
<body>
    <p>你现在的状态是:<script>document.write(navigator.onLine ? "在线" : "离线
");</script></p>
    <script>
        window.addEventListener('online',function(){alert("在线时触发");});
        window.addEventListener('offline',function(){alert("离线时触发");});
```

```
    </script>
  </body>
</html>
```

10.4.2　应用缓存

HTML5 应用缓存，即 Application Cache，是从浏览器的缓存中分出来的一块缓存区。可以使用一个描述文件(manifest file)列出要下载和缓存的资源，这样就能在缓存区中保存数据了。

要使用 application cache，首先需要定义缓存清单文件 manifest，该文件是一个采用 UTF-8 编码方式编码的文本文件，目的是告诉浏览器需要缓存哪些资源描述文件。例如，定义一个缓存描述文件 offline.appcache，内容如下：

```
CACHE MANIFEST
CACHE:
# 这部分写需要缓存的资源文件列表，可以是相对路径也可以是绝对路径
index.html
index.css
images/logo.png
js/main.js
NETWORK:
# 可选，这一部分是要绕过缓存直接读取的文件
login.php
FALLBACK:
# 可选，这部分是当访问缓存失败后，备用访问的资源，每行定义两个文件，第一个是访问源，
第二个是替换文件
*.html /offline.html
```

创建缓存描述文件后，需要在 Web 页面中进行引用，其基本形式为：<html manifest = "offline.appcache"></html>。其中文件后缀名可以自定义，早期大多使用.manifest，现在推荐使用.appcache。

另外，务必在 Web 服务器上配置正确的 MIME-type，即"text/cache-manifest"。以 apache 服务器为例，在 apache 安装目录下找到 httpd.conf 文件，添加 AddType text/cache -manifest .appcache 后，就可以在应用程序中使用 application cache。

一旦应用被缓存，它就会保持缓存直到发生下列情况：用户清空浏览器缓存、manifest 缓存清单文件被修改或 JavaScript 程序强制更新应用缓存。当浏览器发现 manifest 文件本身发生变化时，便会根据新的 manifest 文件去获取新的资源进行缓存；当 manifest 文件列表内容没有发生变化时，如果想更新缓存，可以通过修改 manifest 注释的方式来改变文件。JavaScript 提供了 applicationCache 对象，通过该对象的操作也能实现缓存的强制更新。

applicationCache 是 window 对象的直接子对象。该对象有一个 status 属性，用于返回缓存的状态，属性值为常量，具体代表意义如下：0 表示无缓存，即没有与页面相关的应

用缓存；1 表示闲置，即应用缓存未得到更新；2 表示检查中，即正在下载描述文件并检查更新；3 表示下载中，即应用缓存正在下载描述文件中指定的资源；4 表示更新完成，即应用缓存已经更新了资源，而且所有资源都已下载完毕，可以通过调用 swapCache 方法使用了；5 表示废弃，即应用缓存的描述文件已不存在，页面无法再访问应用缓存。

可绑定在 applicationCache 对象上的事件有很多，表 10-6 列出了相关事件。

表 10-6　applicationCache 对象事件

事件名	描　　述
checking	当检查更新时或者第一次下载 manifest 列表时触发
noupdate	当检查到 manifest 列表文件不需要更新时触发
downloading	第一次下载或更新 manifest 列表文件时触发
progress	Downloading 事件只触发一次，Progress 事件则在清单文件下载过程中周期性触发
cached	当 manifest 列表文件下载完毕及成功缓存后触发
updateready	缓存列表文件已经下载完毕，可通过重新加载页面读取缓存文件或者通过 swapCache 方法切换到新的缓存文件触发，常用于本地缓存更新后的提示
obsolete	访问 manifest 缓存文件返回 HTTP404 错误(页面未找到)或者 410 错误(永久消失)时触发
error	在以下情况下触发：(1) 已经触发 obsolete 事件；(2) manifest 文件没有改变，但缓存文件中存在文件下载失败；(3) 获取 manifest 资源文件时发生致命错误；(4) 当更新本地缓存时，manifest 文件再次被更改

applicationCache 对象的方法有 3 个，分别是 update 方法、swapCache 方法和 abort 方法。其中 update 方法调用后，应用缓存回去检查描述文件是否更新，触发 checking 事件，然后页面会像刚加载一样，继续执行后续操作。如果触发 cached 事件，说明应用缓存已经准备就绪，不会再发生其他操作。如果触发 updateready 事件，说明新版本的应用缓存已经可用，需要调用 swapCache 方法来启用新的应用缓存。abort 方法表示取消正在进行的缓存下载。下面的代码片段常用于缓存更新：

```
var appCache = window.applicationCache;
appCache.update();        //尝试更新缓存
...
if (appCache.status == window.applicationCache.UPDATEREADY) {
        appCache.swapCache();        //更新成功后，切换到新的缓存
}
```

习　　题

一、选择题

1. 下列选项不是 HTML5 特有的存储类型的是(　　　　)。

A. localStorage   B. Cookie

C. Application Cache   D. sessionStorage

2. 本地存储用到的键名只能是(　　　　)。

A. 唯一的　　　　　　　B. 多样性的　　　　　　C. 可变的　　　　　　　D. 无所谓

3. 下列读取 localStorage 数据的方法，正确的是(　　　　)。

A. localStorage.getItem("键值");　　　　　　B. localStorage.getItem("键名");

C. localStorage.loadItem("键值");　　　　　　D. localStorage.loadItem("键名");

4. 下列保存 sessionStorage 数据的方法，正确的是(　　　　)。

A. sessionStorage.setItem("键名","键值");

B. sessionStorage.saveItem("键名","键值");

C. sessionStorage.setItem("键值","键名");

D. sessionStorage.saveItem("键值","键名");

5. 编写 manifest 文件中的注释是(　　　　)。

A. 以//开头的单行注释　　　　　　　　B. 以#开头的单行注释

C. 以<!-- -->的多行注释　　　　　　　　D. 以/* */ 的多行注释

6. 微软 IIS 服务器中配置 manifest 文件时，在打开的 MIME 内容类型文本框中应输入
(　　　　)。

A. text/manifest　　　　　　　　　B. text/cache-manifest

C. text/manifest-cache　　　　　　　D. text/local-manifest

7. Blob 对象中的 type 属性表示文件的(　　　　)。

A. 文件名　　　　　B. 文件大小　　　　　C. 图片格式　　　　　D. MIME 类型

8. FileReader 对象可使用(　　　)方法把图片显示出来。

A. readAsBinaryString　　　　　　　B. readAsText

C. readAsDateURL　　　　　　　　　D. readAsArrayBuffer

9. 为了使元素可拖动，要把(　　　　)属性设置为 true。

A. Editable　　　　B. Draggable　　　　C. Contenteditable　　　D. multiple

10. 以下关于 FileReader 说法错误的是(　　　　)。

A. readAsText 方法有三个参数，其中第二个参数是文本的编码方式，默认值为 UTF-8

B. readAsBinaryString 方法将文件读取为二进制字符串

C. onabort 事件在数据读取中断时触发

D. onload 事件在数据读取成功时触发

二、填空题

1. 在 HTML5 中，通过添加_____属性，允许 file 控件一次选择多个文件。其中
每一个文件都是一个 file 对象，_____对象则为这些 file 对象的列表，代表用户选择的
所有文件。

2. 通过 file 对象的属性，可以获取文件的信息，其中_____属性用来获取不包括路径
的文件名，_____属性用来获取以字节为单位的文件大小，type 属性返回文件的_____
类型，_____属性表示文件最后一次修改时间。

3. FileReader 接口提供三种方法读取文件，其中将文件读取为文本的方法是
_____，将文件读取为二进制字符串的方法是_____。

4. 要拖放一个元素，需要设置该元素的_____属性为 true。

5. _____是一种独立于语言和平台的轻量级纯文本数据交换格式，最基本的数据是_____形式。

6. HTML5 中提供了两种在客户端本地存储数据的方法，分别是_____和_____。

三、简答题

1. 简述并举例说明常用 JSON 数据格式。

2. 简述 HTML5 中的本地存储概念，并举例说明如何在本地存储中添加和移除数据。

3. 简述并举例说明 HTML5 中的本地数据存储方法。

4. 简述 HTML5 应用缓存中缓存描述文件的基本格式。

第 11 章　HTML5 网络通信与多线程

本章概述

　　本章主要学习 HTML5 中网络通信与多线程技术，包括 WebSocket、XMLHttpRequest、Web Worker 多线程。通过简单实例的演示，读者能够快速掌握 HTML5 中各类网络通信与多线程操作。图 11-1 是本章的学习导图，读者可以根据学习导图中的内容，从整体上把握本章学习要点。

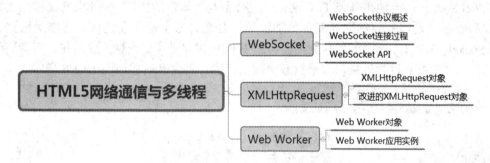

图 11-1　"HTML5 网络通信与多线程"学习导图

11.1　WebSocket

11.1.1　WebSocket 协议概述

　　在传统的 TCP/IP 网络编程中，可以使用 Socket 接口建立网络连接，实现客户端与服务器之间的数据传输。Socket 其实并不是一个协议，它是为了方便使用 TCP 或 UDP 而抽象出来的一层，是位于应用层和传输控制层之间的一组接口。Socket 把复杂的 TCP/IP 协议族隐藏在 Socket 接口后面，对用户来说，并不需要了解 TCP/IP 的具体细节，通过一组简单的接口，就能够实现数据传输与交换。

　　在 Web 开发环境下，浏览器与服务器之间主要以 HTTP 协议进行连接，由 HTTP 客户端发起一个请求，创建一个到服务器指定端口(默认是 80 端口)的 TCP 连接。HTTP 服务器在指定端口监听客户端的请求，一旦收到请求，服务器会向客户端返回一个状态，如 "HTTP/1.1 200 OK"，以及返回的内容，如请求的文件、错误消息或者其他信息。但是，HTTP 协议是非持久化的单向网络协议，在建立连接后只允许浏览器向服务器发出请求后，服务器才能返回相应的数据，其交互过程如图 11-2 (a)所示。

对于网站上的即时通信开发，如网页 QQ、多人在线聊天系统等，需要维持客户端与服务端的实时通信。在 WebSocket 前，通常采用 AJAX 轮询和 Long Polling 长轮询技术。其中 AJAX 轮询实质上是定时发送请求，即在特定的时间间隔内(如 1 秒)，由浏览器向服务器发送 Request 请求，然后将最新的数据返回给浏览器，这样可以保证服务器端一旦有最新消息，就可以被客户端获取。这种模式带来的缺点很明显，即浏览器需要不断地向服务器发出请求，由于 HTTP 请求一般包含较长的头部，其中真正有效的数据可能只是很小的一部分，每一次请求应答，都浪费了一定流量在相同的头部信息上，显然会浪费很多的带宽资源。

另外一种技术是 Long Polling 长轮询，它在客户端和浏览器之间保持一个长连接。客户端发起一个 Long Polling，服务器端如果没有数据要返回的话，会 hold 住请求，等到有数据，才会返回给客户端。当客户端需要再次连接时，又会发起一次 Long Polling，再重复一次上面的过程。这本质上也是个循环的过程，服务端处于被动状态，在高并发的情况下，服务器端压力很大。

WebSocket 是一种在单个 TCP 连接上进行全双工通信的协议。WebSocket 的出现使客户端和服务器之间的数据交换变得更加简单，且允许服务端主动向客户端推送数据。在 WebSocket 中，只需要服务器和浏览器通过 HTTP 协议进行一个握手的动作，两者之间就直接可以创建持久性的连接，并进行双向数据传输，其交互过程如图 11-2(b)所示。

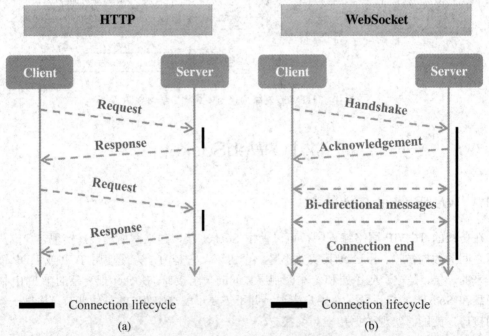

图 11-2　HTTP 与 WebSocket 协议下的浏览器与服务器交互过程

相对于传统 HTTP 每次请求-应答都需要客户端与服务端建立连接的模式，WebSocket 是类似 Socket 的 TCP 长连接的通讯模式，一旦 WebSocket 连接建立后，后续数据都以帧序列的形式传输。在客户端断开 WebSocket 连接或 Server 端断掉连接前，不需要客户端和服务端重新发起连接请求。在海量并发及客户端与服务器交互负载流量大的情况下，WebSocket 极大地节省了网络带宽资源的消耗，有明显的性能优势，且客户端发送和接收消息是在同一个持久连接上发起,实时性优势明显。

11.1.2 WebSocket 连接过程

为了建立一个 WebSocket 连接,客户端浏览器首先要向服务器发起一个 HTTP 握手请求,这个请求和通常的 HTTP 请求不同,它包含了一些附加头信息,其中附加头信息 Upgrade: WebSocket 表明这是一个申请协议升级的 HTTP 请求,服务器端解析这些附加的头信息后产生应答信息返回给客户端,这样客户端和服务器端的 WebSocket 连接就建立起来,双方就可以通过这个连接通道自由地传递信息,并且这个连接会持续存在直到客户端或者服务端的某一方主动关闭连接。

下面给出一个典型的 WebSocket 握手请求,客户端请求示例如下:

GET / HTTP/1.1

Host: localhost:8080

Origin: http://127.0.0.1:3000

Connection: Upgrade

Upgrade: websocket

Sec-WebSocket-Version: 13

Sec-WebSocket-Key: w4v7O6xFTi36lq3RNcgctw==

可以看到,报文采用的是标准的 HTTP 格式,且只支持 GET 方法。其中 Connection: Upgrade 表示要升级协议,Upgrade: websocket 表示升级到 WebSocket 协议,Sec-WebSocket-Version : 13 表示 websocket 的版本,如果服务端不支持该版本,需要返回一个 Sec-WebSocket-Version header,里面包含服务端支持的版本号。Sec-WebSocket-Key 与后面服务端响应首部的 Sec-WebSocket-Accept 是配套的,提供基本的防护,比如阻止恶意的连接或者无意的连接。Origin 字段是可选的,通常用来表示在浏览器中发起此 Websocket 连接所在的页面,类似于 Referer。但与 Referer 不同的是,Origin 只包含了协议和主机名称。

上面请求省略了部分非重点请求首部。由于是标准的 HTTP 请求,类似 Host、Origin、Cookie 等请求首部会照常发送。在握手阶段,可以通过相关请求首部进行安全限制、权限校验等。

服务端负责响应协议升级,返回报文示例如下:

HTTP/1.1 101 Switching Protocols

Connection:Upgrade

Upgrade: websocket

Sec-WebSocket-Accept: Oy4NRAQ13jhfONC7bP8dTKb4PTU=

其中,状态代码 101 表示协议切换,即完成协议升级,后续的数据交互都按照 WebSocket 协议。Sec-WebSocket-Accept 的值是根据客户端请求首部的 Sec-WebSocket-Key 通过特定算法计算出来的。经过这样的请求-响应处理后,客户端与服务端的 WebSocket 连接握手成功,后续就可以进行 TCP 通信。

实际通信过程中,WebSocket 客户端与服务端数据传输的最小单位是帧(frame),由 1 个或多个帧组成一条完整的消息(message)。其中客户端的主要任务是将消息切割成多个帧,并发送给服务端。服务端作为接收端，接收消息帧，并将关联的帧重新组装成完整的消息。一旦 WebSocket 客户端与服务端建立连接，后续的操作都是基于数据帧进行传递。关于数据帧的格式和数据传递过程这就不详细描述了，有兴趣的读者可以通过网络资源开展进一步地学习。

11.1.3　WebSocket API

WebSocket API 是 HTML5 标准的一部分，但这并不代表 WebSocket 一定要用在 HTML5 中，或者只能在基于浏览器的应用程序中使用。实际上，许多语言、框架和服务器都提供了 WebSocket 支持。

WebSocket 的实现分为客户端和服务端两部分。目前，WebSocket 服务端在各个主流应用服务器厂商中已获得符合 JSR356 标准规范 API 的支持，通过使用 javax.websocket.*的 API，可以将一个普通 Java 对象(POJO)使用@ServerEndpoint 注释作为 WebSocket 服务器端，框架代码如下：

```
@ServerEndpoint("/echo")
public class EchoEndpoint {
@OnOpen
public void onOpen(Session session) throws IOException {    //以下代码省略...}
@OnMessage
public String onMessage(String message) {    //以下代码省略...}
@Message(maxMessageSize=6)
public void receiveMessage(String s) {    //以下代码省略...}
@OnError
public void onError(Throwable t) {    //以下代码省略...}
@OnClose
public void onClose(Session session, CloseReason reason) {    //以下代码省略...}
    }
```

上述代码建立了一个 WebSocket 的服务端，@ServerEndpoint("/echo")的 annotation 注释端点表示将 WebSocket 服务端运行在 ws://[Server 端 IP 或域名]:[Server 端口]/websockets/echo 的访问端点。

@onMessage 注释的 Java 方法用于接收传入的 WebSocket 信息，这个信息可以是文本格式，也可以是二进制格式。OnOpen 表示在新的连接建立时被调用，参数 Session 表示两个 WebSocket 端点对话连接的另一端，可以理解为类似 HTTPSession 的概念。OnClose 在连接被终止时调用，参数 closeReason 用于封装细节，如为什么一个 WebSocket 连接关闭。

更高级的定制如@Message 注释，其中 MaxMessageSize 属性可以被用来定义消息字节的最大限制，在上述代码中，如果超过 6 个字节的信息被接收，就报告错误且连接关闭。

客户端 WebSocket API 已经在各个主流浏览器厂商中实现了统一，使用标准 HTML5 定义的 WebSocket 客户端的 JavaScript API 即可，代码示例如下：

```
var ws = new WebSocket("ws://echo.websocket.org");
ws.onopen = function(){ws.send("Test!"); };
```

```
ws.onmessage = function(evt){console.log(evt.data);ws.close();};
ws.onclose = function(evt){console.log("WebSocketClosed!");};
ws.onerror = function(evt){console.log("WebSocketError!");};
```

其中 WebSocket 对象作为一个构造函数,用于新建 WebSocket 实例,其参数是需要连接服务器端的地址,同 HTTP 协议开头一样,WebSocket 协议的 URL 使用 ws://开头,安全的 WebSocket 协议使用 wss://开头。

WebSocket 对象创建实例后,可以通过 open、message、error、close 四个事件实现对 Socket 的响应。其中 open 事件在浏览器和 WebSocketServer 连接成功后触发。message 事件在客户端接收服务端数据时触发,参数 evt 中包含 Server 端传输过来的数据,可以通过 evt.data 获取数据。error 事件在通信发生错误时触发。close 事件在浏览器接收到 WebSocketServer 端发送的关闭连接请求时触发。注意上述所有操作都是采用异步回调的方式触发,这样不会阻塞 UI,可以获得更快的响应时间,更好的用户体验。

11.2　XMLHttpRequest

11.2.1　XMLHttpRequest 对象

XMLHttpRequest 称为可扩展的超文本传输请求,英文缩写为 XHR。XHR 可以在不刷新页面的情况下更新网页中的某个部分,能够在页面加载后从服务器请求或接收数据,此外它还能够在后台向服务器发送数据。微软早在 IE5 浏览器中就引进了 XMLHttpRequest 接口,随后这一技术在 AJAX 中得到了广泛的应用。HTML5 规范发布后,W3C 开始考虑标准化这个接口,并于 2008 年 2 月提出了 XMLHttpRequest Level 2 草案。

在 Level 1 版本中,XMLHttpRequest 对象的使用比较简单,一般包括新建对象实例、向远程主机发送 HTTP 请求、等待远程主机做出回应等操作,代码片段如下:

```
var xhr = new XMLHttpRequest();  //新建对象实例
xhr.open('GET', 'example.jsp');  //向服务器发送 HTTP 请求
xhr.send();
xhr.onreadystatechange = function(){
  if ( xhr.readyState == 4 && xhr.status == 200 ) {
    console.log( xhr.responseText );
  } else {
    console.log( xhr.statusText );
  }
};
```

向服务器发送请求使用 open 方法,基本语法为:open(method, url, async),其中参数 method 表示请求类型,可取值 GET 或者 POST。GET 请求主要用于获取服务器端的数据,请求的数据会附在 URL 之后,以"?"符号分隔 URL 和传输的数据,多个参数使用"&"符号连接。由于 GET 请求只是获取服务器端的数据,不会对服务器的数据做更改,所以被

认为是安全的请求方式。如果涉及用户登录这一类包含用户隐私信息的情况，则不适合使用 GET 请求，因为数据附加在 URL 后面，很容易被截取，从而获得用户隐私信息。需要向服务器发送大量数据，或者发送包含未知字符的用户输入时，需要使用更加安全和可靠的 POST 方法。参数 url 表示服务器端处理文件。参数 async 是一个布尔值，取值为 true 表示异步，取值为 false 表示同步。XMLHttpRequest 对象如果用于 AJAX 的话，async 参数必须设置为 true，这样 JavaScript 可以执行其他脚本，无须等待服务器的响应。

将请求发送到服务器还需要调用 send 方法，对于 GET 请求，无须给出参数，直接调用 send()即可，而对于 POST 请求，需要给出要发送到服务器端的字符串信息，同时调用 setRequestHeader 方法，向请求添加 HTTP 头，示例代码如下：

```
xhr .open('POST', 'example.jsp', true);
xhr.setRequestHeader("Content-type", "application/x-www-form-urlencoded");
xhr.send("name=zhangsan&pwd=123456");
```

请求发送到服务端后，服务端会对请求做出响应，客户端则需要执行基于响应的任务。一个完整的 HTTP 响应由状态码、响应头集合和响应主体组成。在 XHR 中有两个重要属性可以获取服务端响应信息，一个是 readyState 属性，用来获得 XMLHttpRequest 对象的状态，取值从 0 到 4，0 表示请求未初始化，1 表示服务器连接已建立，2 表示请求已接收，3 表示请求处理中，4 表示请求已完成且响应已就绪。另一个是 status 属性，表示服务器对请求返回的状态码信息，其中 200 表示请求成功，401 表示请求授权失败，404 表示未找到页面，500 表示服务器产生内部错误。

每当 readyState 属性发生改变时，就会触发 readystatechange 事件，如果 readyState 等于 4 并且 status 属性等于 200，使用 responseText 属性输出服务器返回的文本数据，否则使用 statusText 属性输出服务器返回的状态文本。如果来自服务器的响应是 XML，而且需要对 XML 对象进行解析，可使用 responseXML 属性，返回 XML 形式的响应数据。

在 Level 1 版本中，XMLHttpRequest 对象的功能有一定的局限性，表现为：

(1) 只支持文本数据的传送，无法用来读取和上传二进制文件。

(2) 传送和接收数据时，没有进度信息，只能提示有没有完成。

(3) 受到"同域限制"(Same Origin Policy)，只能向同一域名的服务器请求数据。

11.2.2　改进的 XMLHttpRequest 对象

HTML5 发布了 XMLHttpRequest Level 2 规范，Level 2 版本对 Level 1 进行了改进，新增了一些功能。

为了解决响应事件长的问题，增加了 timeout 属性，用来设置 HTTP 请求的时限。例如，xhr.timeout = 3000;，表示将最长等待时间设为 3000 毫秒，过了这个时限，就自动停止 HTTP 请求，并触发 timeout 事件，如 xhr.ontimeout = function(event){console.log('请求超时！');}。

另外，Level 2 版本新增了 FormData 对象，该对象既可以用来获取网页表单的值，也可以添加自定义的表单项，代码片段如下：

```
var form = document.getElementById('myform');
var formData = new FormData(form);
```

```
formData.append('username', 'zhangsan');
formData.append('id', 123456);
xhr.open('POST', form.action);
xhr.send(formData);
```

上述代码首先获取表单对象，然后新建一个 FormData 对象，将表单值作为参数传递给 FormData 对象。当然，也可以使用 append 方法为 FormData 对象添加自定义表单项。最后，直接传送这个 FormData 对象，这与提交网页表单的效果完全一样。

FormData 对象不仅可以发送文本信息，还可以上传文件，示例代码如下：

```
var formData = new FormData();
for (var i = 0; i < files.length; i++) {
    formData.append('files[]', files[i]);
}
xhr.send(formData);
```

新版本的 XMLHttpRequest 对象，可以向不同域名的服务器发出 HTTP 请求，这叫作"跨域资源共享"(Cross-origin resource sharing，简称 CORS)。使用"跨域资源共享"的前提是浏览器必须支持这个功能，而且服务器端必须同意这种跨域。如果满足上面的条件，代码的写法与不跨域的请求完全一样。

XMLHttpRequest 对象支持的另一重要特性是从服务器端获取二进制数据。在 HTML5 之前，开发者需要通过 XMLHttpRequest 对象的 overrideMimeType 方法来重载所获取数据的 MIME Type 类型，将所获取数据的字符编码修改为自定义类型。虽然上述方法能获取二进制数据，但 XMLHttpRequest 对象的 responseType 属性值返回的并不是原始的二进制数据，而是由这些数据组成的字符串。

在 HTML5 中，XMLHttpRequest 对象新增了 responseType 属性和 response 属性。其中 responseType 属性用于指定服务器端返回的数据类型，属性值包括 text、arraybuffer、blob、json 或 document，默认取值 text。response 属性根据 responseType 属性值返回对应的服务端响应数据，示例代码如下：

```
var xhr = new XMLHttpRequest();
xhr.open('GET', '/path/to/image.png');
xhr.responseType = 'blob';
var blob = new Blob([xhr.response], {type: 'image/png'});
```

上述代码将 responseType 设为 blob，接收数据的时候，用浏览器自带的 Blob 对象就可以。

另外，在传送数据时，新版 XMLHttpRequest 对象还提供了 progress 事件，用来返回进度信息。根据上传和下载不同情况，上传的 progress 事件属于 XMLHttpRequest.upload 对象，下载的 progress 事件属于 XMLHttpRequest 对象，示例代码如下：

```
xhr.onprogress = updateProgress;
xhr.upload.onprogress = updateProgress;
function updateProgress(event) {
    if (event.lengthComputable) {
```

```
        var percentComplete = event.loaded / event.total;
    }
}
```

updateProgress 是 progress 事件中的回调函数，在该函数中，event.total 表示需要传输的总字节，event.loaded 表示已经传输的字节。如果 event.lengthComputable 不为真，则 event.total 等于 0。

11.3 Web Worker

11.3.1 Web Worker 对象

正常情况下，页面中的 HTML 代码和 JavaScript 脚本是按照顺序解释执行的。因此，如果 JavaScript 脚本运行需要较长的时间，可能会导致页面处于不可响应的状态，直到脚本执行完成为止，产生不好的用户体验。

为了解决这一问题，HTML 5 提供了 Web Worker 对象。Web Worker 是运行在后台的 JavaScript，这样使得需要长时间运行的 JavaScript 脚本和需要与用户交互的脚本之间不互相干扰。不过，启动一个 Web Worker 对象所耗费的性能成本和维护一个 Web Worker 实例所需的内存成本都比较高，因此一般只用于需要长期运行的后台运算，不建议频繁的创建和销毁 Web Worker 对象。

在创建 Web Worker 对象之前，一般需要检测浏览器对该 Worker 的支持情况，示例代码如下：

```
if (typeof(Worker) !== "undefined"){
    console.log("浏览器支持 Web Worker！");
} else {
    console.log("浏览器不支持 Web Worker！");
}
```

接下来，在外部 JavaScript 中创建 worker 线程，命名为 workerTest.js，子线程监听 message 事件，当收到主线程发来的数据时，调用 postMessage 方法向主线程发送信息，示例代码如下：

```
self.addEventListener('message', function (e) {
    self.postMessage('You said: ' + e.data);
}, false);
```

此处 self 代表子线程自身，也可以将 self 替换为 this。另外需要注意的是，Web Worker 线程通常不用于如此简单的脚本，而是用于更耗费 CPU 资源的任务。

Web Worker 子线程文件定义后，就可以在主线程中使用 Worker 构造函数进行调用，构造函数的参数就是上面定义的 Worker 子线程文件。由于 Worker 不能读取本地文件，因此这个脚本必须来自网络，在进行测试的时候，需要将文件部署在服务器端。调用构造函数创建 Worker 线程后，就可以在主线程调用 postMessage 方法，向 Worker 子线程发送消息。

另外，主线程也可以在 message 事件中监听子线程发送来的消息，示例代码如下：

```
var worker=new Worker('worker.js');
worker.postmessage("Hello worker");
worker.onmessage = function(event) {
        console.log('Received message ' + event.data);
        worker.postMessage('Work done!');
        worker.terminate();
}
```

上面代码中，事件对象的 data 属性可以获取 Worker 发来的数据。Worker 完成任务后，在主线程中调用 terminate 方法关闭 Worker 线程。

11.3.2　Web Worker 应用实例

计算一定范围内所有素数需要耗费大量的时间，因此不适合在网页的主线程中直接进行计算，可以将计算过程放在 Web Worker 子线程中进行，计算后将结果传输到显示在主线程页面中。

【示例 11-1】使用 Web Worker 计算指定范围内的所有素数。

页面主线程代码如下：

```
<!DOCTYPE html>
<html>
<head>
  <meta charset="UTF-8">
</head>
<body>
  Start Number：<input type="text" id="start" name="start"/><br/>
  End Number：<input type="text" id="end" name="end"/><br/>
  <input type="button" value="Calculate" onclick="cal();"/>
  <table id="show"></table>
  <script>
    var cal = function(){
        var start = parseInt(document.getElementById("start").value);
        var end = parseInt(document.getElementById("end").value);
        if (start >= end){return;}
        var cal = new Worker("worker.js");
        //定义需要提交给 Worker 线程的数据
        var data = {start : start, end : end};
        //向 Worker 线程提交数据
        cal.postMessage(JSON.stringify(data));
        cal.onmessage = function(event){
```

```
            var table = document.getElementById("show");
            //清空该表格原有的内容
            table.innerHTML = "";
            //获取 Worker 线程返回的数据
            var result = event.data;
            var nums = result.split(",");
            //定义表格总共包含多少列
            var COLS_NUM = 20;
            for (var i = 0 ; i <= (nums.length - 1) / COLS_NUM ; i++){
                //添加表格行
                var row = table.insertRow(i);
                //循环插入 20 个单元格
                for(var j = 0 ; j < COLS_NUM && i * COLS_NUM + j < nums.length - 1 ;
                j++){
                    //插入单元格，并为单元格设置 innerHTML 属性
                    row.insertCell(j).innerHTML = nums[i * COLS_NUM + j]
                }
            }
        }
    };
    </script>
    </body>
    </html>
```

子线程文件的文件名为 worker.js，代码如下：

```
onmessage = function(event){
    var data = JSON.parse(event.data);   //将数据提取出来
    var start = data.start;   //取出 start 参数
    var end = data.end;   //取出 end 参数
    var result = "";
    search:
    for (var n = start ; n <= end ; n++) {
        for (var i = 2; i <= Math.sqrt(n); i ++) {
            //如果除以 n 的余数为 0，开始判断下一个数字。
            if (n % i == 0) {
                continue search;
            }
        }
        result += (n + ",");   //搜集找到的质数
    }
```

```
        postMessage(result);
    }
```

上述代码的实现逻辑部分都有注释，最终运行结果如图 11-3 所示。

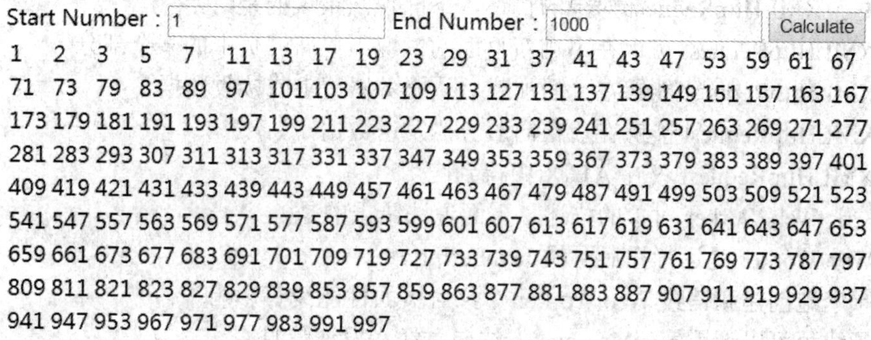

Start Number : 1   End Number : 1000   [Calculate]

```
1   2   3   5   7   11  13  17  19  23  29  31  37  41  43  47  53  59  61  67
71  73  79  83  89  97  101 103 107 109 113 127 131 137 139 149 151 157 163 167
173 179 181 191 193 197 199 211 223 227 229 233 239 241 251 257 263 269 271 277
281 283 293 307 311 313 317 331 337 347 349 353 359 367 373 379 383 389 397 401
409 419 421 431 433 439 443 449 457 461 463 467 479 487 491 499 503 509 521 523
541 547 557 563 569 571 577 587 593 599 601 607 613 617 619 631 641 643 647 653
659 661 673 677 683 691 701 709 719 727 733 739 743 751 757 761 769 773 787 797
809 811 821 823 827 829 839 853 857 859 863 877 881 883 887 907 911 919 929 937
941 947 953 967 971 977 983 991 997
```

图 11-3　使用 Web Worker 计算指定范围内的所有素数

习　题

一、选择题

1. 跨文档消息传输过程中，event.data 属性表示(　　　)。

A. 返回消息的文档来源　　　　　　　　B. 返回消息内容

C. 返回消息的接受地址　　　　　　　　D. 以上都不是

2. 关于 Web Worker，下面说法错误的是(　　　)。

A. Web Worker 只能使用 terminate()中止

B. Web worker 线程不能修改 HTML 元素

C. Web worker 线程不能修改全局变量和 Window.Location

D. Web Worker 是 HTML5 提供的一个 Javascript 多线程解决方案

3. 关于 HTTP 协议下的数据传输，下面说法错误的是(　　　)。

A. 在 Web 开发环境下，浏览器与服务器之间主要以 HTTP 协议进行连接

B. HTTP 客户端发起一个请求，创建一个到服务器指定端口的 TCP 连接

C. HTTP 服务器负责监听端口，以响应客户端的请求

D. HTTP 协议是持久化的，双向的网络协议

4. 关于 WebSocket 的描述，下面说法错误的是(　　　)。

A. WebSocket 是一种在单个 TCP 连接上进行全双工通信的协议

B. WebSocket 允许服务端主动向客户端推送数据

C. WebSocket 需要服务器和浏览器通过 HTTP 协议进行三次握手的动作

D. WebSocket 建立的是持久性的连接，并允许双向数据传输

5. 关于轮询与长轮询的描述，下面说法错误的是(　　　)。

A. 轮询实质上是定时发送请求，即在特定的时间间隔内，由浏览器向服务器发送
Request 请求

B. 长轮询是在客户端和浏览器之间保持一个短时间的连接

C. 轮询技术中，浏览器需要不断的向服务器发出请求，会浪费较多的带宽资源

D. 长轮询会保持连接，在高并发的情况下，服务器端压力很大

6. 关于 XMLHttpRequest 对象的描述，下面说法错误的是(　　　)。

A. XMLHttpRequest 可以在不刷新页面的情况下更新网页中的某个部分

B. XMLHttpRequest 能够在页面加载后从服务器请求或接收数据

C. XMLHttpRequest 能够在后台向服务器发送数据

D. XMLHttpRequest 仅在 AJAX 中得到应用

7. 关于 Web Worker 对象的描述，下面说法错误的是(　　　)。

A. Web Worker 是运行在后台的 JavaScript

B. 频繁地创建和销毁 Web Worker 对象对页面性能没有影响

C. 子线程可以调用 postMessage 方法向主线程发送信息

D. 主线程在 message 事件中监听子线程发送来的消息

二、填空题

1. 对于网站上的即时通信开发，如网页 QQ、多人在线聊天系统等，需要维持客户端与服务端的实时通信。在 WebSocket 之前，通常采用_____和_____技术。

2. WebSocket 是一种在单个_____连接上进行_____通信的协议。

3. 在 WebSocket 中，只需要服务器和浏览器通过_____协议进行一个握手的动作，两者之间就直接可以创建持久性地连接，并进行双向数据传输。

4. _____称为可扩展的超文本传输请求，英文缩写为 XHR，它可以在_____页面的情况下更新网页中的某个部分。

5. _____是运行在后台的 JavaScript，这样使得需要长时间运行的 JavaScript 脚本和需要与用户交互的脚本之间不互相干扰。

三、简答题

1. 简述 WebSocket 协议和 HTTP 协议在数据传输上的区别。

2. 简述轮询技术和长轮询技术。

3. 简述 Web Worker 线程的限制。

4. 如何用 JavaScript 创建一个 Worker 线程？

第 12 章　HTML5+CSS3 页面布局

本章概述

　　本章主要学习 HTML5+CSS3 页面布局技术，包括弹性盒子布局、网格布局和页面布局应用。通过简单实例的演示，使读者能够利用弹性盒子和网格布局技术实现双飞翼、瀑布流等页面布局应用。图 12-1 是本章的学习导图，读者可以根据学习导图中的内容，从整体上把握本章学习要点。

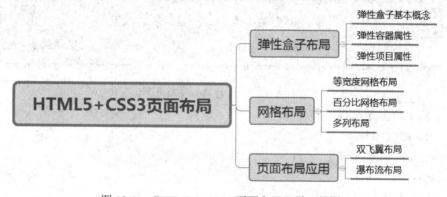

图 12-1　"HTML5+CSS3 页面布局"学习导图

12.1　弹性盒子布局

　　弹性盒子(Flexible Box 或 Flexbox)是 2009 年 W3C 提出的一种全新页面布局方案，目前已得到所有浏览器的支持。与传统布局方法相比，弹性盒子布局更加符合用户的认知，能够用简单的代码完成各类复杂页面的布局。另外，可以定义弹性盒子中的子元素在各个方向上进行排列，且子元素能够自适应显示空间。以上这些优点使得弹性布局成为当前 Web 页面布局以及移动端布局的首选。

12.1.1　弹性盒子基本概念

　　弹性盒子由弹性容器(flex container)和弹性项目(flex item)组成。如图 12-2 所示，弹性容器包含水平方向和垂直方向两根轴，其中水平方向为主轴(main axis)，左边为主轴起点，右边为主轴终点。垂直方向为交叉轴或侧轴(cross axis)，顶部为交叉轴的起点，底部为交叉轴的终点。弹性容器中的项目默认沿主轴排列，单个项目占据的主轴空间叫作主轴尺寸(main size)，占据的交叉轴空间叫作交叉轴尺寸(cross size)。

定义弹性盒子需要使用 display 属性，该属性一般取值为 flex，表示使弹性容器成为块级元素，也可取值为 inline-flex，表示使弹性容器成为单个不可分的行内级元素，下面给出弹性盒子定义示例。

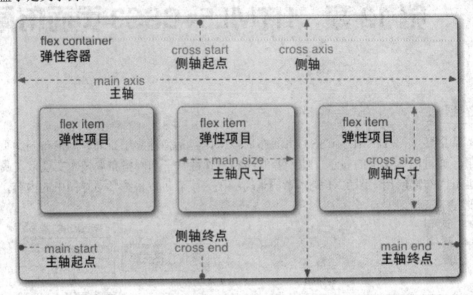

图 12-2　弹性容器与项目

【示例 12-1】定义弹性容器和项目。

```
<!DOCTYPE html>
<html>
<head>
    <meta charset="UTF-8">
    <style>
        .flex-container {
            display: flex;
            width: 800px; height: 300px;
            background-color:lightgreen;
        }
        .flex-container .flex-item {
            width: 200px; height: 100px; margin: 10px;
            background-color: lightgoldenrodyellow;
        }
    </style>
</head>
<body>
    <div class="flex-container">
        <div class="flex-item">flex item 1</div>
        <div class="flex-item">flex item 2</div>
```

```
        <div class="flex-item">flex item 3</div>
    </div>
    </body>
    </html>
```

从上述代码可以看出，外层 div 元素设置了 display 属性值为 flex，表示这是一个弹性
容器。在外层 div 中嵌套了 3 个子元素，在弹性容器中的元素自动成为弹性项目。代码运
行结果如图 12-3 所示，可以看出默认的弹性项目是按照从左向右的顺序依次排列的。

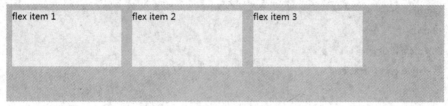

图 12-3　定义弹性容器和项目

12.1.2　弹性容器属性

弹性容器提供了 6 个属性，用来设置容器中项目的排列方式和对齐方式，相关属性如
表 12-1 所示。

表 12-1　弹性容器属性

属　　性	描　　述
flex-direction	设置弹性容器中项目的排列方向
flex-wrap	设置弹性容器中项目超出父容器时是否换行
flex-flow	flex-direction 属性和 flex-wrap 属性的简写
align-items	设置弹性盒子元素在侧轴(交叉轴)方向上的对齐方式
align-content	定义多根轴线时的对齐方式，如果只有一条轴线，此属性不起作用
justify-content	定义弹性项目在交叉轴上的对齐方式

1. flex-direction 属性

flex-direction 属性决定项目沿主轴的排列方向，该属性可取值 row、row-reverse、column、
column-reverse。其中 row 为默认值，表示项目沿水平方向从左向右进行排列，row-reverse
表示项目沿水平方向从右向左进行排列，column 表示项目沿垂直方向从上向下排列，
column-reverse 表示项目沿垂直方向从下向上排列。如图 12-4 所示，图中从左到右分别为
属性取值为 column-reverse、column、row、row-reverse 的示意结果。

图 12-4　flex-direction 属性

2. flex-wrap 属性

默认情况下，项目都是沿轴线在一行上进行排列，flex-wrap 属性用于设置如果一条轴线上排不下，项目是否可以换行以及如何换行。该属性可取值 nowrap、wrap、wrap-reverse，其中属性值 nowrap 为默认值，表示不换行，属性值 wrap 表示换行且第一行在上方，属性值 wrap-reverse 表示换行且第一行在下方。

【示例 12-2】flex-wrap 属性。

```
<!DOCTYPE html>
<html>
<head>
  <meta charset="UTF-8">
  <style type="text/css">
    * {
      padding: 0; margin: 0; list-style: none;
      font: 20px/40px "Microsoft YaHei";
    }
    html, body {height: 100%;}
    p {font-size: 15px; padding: 10px; line-height: 2;}
    .box {background-color: lightgreen; margin: 0 0 5px; display: flex;}
    .box-item {
      width: 200px; height: 200px; line-height: 200px;
      vertical-align: middle; margin: 5px;
      background-color: gray; font-size: 100px;
      color: white; text-align: center;
    }
    .box-2 {flex-wrap: nowrap;}
    .box-3 {flex-wrap: wrap;}
    .box-4 {flex-wrap: wrap-reverse;}
  </style>
</head>
<body>
  <p>nowrap(默认)：不换行。</p>
  <div class="box box-2">
      <div class="box-item">1</div>
      <div class="box-item">2</div>
      <div class="box-item">3</div>
      <div class="box-item">4</div>
      <div class="box-item">5</div>
      <div class="box-item">6</div>
      <div class="box-item">7</div>
  </div>
```

```
<p>wrap：换行，第一行在上方。</p>
<div class="box box-3">
    <div class="box-item">1</div>
    <div class="box-item">2</div>
    <div class="box-item">3</div>
    <div class="box-item">4</div>
    <div class="box-item">5</div>
    <div class="box-item">6</div>
    <div class="box-item">7</div>
</div>
<p>wrap-reverse：换行，第一行在下方。</p>
<div class="box box-4">
    <div class="box-item">1</div>
    <div class="box-item">2</div>
    <div class="box-item">3</div>
    <div class="box-item">4</div>
    <div class="box-item">5</div>
    <div class="box-item">6</div>
    <div class="box-item">7</div>
</div>
</body>
</html>
```

上述代码定义了 3 个弹性盒子，并分别设置 flex-wrap 属性值为 nowrap、wrap 和 wrap-reverse，运行结果如图 12-5 所示。

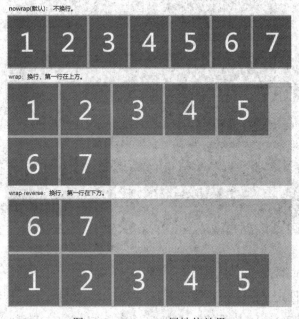

图 12-5　flex-wrap 属性值效果

3. flex-flow 属性

flex-flow 属性是 flex-direction 属性和 flex-wrap 属性的组合形式，默认值为 row nowrap，其基本语法形式为：.box { flex-flow: <flex-direction> ‖ <flex-wrap>; }。

4. align-items 属性

align items 属性定义项目在交叉轴上的对齐方式。属性取值包括 flex-start、flex-end、center、baseline、stretch，其中 flex-start 表示项目与交叉轴起点对齐，flcx-end 表示项目与交叉轴终点对齐，center 表示项目与交叉轴中点对齐，baseline 表示与项目第一行文字的基线对齐，stretch 为默认值，表示如果项目未设置高度或设为 auto，项目将占满整个容器的高度。相关属性取值的效果如图 12-6 所示。

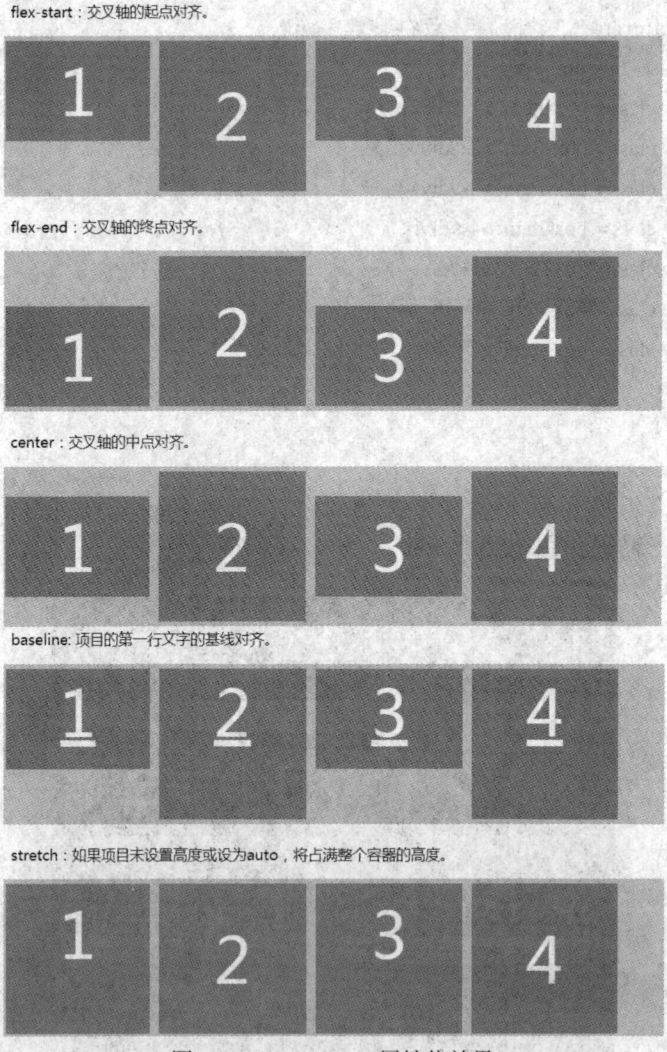

图 12-6　align-items 属性值效果

5. align-content 属性

align-content 属性定义了多根轴线的对齐方式。如果项目只有一根轴线，该属性不起作用。属性取值包括 flex-start、flex-end、center、space-between、space-around、stretch，其中

flex-start 表示多个轴线与交叉轴起点对齐,flex-end 表示多个轴线与交叉轴终点对齐,center 表示多个轴线与交叉轴中点对齐, space-between 表示与多个轴线与交叉轴两端对齐, 轴线之间的间隔平均分布, space-around 表示每根轴线两侧的间隔都相等,stretch 为默认值,表示轴线占满整个交叉轴。相关属性取值的效果如图 12-7 所示。

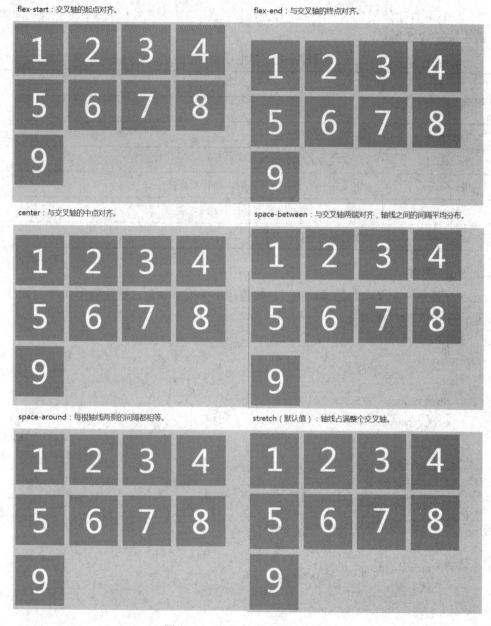

图 12-7　align-content 属性值效果

6. justify-content 属性

justify-content 属性定义了项目在主轴上的对齐方式,属性取值包括 flex-start、flex-end、center、space-between、space-around。其中 flex-start 表示左对齐,flex-end 表示右对齐,center

表示居中，space-between 表示两端对齐、项目之间间隔相等，space-around 表示项目两侧的间隔相等。

12.1.3　弹性项目属性

弹性项目属性主要用来设置项目的排列顺序、放大缩小比例、项目占据主轴空间等，相关属性如表 12-2 所示。

表 12-2　弹性项目属性

属　　性	描　　述
order	定义项目的排列顺序
flex-grow	定义项目的放大比例
flex-shrink	定义项目的缩小比例
flex-basis	定义在分配多余空间之前，项目占据的主轴空间
flex	flex-grow、flex-shrink 和 flex-basis 的简写
align-self	设置单个项目的对齐方式

1. order 属性

order 属性用来定义项目的排列顺序，数值越小排列越靠前，默认值为 0。

【示例 12-3】order 属性。

```
<!DOCTYPE html>
<html>
<head>
  <meta charset="UTF-8">
  <style type="text/css">
    * {
       padding: 0;
       margin: 0;
       list-style: none;
       font:20px/40px "Microsoft YaHei";
    }
    html,body {height: 100%;}
    .box {
       background-color: lightgreen;
       margin: 0 0 5px; display: flex;
    }
    .box-item {
       width: 100px; height: 100px; line-height: 100px;
       vertical-align: middle; margin: 5px;
```

```
            background-color: gray; color: white;
            font-size: 64px; text-align: center;
        }
        .box-22 .order {order: -1;}
    </style>
</head>
<body>
    <div class="box box-22">
        <div class="box-item">1</div>
        <div class="box-item">2</div>
        <div class="box-item">3</div>
        <div class="box-item order">4</div>
    </div>
</body>
</html>
```

上述代码将 4 号项目的 order 设置为-1，其他项目默认 order 取值均为 0，所以 4 号项目排列在其他项目的前面，运行结果如图 12-8 所示。

图 12-8　order 属性

2. flex-grow 属性

flex-grow 属性定义项目的放大比例，默认值为 0，表示即使存在剩余空间也不放大。如果所有项目 flex-grow 属性值都为 1，表示等分剩余空间。如图 12-9 所示，第 2 个项目 flex-grow 属性值为 2，其他项目属性值为 1，所以前者占据的剩余空间将比其他项多一倍。

图 12-9　flex-grow 属性

3. flex-shrink 属性

flex-shrink 属性定义了项目的缩小比例，默认取值为 1，表示如果空间不足，项目将自动缩小。该属性值越大，空间不足时收缩越多，负值对该属性无效。如果所有项目的 flex-shrink 属性都为 1，当空间不足时，项目将等比例缩小。如果一个项目的 flex-shrink 属性值为 0，其他项目都为 1，则空间不足时，前者不缩小。如图 12-10 所示，第 1 个项目的

flex-shrink 属性值为 0，所以不会发生收缩。

图 12-10　flex-shrink 属性

4. flex-basis 属性

flex-basis 属性定义了在分配多余空间之前，项目占据的主轴空间。浏览器根据这个属性计算主轴是否有多余空间，它的默认取值为 auto，即项目的本来大小。如图 12-11 所示，三个项目的 flex-basis 属性值均为 200px。

图 12-11　flex-basis 属性

5. flex 属性

flex 属性是 flex-grow、flex-shrink 和 flex-basis 的简写，默认值为 0、1、auto，后两个属性可选。该属性有两个快捷值，分别是 auto (1 1 auto) 和 none (0 0 auto)。

6. align-self 属性

align-self 属性允许单个项目有与其他项目不一样的对齐方式，可覆盖 align-items 属性。该属性可取值 auto、flex-start、flex-end、center、baseline、stretch，默认值为 auto，表示继承父元素的 align-items 属性。如果没有父元素，则等同于 stretch。

12.2　网　格　布　局

12.2.1　等宽度网格布局

网格布局也称为栅格系统，在 Bootstrap 框架中使用较多。最简单的网格布局就是平均分布，在容器里面平均分配空间，同时设置项目自动缩放，示例代码如下。

【示例 12-4】使用弹性盒子实现等宽度的网格布局。

```
<!DOCTYPE html>
<html>
<head>
<meta charset="UTF-8">
<style type="text/css">
    * {padding: 0; margin: 0;}
```

```
html,body {height: 100%;}
.grid {display: flex; height: 100%;}
.grid-cell {
    flex: 1; height:20%; margin:10px;
        background-color:gray;
}
</style>
</head>
<body>
    <div class="grid">
        <div class="grid-cell">A</div>
        <div class="grid-cell">B</div>
        <div class="grid-cell">C</div>
    </div>
</body>
</html>
```

上述代码中,每一个项目均设置为自动缩放,此处定义的是 3 列网格布局,如图 12-12 所示。如果要设置 4 列、5 列以及更多列的网格,直接在代码中添加就可以实现。

图 12-12　基于弹性盒子的等宽度网格布局

12.2.2　百分比网格布局

利用弹性盒子,还可以指定一个或多个网格的宽度为固定百分比,其余网格平均分配剩余空间的网格布局,示例代码如下。

【示例 12-5】使用弹性盒子实现百分比网格布局。

```
<!DOCTYPE html>
<html>
<head>
<meta charset="UTF-8">
<style type="text/css">
    * {padding: 0; margin: 0;}
    html,body {height: 100%;}
    .grid {display: flex; height: 100%;}
    .grid-cell {
        flex: 1; height: 20%; margin: 10px;
            background-color:gray;
```

```
    }
    .grid-cell.u-full {flex: 0 0 100%;}
    .grid-cell.u-1of2 {flex: 0 0 50%;}
    .grid-cell.u-1of3 {flex: 0 0 33.3333%;}
    .grid-cell.u-1of4 {flex: 0 0 25%;}
  </style>
</head>
<body>
  <div class="grid">
    <div class="grid-cell u-1of4">A</div>
    <div class="grid-cell">B</div>
    <div class="grid-cell u-1of2">C</div>
  </div>
</body>
</html>
```

上述代码将项目 A 的宽度设置为 25%，项目 B 设置为自动缩放，项目 C 的宽度设置为 50%，运行结果如图 12-13 所示。

图 12-13　基于弹性盒子的百分比网格布局

除了使用弹性盒子实现网格布局，还可以使用浮动方法实现多列网格布局，示例代码如下。

【示例 12-6】使用浮动方法实现网格布局。

```
<!DOCTYPE html>
<html>
<head>
  <meta charset="UTF-8">
  <style type="text/css">
    * {padding:0;margin:0;}
    html,body {height:100%;}
    #container {width:100%; margin:0 auto; height:25%;}
    #container div {height:100%;}
    .col25 {width:25%; background:gray; float:left;}
    .col50 {width:50%; background:lightgray; float:left;}
    .col75 {width:75%; background:lightgreen; float:left;}
  </style>
</head>
<body>
```

```
    <div id="container">
        <div class="col25">A</div>
        <div class="col50">B</div>
        <div class="col25">C</div>
    </div>
</body>
</html>
```

上述代码通过设置左浮动，同时通过定义盒子宽度的百分比，实现多列网格的布局，运行结果如图 12-14 所示，盒子 A 和盒子 C 占的宽度为 25%，盒子 B 的宽度为 50%。

图 12-14　基于浮动的网格布局

12.2.3　多列布局

为了实现类似报纸、杂志的多列排版的布局，CSS3 新增了一个多列布局模块，基本语法为 columns:<column-width> ‖ <column-count>。例如，定义一个 3 栏布局，每栏内容宽度为 150px，可以定义为 columns:150px 3。

除了使用 columns 属性，也可以单独使用 column-width 属性设置列宽，使用 column-count 属性定义列数，使用 column-gap 属性设置列与列之间的间距。另外，还可以使用 column-rule 属性定义列与列之间的边框宽度、边框样式和边框颜色，示例代码如下。

【示例 12-7】column 实现多列布局。

```
<!DOCTYPE html>
<html>
<head>
    <meta charset="UTF-8">
    <style type="text/css">
    #div1{
        column-count: 3;   /* 分 3 栏 */
        column-gap: 40px;   /* 栏间距 */
        column-rule: 2px solid lightgreen;   /* 栏间分隔线，与 border 设置类似 */
        line-height: 26px; height: 500px;
        font-size: 14px; background: lightcyan;
    }
    </style>
</head>
<body>
```

<div id="div1">CSS 即层叠样式表(Cascading StyleSheet)。在网页制作时采用层叠样式表技术，可以有效地对页面的布局、字体、颜色、背景和其他效果实现更加精确的控制。只要对相应的代码做一些简单的修改，就可以改变同一页面的不同部分，或者页数不同的网页的外观和格式。CSS3 是 CSS 技术的升级版本，CSS3 语言开发是朝着模块化发展的。以前的规范作为一个模块实在是太庞大而且比较复杂，所以，把它分解为一些小的模块，更多新的模块也被加入进来。这些模块包括：盒子模型、列表模块、超链接方式、语言模块、背景和边框、文字特效、多栏布局等。</div>

　　　　　</body>

　　　　　</html>

上述代码将文字分成 3 栏，栏间距设置为 40 像素，栏间分隔线为 2 像素的淡绿色实线，结果如图 12-15 所示。

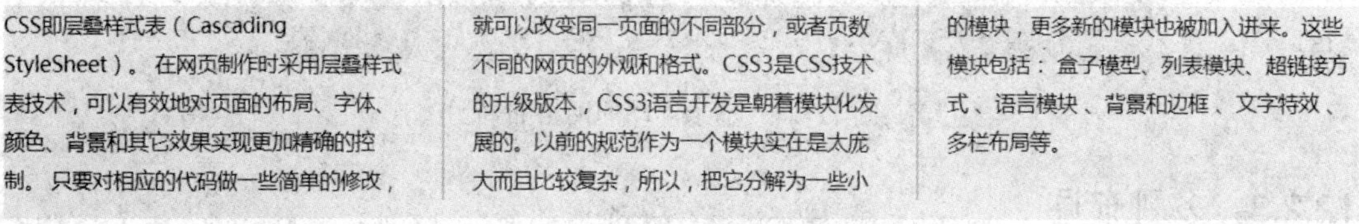

CSS即层叠样式表（Cascading StyleSheet）。在网页制作时采用层叠样式表技术，可以有效地对页面的布局、字体、颜色、背景和其它效果实现更加精确的控制。只要对相应的代码做一些简单的修改，

就可以改变同一页面的不同部分，或者页数不同的网页的外观和格式。CSS3是CSS技术的升级版本，CSS3语言开发是朝着模块化发展的。以前的规范作为一个模块实在是太庞大而且比较复杂，所以，把它分解为一些小

的模块，更多新的模块也被加入进来。这些模块包括：盒子模型、列表模块、超链接方式、语言模块、背景和边框、文字特效、多栏布局等。

图 12-15　column 实现多列布局

12.3　页面布局应用

12.3.1　双飞翼布局

双飞翼布局又称为圣杯布局，是一种常见的网站布局样式。如图 12-16 所示，该布局首先将页面分为上、中、下三个部分，对于中间部分，又水平分成三栏，从左到右分别为导航栏、主栏和副栏。

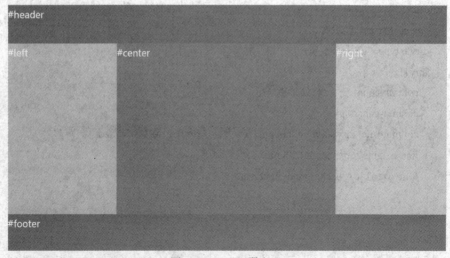

图 12-16　双飞翼布局

利用弹性容器可以实现上述布局，其中上、中、下可以设置为按 column 方向排列的 3 个项目，中间部分设置为按 row 方向排列的 3 个项目，示例代码如下。

【示例 12-8】利用弹性盒子实现双飞翼布局。

```html
<!DOCTYPE html>
<html>
<head>
  <meta charset="UTF-8">
  <style type="text/css">
    * {margin:0; padding:0;}
    body,html {
        font:20px/40px "microsoft yahei";
        color:white; height:100%;
    }
    .HolyGrail {display:flex; flex-direction:column;}
    header, footer {
        flex:0 0 4em;    /* 固定 header 和 footer 的高度为 4em */
        background-color:gray;
    }
    .HolyGrail-body {display:flex; flex: 1;}
    .HolyGrail-content {flex:1; background:deepskyblue;}
    .HolyGrail-nav, .HolyGrail-ads {
        flex: 0 0 12em;    /* 固定两个边栏的宽度为 12em */
    }
    .HolyGrail-ads {background: lightgray;}
    .HolyGrail-nav {
        order: -1;    /* 导航放到最左边 */
        background: lightgreen;
    }
    @media (max-width: 768px) {
        .HolyGrail-body {flex-direction: column; flex: 1;}
        .HolyGrail-nav,.HolyGrail-ads,.HolyGrail-content {flex: auto;}
    }
  </style>
</head>
<body class="HolyGrail">
  <header>#header</header>
  <div class="HolyGrail-body">
    <main class="HolyGrail-content">#center</main>
    <nav class="HolyGrail-nav">#left</nav>
```

```
        <aside class="HolyGrail-ads">#right</aside>
    </div>
    <footer>#footer</footer>
  </body>
</html>
```

上述代码中，HolyGrail 样式作用在 body 上，表明 body 是一个项目从上向下排列的弹性盒子，包括 header、footer 和中间区域，其中 header 和 footer 使用 flex 属性设置为固定高度。中间区域被设置为项目从左向右排列的弹性盒子。

12.3.2　瀑布流布局

瀑布流布局也是比较流行的一种网站页面布局样式，视觉上表现为参差不齐的多栏布局，随着页面滚动条向下滚动，这种布局还会不断加载数据块并附加至当前尾部。瀑布流布局的特点是等宽不等高，为了让最后一行的差距最小，从第二行开始，需要将图片放在第一行最矮的图片下面，以此类推。这里基于多列布局中的 columns 实现瀑布流布局，一个是使用 column-count 属性定义瀑布流的列数，另一个是使用 column-gap 属性定义列与列之间的距离，示例代码如下。

【示例 12-9】利用 columns 实现瀑布流布局。

```
<!DOCTYPE html>
<html>
<head>
  <style>
    .container {margin:10px; column-count:3; column-gap:10px;}
    .item {margin-bottom: 10px;}
    .item img{width: 100%; height:100%;}
  </style>
</head>
<body>
  <div class="container">
    <div class="item"><img src="Chrysanthemum.jpg"/></div>
    <div class="item"><img src="Desert.jpg"/></div>
    <div class="item"><img src="Hydrangeas.jpg"/></div>
    <div class="item"><img src="Jellyfish.jpg"/></div>
    <div class="item"><img src="Koala.jpg"/></div>
    <div class="item"><img src="Lighthouse.jpg"/></div>
    <div class="item"><img src="Penguins.jpg"/></div>
    <div class="item"><img src="Tulips.jpg"/></div>
  </div>
</body>
```

</html>

上述代码在 container 样式中定义瀑布流为 3 列，列之间的间距为 10 个像素，运行结果如图 12-17 所示。

图 12-17　利用 column 实现瀑布流布局

习　　题

一、填空题

1. 弹性盒子由_____和_____组成，定义弹性盒子是在_____属性中，将属性值设置为_____即可。

2. 弹性容器包含两根轴，其中水平方向为_____，垂直方向称为_____。

3. 弹性容器属性中，_____属性用于设置弹性容器中项目的排列方向，_____属性用来设置弹性容器中项目超出父容器时是否换行。

二、设计分析题

1. 利用页面布局技术设计如图 12-18 所示的页面。

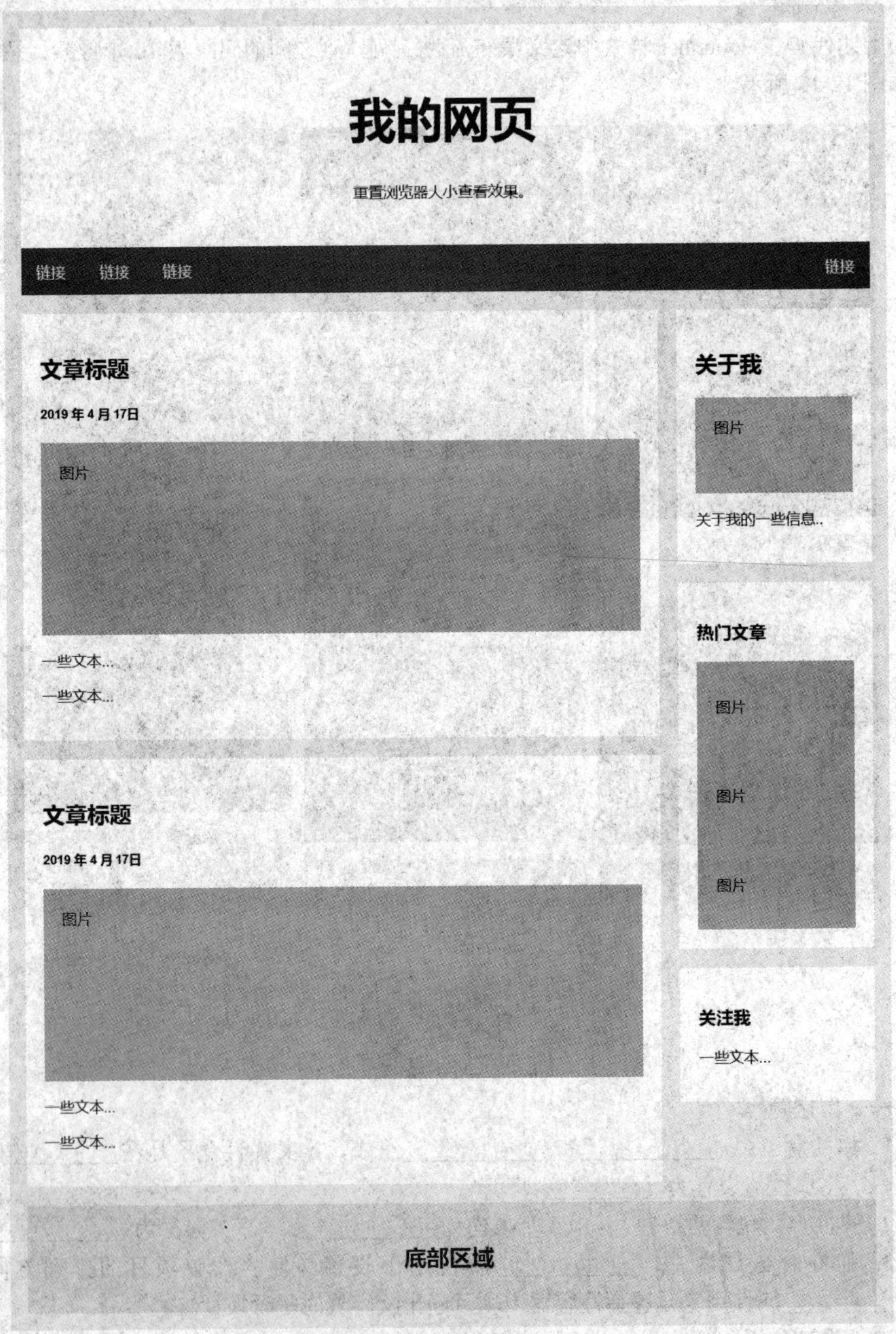

我的网页

重置浏览器大小查看效果。

链接　　链接　　链接　　　　　　　　　　　　　　　　　　　　　　　链接

文章标题

2019 年 4 月 17日

图片

一些文本...
一些文本...

文章标题

2019 年 4 月 17日

图片

一些文本...
一些文本...

关于我

图片

关于我的一些信息..

热门文章

图片

图片

图片

关注我

一些文本...

底部区域

图 12-18　利用页面布局技术设计页面

第 13 章　前端框架技术

本章概述

　　本章主要了解和学习目前主流的前端框架技术，包括 jQuery、Bootstrap、Vue、React 等。由于篇幅所限，本章并没有对这些前端框架技术进行全面系统的介绍，主要是通过对相关技术的概述和简单的实例演示，使读者快速了解相关框架技术的特点及使用方法，为进一步开展实用项目开发奠定基础。图 13-1 是本章的学习导图，读者可以根据学习导图中的内容，从整体上把握本章学习要点。

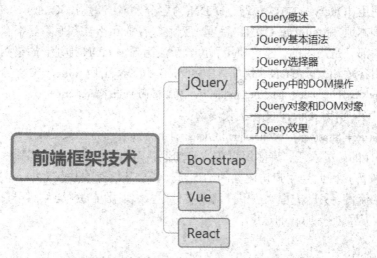

图 13-1　"前端框架技术"学习导图

13.1　jQuery

13.1.1　jQuery 概述

　　jQuery 是一个快速、简洁的轻量级 JavaScript 框架，它的设计宗旨是"Write less, Do more"，即倡导写更少的代码，做更多的事情。jQuery 封装了 JavaScript 中常用的功能代码，利用强大的选择器，优化事件处理、DOM 操作、特效与动画等，极大地简化了 JavaScript 编程。

　　在网页中使用 jQuery 有两种方法。第一种方法是访问官方网站 https://code.jquery.com，下载对应版本的 jQuery 库，然后在页面中引用下载的 jQuery 库文件。jQuery 有三大版本，分别为 1.x.x、2.x.x、3.x.x，其中 1.x.x 兼容 IE6、IE7、IE8，使用较为广泛，但是目前官方已经不再新增功能，只进行 Bug 维护。对于初学者学习来说，使用 1.x.x 版本的 jQuery 就可以了。2.x.x 属于过渡版本，该版本不兼容 IE6、IE7、IE8，使用者较少，和 1.x.x 一样，官方也不再新增功能，所以不建议使用。3.x.x 是目前官方主要更新和维护的版本，但是它只适用于最新的浏览器，不兼容 IE6、IE7、IE8，一些旧的 jQuery 插件可能无法在最新版本中运行。

对于每一个版本，jQuery 还提供了两种不同后缀名的文件供用户下载。以 jQuery3.5.1 版本为例，一种是 jQuery3.5.1.min.js 文件(带 min 后缀的文件表示这是压缩的 jQuery 文件)，一般使用在经过调试后正式上线的网站中。另一种是 jQuery3.5.1.js 文件，表示未压缩的 jQuery 文件，一般用于页面开发和测试阶段。

下载 jQuery 库之后，就可以在 HTML 文档中使用 script 元素进行引用，代码片段如下：

```
<head>
    <script src = "jQuery3.5.1.js"></script>
</head>
```

第二种使用 jQuery 的方法是通过 CDN(内容分发网络)引用 jQuery，该方法无须下载 jQuery 文件到本地，Staticfile CDN、百度、新浪、谷歌和微软等服务器都存有 jQuery。如果网站用户大部分是国内的，建议使用百度、新浪等国内 CDN 地址，如果网站用户是国外的，可以使用谷歌和微软 CDN。例如，从 Staticfile CDN 引用 jQuery 文件的代码为：

```
<script src="https://cdn.staticfile.org/jquery/1.10.2/jquery.min.js"></script>
```

从百度 CDN 引用 jQuery 文件的代码为：

```
<script src="https://apps.bdimg.com/libs/jquery/1.10.2/jquery.min.js"></script>
```

使用 CDN 的好处在于：许多用户在访问其他站点时，可能已经从谷歌、微软或者百度加载过 jQuery 库，因此当用户访问你的站点时，就会从缓存中加载 jQuery，这样可减少加载时间和网络流量。另一方面，在用户请求文件时，大多数 CDN 会从离用户最近的服务器上返回响应，从而提高加载的速度。

13.1.2　jQuery 基本语法

在 jQuery 中，一般使用选择器(selector)选取指定的 HTML 元素，并对选取的元素执行操作(action)，基本语法形式为：$(selector).action()。美元符号$相当于 jQuery 的简写，选择器(selector)表示查询或查找的 HTML 元素。下面给出语法应用示例：

```
$(this).hide()   // 隐藏当前元素
$("p").hide()   // 隐藏所有段落
$(".test").hide()   // 隐藏所有 class="test"的元素
$("#test").hide()   // 隐藏所有 id="test"的元素
```

jQuery 的语法实际上是 XPath 与 CSS 选择器语法的组合。XPath 是用于从 XML 文档检索元素的 XML 技术。XML 文档是结构化的，因此 XPath 可以从 XML 文件中定位和检索元素、属性或值。从数据检索方面看，XPath 与 SQL 很相似，但是它有自己的语法和规则。下面给出一个完整的 jQuery 示例，该示例用来隐藏页面中的所有段落元素，代码如下。

【示例 13-1】隐藏页面中所有段落元素。

```
<!DOCTYPE html>
<html>
<head>
  <script src = "https://cdn.staticfile.org/jquery/1.10.2/jquery.min.js"></script>
  <script>
    $(document).ready(function(){
      $("button").click(function(){
        $("p").hide();
      });
    });
  </script>
</head>
<body>
  <p>这是一个段落</p>
  <p>这是另一个段落</p>
  <button type="button">点击按钮隐藏段落</button>
</body>
</html>
```

上述代码中的$(document).ready()用来代替传统 JavaScript 的 window.onload 事件,该事件在 DOM 载入就绪时触发,并调用其他绑定的函数。$("button").click 表示选择页面中所有 button 元素,并在其 click 事件中触发函数操作。在上面的示例中,当用户点击按钮时,将执行$("p").hide(),隐藏所有段落元素。

所有 jQuery 代码都应当放置在$(document).ready()中,其基本形式为:$(document).ready (function() {// jQuery 代码}),此外还可以写成简化形式:$(function() { //jQuery 代码})。

对于初学者来说,可能一开始并不习惯 jQuery 的书写方式,但是一旦使用熟练后,就能感受到 jQuery 代码的简洁和高效。

13.1.3　jQuery 选择器

jQuery 提供了一系列选择器,以帮助前端开发者快速查找和定位页面中的节点,它支持 CSS1~CSS3 选择器的写法,主要包括基本选择器、层级选择器、伪类选择器、属性选择器等几大类别。

1. 基本选择器

基本选择器包括 id 选择器、类选择器、元素选择器、通配符选择器以及组合选择器等。

id 选择器通过 HTML 元素的 id 属性选取指定元素。当选择页面中唯一元素时,可以使用 id 选择器。在 jQuery 中使用$("#id")进行选择,如<div id="#div1">div1</div>,可以使用$("#div1")选取该 div 元素。

类选择器通过指定的 class 查找元素,如<span class=".myclass">span1</span>,可以使

用$(".myclass")选取该 span 元素。

元素选择器直接根据给定 html 标记名称选择所有的元素。例如，$("p")表示选取页面中所有的 p 元素。

通配符选择器用于选择文档中所有元素，在 jQuery 中使用$("*")表示。

如果希望同时选择多个不同元素，可以使用组合选择器。例如$("div, span, p.myclass")，表示可以同时选取 div、span 以及 class=myclass 的 p 元素。

2. 层级选择器

层级选择器用来处理文档中节点之间的各类关系，包括父子关系、兄弟关系、祖孙关系等，对应到选择器上，则包含子元素选择器、后代元素选择器、兄弟元素选择器、相邻兄弟元素选择器，相关选择器的定义如表 13-1 所示。

表 13-1　层级选择器

选 择 器	描　　述
$("parent > child")	子元素选择器：选择父元素下指定的子元素
$("ancestor descendant")	后代元素选择器：选择祖先元素下的所有后代元素
$("prev + next")	相邻兄弟元素选择器：选择所有紧接在 prev 元素后的 next 元素
$("prev ~ siblings")	兄弟元素选择器：匹配 prev 元素之后的所有兄弟元素

这里结合具体示例，给出相关选择器的使用，代码片段如下：

```
<form>
  <label>Username</label>
  <input name="username" />
  <fieldset>
    <label> Newsletter</label>
    <input name="newsletter" />
  </fieldset>
</form>
<input name="none" />
```

如果要选取<input name="username" />，可以使用子元素选择器$("form > input")，即匹配 form 下的子元素 input。如果要选取<input name="username" />和<input name="newsletter" />，可以使用$("form input")，即匹配 form 下的所有 input 后代元素。当然，也可以采用相邻兄弟元素选择器$("label + input")，即匹配所有跟在 label 后的 input 元素。

3. 伪类选择器

jQuery 中，伪类选择器用法与 CSS 中的伪元素相似，选择器以冒号"："开头，后面跟上相应的选择条件。在有些教材和网站中，也将伪类选择器称为过滤选择器，指的是通过一系列过滤条件匹配所要选取的元素。表 13-2 列出了 jQuery 中常用的伪类选择器。

表 13-2　伪类选择器

选　择　器	描　　述
$(":first")	匹配第一个元素
$(":last")	匹配最后一个元素
$(":not(selector)")	匹配选择未被选择器选择的元素
$(":eq(index)")	在匹配的集合中选择索引值等于 index 的元素
$(":gt(index)")	在匹配的集合中选择索引值大于 index 的元素
$(":lt(index)")	在匹配的集合中选择索引值小于 index 的元素
$(":odd")	选择索引值为奇数的元素，从 0 开始计数
$(":even")	选择索引值为偶数的元素，从 0 开始计数
$(":header")	选择所有标题元素
$(":lang(language)")	选择指定语言的所有元素
$(":root")	选择文档的根元素
$(":animated")	选择所有正在执行动画效果的元素
$(":contains(text)")	选择所有包含指定文本的元素
$(":parent")	选择所有含有子元素或者文本的元素
$(":empty")	选择所有没有子元素的元素
$(":has(selector)")	选择元素中至少包含指定选择器的元素
$(":visible")	选择所有显示的元素
$(":hidden")	选择所有隐藏的元素

$(":first")和$(":last")常常用于匹配列表或表格中的第一个和最后一个元素。例如对如下代码片段，可以使用$("li:first")和$("li:last")获取列表中的第一项和最后一项。

```
<ul>
  <li>List Item 1</li>
  <li>List Item 2</li>
  <li>List Item 3</li>
  <li>List Item 4</li>
</ul>
```

$(":not(selector)")常用于对选择器匹配的元素取反。例如对如下代码片段，可以使用$("input:not(:checked)")选取所有未被选中的元素，在该例中，仅第一个 input 被选择。

```
<input name="apple">
<input name="flower" checked="checked" />
```

$(":even")和$(":odd")分别匹配索引值为偶数和奇数的元素，注意索引值是从 0 开始计数的。例如对于如下表格：

```
<table>
  <tr><td>Value 1</td></tr>
  <tr><td>Value 2</td></tr>
  <tr><td>Value 3</td></tr>
```

```
    <tr><td>Value 4</td></tr>
  </table>
```

$("tr:even")匹配的是索引值为偶数的行，即表格的第 1 行和第 3 行。$("tr:odd")匹配的是索引值为奇数的行，即表格的第 2 行和第 4 行。

4. 属性选择器

属性选择器可以匹配包含给定属性的元素。例如，查找所有含有 id 属性的 div 元素，可以写成$("div[id]")的形式。属性选择器也可以匹配属性值是某个特定值的元素，代码如下：

```
    <input type="checkbox" name="newsletter" value="news 1" />
    <input type="checkbox" name="newsletter" value="news 2" />
    <input type="checkbox" name="accept" value="acc 1" />
```

如果想要选择 name 属性值为 newsletter 的所有元素，可以使用$("input[name='news letter']")。

13.1.4　jQuery 中的 DOM 操作

jQuery 提供了一系列与 DOM 相关的方法，使得访问和操作 DOM 节点及其属性变得非常简单方便。

1. 获取和设置元素内容

jQuery 提供了 3 种方法获取和设置元素内容，分别为 text()方法、html()方法和 val()方法。text()方法用来获取或设置所选元素的文本内容。html()方法同样用来获取或设置所选元素的文本内容，但是会包括 HTML 标记。val()方法用来设置或返回表单字段的值。

【示例 13-2】获取和设置元素内容。

```
<!DOCTYPE html>
<html>
<head>
  <script src = "https://cdn.staticfile.org/jquery/1.10.2/jquery.min.js"></script>
  <script>
    $(document).ready(function(){
      $("#btn1").click(function(){
        alert("Text: "+$("#test").text());
        $("#test").text("Hello jQuery");
      });
      $("#btn2").click(function(){
        alert("HTML: "+$("#test").html());
        $("#test").html("<b>Hello jQuery</b>");
      });
      $("#btn3").click(function(){
        alert("Value: "+$("#test2").val());
        $("#test2").val("Bill Gates");
      });
```

```
        });
    </script>
</head>
<body>
    <p id="test">这是段落中的文本</p>
    <p>姓名：<input type="text" id="test2" value="Tom Smith" /></p>
    <button id="btn1">显示文本</button>
    <button id="btn2">显示 HTML</button>
    <button id="btn3">显示值</button>
</body>
</html>
```

2. 获取、设置和移除属性

attr()方法用于获取或设置所选元素的属性，该方法可以接收一个或两个参数。如果定义一个参数，即 attr(para1)，表示获取当前元素属性名为 para1 的属性值。如果定义两个参数，即 attr(para1, attrValue)，表示设置属性名为 para1 的属性值为 attrValue。例如，$("p").attr("title")表示获取元素 p 的 title 属性值，$("p").attr("title","你最喜欢的课程")表示设置元素 p 的 title 属性值为"你最喜欢的课程"。attr()方法还可以采用"名称/值对"的形式一次设置多个属性值，如$("p").attr({"title":"你最喜欢的课程", "name" : "Web 前端技术"})。

如果要移除属性，可以使用 removeAttr()方法，例如$("p").removeAttr("name")表示移除元素 p 的 name 属性。

3. 创建节点

DOM 节点包括元素节点、文本节点和属性节点。在 jQuery 中，这 3 种类型的节点都可以使用工厂函数$()来完成，格式为$(html)，该方法会根据传入的 html 字符串返回一个 DOM 对象，并将 DOM 对象包装成一个 jQuery 对象后返回。例如，$li1=$("<li></li>")表示创建元素节点 li，返回的$li1 就是一个由 DOM 对象包装成的 jQuery 对象。使用$()函数也可以创建文本节点，如$li2=$("<li>苹果</li>")。此外，它还可以创建属性节点，例如$li3=$("<li title='榴莲'>榴莲</li>");

4. 添加节点

节点创建后，需要将新创建的节点插入到文档中。jQuery 提供了 append()、appendTo()、prepend()、prependTo()、after()、insertAfter()、before()、insertBefore()等节点插入方法。

(1) append()方法用来向匹配元素的尾部追加内容，语法为：$("target").append(element)。例如，$("ul").append("<li title='香蕉'>香蕉</li>")表示查找 ul 元素，然后向 ul 中添加新建的 li 元素。

(2) appendTo()方法将匹配的元素追加到指定元素的末尾，语法为：$(element).appendTo(target)。例如，$("<li title='荔枝'>荔枝<li>").appendTo("ul")表示将创建的 li 元素追加到 ul 中，该方法具有和 append 方法相同的功能，只是在语法形式上有所区别。

(3) prepend()方法用来向匹配元素的前部添加内容，语法为：$(target).prepend(element)。例如，$("ul").prepend("<li title='芒果'>芒果</li>")表示查找元素 ul，然后将新建的 li 元素作

为 ul 的第一个子节点插入到 ul 中。

（4）prependTo() 方法将匹配的元素添加到指定元素的前部，语法为：$(element).prependTo (target)。例如，$("<li title='西瓜'>西瓜</li>").prependTo("ul") 表示将新建的元素 li 插入到 ul 元素中，并作为 ul 的第一个子节点元素。

（5）after() 方法用来在匹配的元素后面添加元素，新添加的元素作为目标元素后紧邻的兄弟元素，语法为：$(target).after(element)。例如，<p>Hello</p>，执行 $("p"). after("<span> jQuery </span>") 后，代码先查找节点 p，然后把新建的元素添加到 p 元素后作为 p 的兄弟节点，最终得到的结果为 <p>Hello</p><span>jQuery</span>。

（6）insertAfter() 方法将新建的元素插入到查找到的目标元素后，作为目标元素的兄弟节点，语法为：$(element).insertAfter(target)。例如，$("<p>insertAfter 操作</p>").insertAfter ("span") 表示将新建的 p 元素添加到目标元素 span 后面，作为目标元素后面的第一个兄弟节点。

（7）before() 方法将新建的元素在每一个匹配的元素之前插入，作为匹配元素的前一个兄弟节点，语法为：$(target).before(element)。例如，$("p").before("<span>下面是个段落</span>") 表示首先查找每个元素 p，将新建的 span 元素插入到元素 p 之前，作为 p 的前一个兄弟节点。

（8）insertBefore() 方法将新建的元素添加到目标元素前，作为目标元素的前一个兄弟节点，语法为：$(element).insertBefore(target)。例如，$("<a href='#'>锚</a>").insertBefore("ul") 表示将新建的 a 元素添加到元素 ul 前，作为 ul 的前一个兄弟节点。

上面介绍了 8 种添加节点的方法，其中前 4 种方法是将新建元素添加到匹配的元素内部，后 4 种方法是将新建元素添加到匹配元素外部。利用上述方法，就可以完成任何形式的元素添加。

5. 删除节点

jQuery 提供了两种删除节点的方法：remove() 和 empty()。

remove() 方法用来删除所有匹配的元素及其子元素，方法的返回值将指向被删除节点的引用，因此可以使用该引用访问被删除的元素，语法为：$(element).remove()。例如，$span=$("span").remove(); $span.insertAfter("ul") 表示该示例先删除所有的 span 元素，并将删除后的元素赋值给 jQuery 对象 $span，然后把删除后的元素添加到 ul 后面作为 ul 的兄弟节点。该操作相当于将所有的 span 元素以及后代元素移到 ul 后面。

empty() 方法严格来讲并不是删除元素，而是清空元素中的所有子节点元素，语法为：$(element).empty()。例如，$("ul li:eq(0)").empty() 表示清空 ul 中第一个 li 的文本值。

6. 修改节点

修改节点主要包括复制节点、替换节点、包裹节点等操作。

（1）复制节点采用 clone 方法，能够根据给定的参数决定是否复制节点元素的事件，语法为：$(element).clone(true)。例如，$("ul li:eq(0)").clone(true) 表示复制 ul 的第一个 li 元素，参数 true 表示复制元素时也复制元素的所有事件，如果没有参数，表示仅复制元素，不复制元素事件。

（2）替换节点有 replacewith 和 replaceAll 两个方法。其中，replacewith 方法是使用参数中

的新元素替换前面选择器中的旧元素，语法为：$(oldElement).replaceWith(newElement)。例如，$("p").replaceWith("<strong>香蕉</strong>")，表示使用 strong 元素替换段落元素 p。而 replaceAll 方法是用前面元素替换后面的元素，语法为：$(newElement).repalceAll(old Element)。例如，$("<h3>香蕉</h3>").repalceAll("strong")表示使用 h3 元素替换所有的 strong 元素。

(3) 包裹节点是指使用其他标记包裹目标元素，从而改变元素的显示形式，包裹操作不会破坏原始文档的语义。相关方法有 wrap()、wrapAll()、wrapInner()。

① wrap()方法是将指定的节点用其他标记进行包裹，该方法对于需要在文档中插入额外的结构化标记非常有用，其语法形式为：$(dstElement).wrap(tag)。例如，$("p").wrap("<font color='red'></font>")表示使用 font 标签包裹所有的 p 元素，且每个 p 元素都使用 font 标签包裹。

② wrapAll()方法是将所有匹配的元素用一个元素来包裹，语法形式为：$(dstElement).wrapAll(tag)。例如，$("p").wrapAll("<b></b>")表示使用 b 标签包裹所有的 p 元素，所有的 p 元素用一个 b 标签包裹。

③ wrapInner()方法是将每一个匹配的元素的子内容，包括文本节点，用其他结构化标记包裹起来，其语法形式为：$(dstElement).wrapInner(tag)。例如，$("strong").wrapInner ("<b></b> ")表示使用 b 标签包裹每个 strong 元素的子元素。

7. 样式操作

样式操作包括设置样式、添加样式、移除样式、切换样式、检查元素是否包含样式。

(1) css()方法用于获取或设置所匹配元素的一个或多个 CSS 样式，语法形式为：$(selector).css()。例如，$("p").css("color","red")表示设置段落元素的颜色属性为红色；$("p").css("color")用于获得元素的 color 样式值。另外，还可以同时设置多个样式属性，如 $("p").css({"font-size":"30px","backgroundColor","#888888"})。

(2) addClass()方法表示为被选元素添加一个或多个类样式，语法形式为：$(element).addClass (class)。例如，$("p:first").addClass("intro note")表示向第一个 p 元素添加两个类。该方法不会移除已经存在的类，仅在原有基础上追加新的类样式。基于结构与样式分离的原则，在实际应用中，为某元素添加样式，addClass()方法比 css()方法的使用频率高，因此建议采用 addClass()方法为元素添加样式。

(3) removeClass()方法用于从被选元素中移除一个或多个类样式，如果没有指定参数，则该方法将从被选元素中删除所有类样式，语法形式为：$(element).removeClass(class)。例如，$("p:first").removeClass("intro")表示移除第一个 p 元素中的 intro 样式。

(4) toggleClass()方法检查每个元素中指定的类样式，如果不存在则添加类样式，如果已设置则删除样式，使用该方法能实现目标元素样式切换的效果，语法形式为：$(element).toggleClass(class, switch)，其中参数 switch 是可选的布尔值，规定是否添加或移除 class。

(5) hasClass()方法用来检查元素是否包含指定 class 的样式，语法形式为：$(element).hasClass (class)。例如，$("p").hasClass("ul")表示检查 p 元素是否包含 ul 样式。

8. 遍历节点操作

遍历节点操作主要有获取子节点、获取下一个兄弟节点、获取上一个兄弟节点、最近匹配元素、获取所有兄弟节点。

(1) children()方法用于获取匹配元素的子节点集合，该方法只匹配子元素不考虑任何后代元素，语法形式为：$(selector).children()。例如，$("body").children().length 表示获得 body 元素的子元素个数。

(2) next()方法用于匹配元素的下一个兄弟节点，语法形式为：$(selector).next()。例如，$("p").next().html()表示获得 p 元素的下一个兄弟节点的 html 内容。

(3) prev()方法用于匹配元素的上一个兄弟节点，语法形式为：$(selector).prev()。例如，$("ul").prev().text()表示获得 ul 元素的上一个兄弟节点的文本内容。

(4) siblings()方法用于匹配目标元素的所有兄弟元素，语法形式为：$(selector).siblings()。例如，$("p").slibings()表示获取 p 元素的所有兄弟节点元素。

(5) closest()方法用于取得最近的匹配元素。该方法首先检查当前元素是否匹配，如果匹配，则直接返回，否则继续向上查找父元素中符合条件的元素返回，如果父元素也没有匹配的元素，则返回空 jQuery 对象。

13.1.5　jQuery 对象和 DOM 对象

DOM 是以面向对象方式描述的文档模型，它定义了表示和修改文档所需的对象、对象的方法和属性以及这些对象之间的关系。DOM 对象可以直接使用 JavaScript 中的方法。

jQuery 对象是通过 jQuery 中的$符号包装 DOM 对象后产生的对象，它可以使用 jQuery 中的方法。例如，$("#div1").html()，其功能等同于 document.getElementById ("div1").inner HTML。需要注意的是，jQuery 对象不能直接使用 DOM 对象中的方法，如$("#div1").innerHTML 或者$("#id").checked 之类的写法都是错误的。同样，DOM 对象也不能直接使用 jQuery 对象中的方法，如 document.getElementById ("div1").html()同样会产生错误。

因此，在实际使用时，需要在 jQuery 对象和 DOM 对象之间进行转换。将 jQuery 对象转换成 DOM 对象，可以使用[index]或 get(index)方法，如 var domObj = jqObj[0]或者 var domObj = jqObj.get(0)。反过来，也可以使用$符号将 DOM 对象转换为 jQuery 对象，如$("#div1").css("background", "red")。

13.1.6　jQuery 效果

1. 隐藏显示效果

jQuery 中，hide()和 show()方法用来隐藏和显示 HTML 元素；toggle()方法用于切换元素的可见状态，即如果被选元素可见，则隐藏元素，如果被选元素隐藏，则显示元素。这三个方法的语法形式分别为$(selector).hide(speed, callback)、$(selector).show(speed, callback)、$(selector).toggle(speed, callback)，其中参数 speed 是可选参数，表示隐藏或显示的速度，可以取 slow、fast 或者指定毫秒数，参数 callback 表示相应方法完成后所执行的函数名称。

【示例 13-3】隐藏和显示效果。

```
<!DOCTYPE html>
<html>
<head>
    <script src = "https://cdn.staticfile.org/jquery/1.10.2/jquery.min.js"></script>
    <script type="text/javascript">
```

```
        $(document).ready(function(){
          $("#hide").click(function(){
            $("p").hide(1000);
          });
          $("#show").click(function(){
            $("p").show(1000);
          });
          $("#toggle").click(function(){
            $("p").toggle(1000);
          });
        });
      </script>
    </head>
    <body>
      <p id="p1">如果点击"隐藏"按钮，我就会消失。</p>
      <button id="hide" type="button">隐藏</button>
      <button id="show" type="button">显示</button>
      <button id="toggle" type="button">切换</button>
    </body>
    </html>
```

2. 淡入淡出效果

jQuery 中，fadeIn()方法用于淡入已隐藏的元素，语法为：$(selector).fadeIn(speed, callback)；fadeOut()方法用于淡出可见元素；fadeToggle()方法用于在 fadeIn 和 fadeOut 方法之间进行切换，其语法格式同 fadeIn 方法；fadeTo()方法允许元素渐变为给定的不透明度，语法为：$(selector).fadeTo(speed, opacity, callback)，其中参数 opacity 为透明度，取值为 0～1。

3. 滑动效果

jQuery 中，slideDown()和 slideUp()方法分别用来实现元素的向下滑动和向上滑动效果，slideToggle()用于在 slideDown()和 slideUp()方法之间进行切换。3 个方法的语法形式分别为 $(selector).slideDown(speed, callback)、$(selector).slideUp(speed, callback)、$(selector).slideToggle(speed, callback)，各参数含义同上。

13.2　Bootstrap

Bootstrap 来自 Twitter 公司，是目前最受欢迎的前端框架之一。Bootstrap 是基于 HTML、CSS、JavaScript 的框架，其目标是为所有开发者、所有应用场景而设计，它的主要特点有：

(1) 预处理文本。Bootstrap 的源码是基于最流行的 CSS 预处理脚本 Less 和 Sass 开发的。开发者可以采用预编译的 CSS 文件进行快速开发，也可以从源码定制自己需要的样式。

(2) 响应式设计。借助 CSS 的媒体查询(Media Query)功能，Bootstrap 的响应式 CSS 能

够自适应于台式机、平板电脑和手机等不同设备。

(3) 浏览器支持。目前主流的浏览器都支持 Bootstrap。

(4) 简单易上手。Bootstrap 包含功能强大的内置组件，只要有 HTML 和 CSS 基础知识，就可以学习 Bootstrap，且代码完全开源。

下面给出一个简单示例，说明 Bootstrap 的基本使用。

【示例 13-4】Bootstrap 的基本使用。

```
<!DOCTYPE html>
<html>
<head>
  <meta charset="utf-8">
  <title>Bootstrap 实例：一个简单的网页</title>
  <link rel="stylesheet" href="https://cdn.staticfile.org/twitter-bootstrap/3.3.7/css/bootstrap.
  min.css ">
  <script src="https://cdn.staticfile.org/jquery/2.1.1/jquery.min.js"></script>
  <script src="https://cdn.staticfile.org/twitter-bootstrap/3.3.7/js/bootstrap.min.js"></script>
  <style>
    .fakeimg {
      height: 200px;
      background: #aaa;
    }
  </style>
</head>
<body>
<div class="jumbotron text-center" style="margin-bottom:0">
  <h1>我的第一个 Bootstrap 页面</h1>
  <p>重置浏览器窗口大小查看效果！</p>
</div>
<nav class="navbar navbar-inverse">
  <div class="container-fluid">
    <div class="navbar-header">
      <button type="button" class="navbar-toggle" data-toggle="collapse" data-target=
      "#myNavbar">
        <span class="icon-bar"></span>
        <span class="icon-bar"></span>
        <span class="icon-bar"></span>
      </button>
      <a class="navbar-brand" href="#">网站名</a>
    </div>
    <div class="collapse navbar-collapse" id="myNavbar">
```

```
        <ul class="nav navbar-nav">
            <li class="active"><a href="#">主页</a></li>
            <li><a href="#">页面 2</a></li>
            <li><a href="#">页面 3</a></li>
        </ul>
    </div>
  </div>
</nav>
<div class="container">
  <div class="row">
    <div class="col-sm-4">
        <h2>关于我</h2>
        <h5>我的照片</h5>
        <div class="fakeimg">这边插入图像</div>
        <p>关于我的介绍..</p>
        <h3>链接</h3>
        <p>描述文本。</p>
        <ul class="nav nav-pills nav-stacked">
            <li class="active"><a href="#">链接 1</a></li>
            <li><a href="#">链接 2</a></li>
            <li><a href="#">链接 3</a></li>
        </ul>
        <hr class="hidden-sm hidden-md hidden-lg">
    </div>
    <div class="col-sm-8">
        <h2>标题</h2>
        <h5>副标题</h5>
        <div class="fakeimg">图像</div>
        <p>一些文本..</p>
        <p>Bootstrap 真的很简单</p><br>
        <h2>标题</h2>
        <h5>副标题</h5>
        <div class="fakeimg">图像</div>
        <p>一些文本..</p>
        <p>Bootstrap 真的很简单</p>
    </div>
  </div>
</div>
<div class="jumbotron text-center" style="margin-bottom:0">
```

```
        <p>底部内容</p>
    </div>
</body>
</html>
```

如上述代码所示，要使用 Bootstrap，首先必须加载相应的库文件，包括 bootstrap.min.css、bootstrap.min.js、jquery.min.js 等。然后需要设计页面结构，上述程序采用了经典的上、中、下页面结构。其中上和下分别是页面的头部和底部区域，主要是创建一个灰色背景框，这里将 div 的 class 设置为"jumbotron text-center"，里面添加相应的文字或其他信息。

头部区域下方是一个水平导航栏，该导航栏具有响应式效果，当页面缩小到一定程度时，导航栏会自动折叠。折叠起来的导航栏实际上是一个带有 class="navbar-toggle"及两个 data 元素的按钮。第一个按钮是 data-toggle，用于告诉 JavaScript 需要对按钮做什么；第二个按钮是 data-target，用于指示要切换到哪一个元素。另外，三个 class="icon-bar"的 span 元素创建了所谓的汉堡按钮。

导航栏下方是页面的主体布局，这里采用左右布局的形式。在 Bootstrap 中包含了一个响应式的、移动设备优先的、不固定的网格系统，可以随着设备或视口大小的增加而适当地扩展到 12 列。在本例中，左边占 4 列，定义为 class="col-sm-4"，右边占 8 列，定义为 class="col-sm-8"。代码的其余部分，这里就不再一一解释了，有兴趣的读者可以访问 https://v3.bootcss.com/，开展深入的学习。上述代码的运行结果如图 13-2 所示。

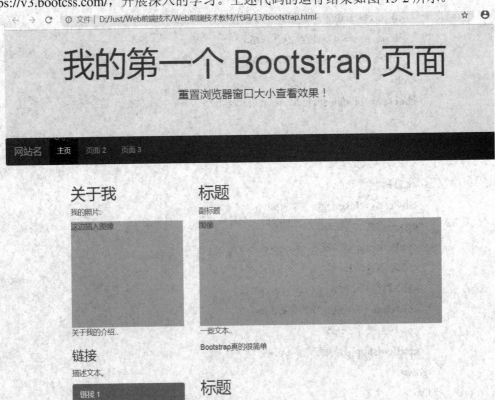

图 13-2　我的第一个 Bootstrap 页面

13.3　Vue

　　Vue 是一套构建用户界面的渐进式框架，与其他重量级框架不同的是，Vue 采用自底向上增量开发的设计，它的核心库只关注视图层，并且非常容易与其他库或已有项目整合。另一方面，Vue 完全有能力采用单文件组件和 Vue 生态系统支持的库开发复杂的单页应用。

　　本节通过一个简单示例说明 Vue 的基本使用，主要包括新建 vue 对象、数据绑定、事件绑定以及表单控件绑定等。

【示例 13-5】Vue 的基本使用。

```
<!DOCTYPE html>
<html>
<head>
  <title>Vue Demo</title>
  <script src="https://cdn.jsdelivr.net/npm/vue@2.5.16/dist/vue.js"></script>
</head>
<body>
  <div id="firstVue">
    <input type="text" v-model="my_data" />
    <button v-on:click="btnClick">Click Me</button>
    <p>{{my_data}}</p>
  </div>
</body>
<script type="text/javascript">
  var myVue = new Vue({
    el:'#firstVue',
    data:{
      my_data: "test",
      my_hidden: "hidden"
    },
    methods:{
      btnClick:function(){
        this.my_data = "Hello Vue!"
      }
    }
  })
</script>
</html>
```

　　如上述代码所示，加载 Vue.js 后，首先是使用 var myVue = new Vue()创建 Vue 的实例对象，其中参数 el 是 Vue 的保留字，用来指定要实例化的 DOM 的 ID 号，#firstVue 就是标签选择器，告诉 Vue 要实例化 ID = "firstVue"这个标签。这一过程可以理解为把<div id="firstVue"></div>和这个标签里面包含的所有 DOM 元素都实例化为一个 JS 对象，这个对象就是 myVue。

　　创建 Vue 实例对象后，就可以使用双大括号{{my_data}}进行数据绑定，这个语法叫作 mustache 语法，大括号中的内容是作为变量形式出现的。

　　接下来，需要在 Vue 对象中加入数据声明：

```
    data:{
        my_data: "test"
    }
```

　　这里 data 参数用来绑定 Vue 实例的数据变量，每个不同变量之间用逗号分隔。在上面的例子中，绑定了自定义变量 my_data，并赋初值"test"。一旦完成数据绑定，<div>标签里的{{my_data}}数据会随着 myVue 实例里的 my_data 数据的变动而变动，此时运行浏览器打开页面，会显示"test"字符串，说明数据绑定成功。

　　上面是在 HTML 标签内部的数据绑定，如果想绑定某个 HTML 标签的属性值，就需要使用 v-bind:属性。例如，绑定一个标签是否可见的属性(hidden)，可以写成：

```
    <div id="firstVue" v-bind:hidden="my_hidden">{{my_data}}</div>
```

　　v-bind:后面跟上要绑定的属性，此处 my_hidden 不需要使用大括号。最后在 Vue 实例中声明这个绑定，并指定属性的取值。

```
    data:{
        my_hidden: "hidden"
    }
```

　　由于 v-bind 经常使用，也可以使用缩写形式，用冒号“:”代替 v-bind，比如上面的<div>标签就可以写成如下形式：

```
    <div id="firstVue" :hidden="my_hidden">{{my_data}}</div>
```

　　当然，使用 v-bind 不仅可以绑定 hidden 属性，标签元素的其他属性，如 disabled 属性、style 属性、color 属性等也可以通过这个方法进行绑定。

　　v-bind 是用来绑定数据的，v-on 则用来绑定事件。例如，绑定一个 click 事件到按钮可以写成<button v-on:click="btnClick()">Click Me</button>，此处的 click 也可以换成 load、doubleclick、mousedown 等其他事件。进一步，还需要在 Vue 实例对象中使用关键词 methods 定义事件响应函数 btnClick，在函数体中通过 this.my_data 给 data 字段变量赋值。

　　v-on 语法也可以采用缩写形式，用符号@表示，如 v-on:click="btnClick"等价于 @click="btnClick"。

　　到目前为止，数据都是单向传输的，即从 Vue 实例对象传送数据到 DOM，如果希望数据从 DOM 中实时传递给 Vue 实例，则需要使用 Vue 提供的语法糖 v-model。在上面的代码示例中，通过定义 input 元素，并且用 v-model 语法绑定之前定义的变量 my_data，如果此时在 input 输入框中输入内容，v-model 会实时将输入的值赋值给 Vue 实例的 my_data 变量，而 my_data 变量又会同时显示在段落元素 p 中。运行上面的代码，会发现段落元素 p 中的内容会随着 input 标签元素的变化而变化，从而实现数据的双向传递。

13.4 React

React 是一个声明式，用于高效且灵活地构建用户界面的 JavaScript 库。使用 React 可以将一些简短、独立的代码片段组合成复杂的 UI 界面，这些代码片段被称作"组件"。React 最早起源于 Facebook 的内部项目，主要用来架设 Instagram 的网站。由于 React 的设计思想独特，性能出众，而代码逻辑却非常简单，所以越来越多的开发者开始关注和使用 React。目前，React 已经从最早的 UI 引擎变成了一整套前后端都适用的 Web App 解决方案，其衍生的 React Native 项目，更是提出了用 Web App 的方式去写 Native App 的宏伟目标。

与其他前端框架技术相比，React 主要有以下特点：

(1) 声明式设计：React 采用声明范式，可以轻松描述应用。

(2) 高效：React 通过对 DOM 的模拟，最大限度地减少与 DOM 的交互。

(3) 灵活：React 可以与已知的库或框架很好地配合。

(4) JSX：JSX 是 JavaScript 语法的扩展，建议在 React 开发中使用 JSX。

(5) 组件：通过 React 构建组件，使得代码更加容易得到复用，能够很好地应用在大项目的开发中。

(6) 单向响应的数据流：React 实现了单向响应的数据流，从而减少了重复代码，这也使得它比传统数据绑定更加简单。

下面通过一个简单示例说明 React 框架的基本使用。

【示例 13-6】React 的基本使用。

```
<!DOCTYPE html>
<html>
<head>
  <meta charset="UTF-8" />
  <script src="../build/react.development.js"></script>
  <script src="../build/react-dom.development.js"></script>
  <script src="../build/babel.min.js"></script>
</head>
<body>
  <div id="example"></div>
  <script type="text/babel">
    var names = ['Alice', 'Emily', 'Kate'];
    ReactDOM.render(
      <div>
      {
        names.map(function (name) {
            return <div>Hello, {name}!</div>
        })
```

```
            }
          </div>,
          document.getElementById('example')
      );
    </script>
  </body>
</html>
```

如上述代码所示，程序的主要功能是遍历 names 数组，输出 Hello Alice、Hello Emily、Hello Kate。

在 head 部分，首先加载 react.development.js、react-dom.development.js、babel.min.js 等库文件。其中：react.development.js 是 React 的核心库，用于创建 UI；react-dom. development.js 提供与 DOM 相关的功能，用于将创建的 UI 渲染到浏览器中；babel.min.js 是一个 JavaScript 编译器，它支持最新的 ES6 和 ES7 语法。

由于 React 独有的 JSX 语法跟 JavaScript 不兼容，因此凡是使用 JSX 的地方，都需要在\<script type="text/babel"\>\</script\>进行定义。与传统的 JavaScript 不一样，这里 script 元素的 type 属性值为 text/babel。

ReactDOM.render 是 React 的最基本方法，用于将模板转为 HTML 语言，并插入指定的 DOM 节点，上述代码就是将 div 元素插入到 example 中。在 div 元素的定义中，可以看到 JSX 语法是允许 HTML 和 JavaScript 脚本混写的。实际上，在 JSX 语法规则中，遇到 HTML 标签(以<开头)就用 HTML 规则解析，遇到代码块(以{开头)就用 JavaScript 规则解析。

习　　题

一、选择题

1. 以下关于 jQuery 的描述错误的是(　　　　)。

A. jQuery 是一个 JavaScript 函数库

B. jQuery 极大地简化了 JavaScript 编程

C. jQuery 的宗旨是"Write less, do more"

D. jQuery 的核心功能不是根据选择器查找 HTML 元素，然后对这些元素执行操作

2. 以下关于 jQuery 优点的描述错误的是(　　　　)。

A. jQuery 的体积较小，压缩之后，大约只有 100KB

B. jQuery 封装了大量的选择器、DOM 操作、事件处理

C. jQuery 的浏览器兼容性很好，能兼容所有浏览器

D. jQuery 易扩展，开发者可以自己编写 jQuery 的扩展插件

3. 在 jQuery 中，可用于获取和设置元素属性值的方法是(　　　　)。

A. val()　　　　　　　B. attr()　　　　　　C. removeAttr()　　　　D. css()

4. 在 jQuery 中，方法(　　　)能实现元素显示和隐藏的互换。

A. toggle()　　　　　B. show()　　　　　　C. hide()　　　　　　D. fade()

5. 在 jQuery 中，下面(　　　)方法是用来追加元素到指定元素末尾的。

A. insertAfter()　　　　B. appendTo()　　　　C. after()　　　　　　　　D.prepend()

6. 在 jQuery 中，下面(　　　)方法可以实现检测匹配包含文本的元素。

A. text()　　　　　　　B. contains()　　　　　C. input()　　　　　　　D. attr(name)

7. 在 jQuery 中，关于 fadeOut()方法，描述正确的是(　　　　)。

A. 用于改变元素的高度　　　　　　　　B. 用于改变元素的透明度

C. 用于改变元素的方向　　　　　　　　D. 用于淡出可见元素

8. 在 Vue 中，用于监听 DOM 事件的指令是(　　　　)。

A. v-on　　　　　　　　B. v-model　　　　　C. v-bind　　　　　　　D. v-html

二、简答题

1. 简述 jQuery 选择器与 CSS 选择器的区别。

2. 简述 jQuery 对象和 DOM 对象相互转换的方法。

3. 简述你所了解的前端框架技术。

参 考 文 献

[1]　W3school [EB/OL]. http://www.w3school.com.cn.

[2]　W3Cschool [EB/OL]. https://www.w3cschool.cn.

[3]　菜鸟教程[EB/OL]. https://www.runoob.com.

[4]　博客园[EB/OL]. https://www.cnblogs.com/.

[5]　简书[EB/OL]. https://www.jianshu.com/.

[6]　程序员开发者社区[EB/OL]. https://blog.csdn.net/.

[7]　阮一峰的网络日志[EB/OL]. http://www.ruanyifeng.com/.

[8]　李雯，李洪发. HTML5 程序设计基础教程[M]. 北京：人民邮电出版社，2013.

[9]　姬莉霞，李学相. HTML5+CSS3 网页设计与制作案例教程[M]. 北京：清华大学出版社，
　　 2017.

[10]　李刚. 疯狂 HTML5+CSS3+JavaScript 讲义[M]. 2 版. 北京：电子工业出版社，2017.

[11]　娄佳，袁慎建. JavaScript 学习指南[M]. 3 版. 北京：人民邮电出版社，2017.

[12]　未来科技. HTML5+CSS3+JavaScript 从入门到精通 [M]. 北京：中国水利水电出版社，
　　 2017.

[13]　单东林，张晓菲，魏然. 锋利的 jQuery [M]. 2 版. 北京：人民邮电出版社，2012.

[14]　FLANAGAN D. JavaScript 权威指南[M]. 6 版. 北京：机械工业出版社，2012.

[15]　卢治，白素琴. Web 前端开发技术 [M]. 北京：机械工业出版社，2018.